信息论与编码简明教程

XINXILUN YU BIANMA JIANMING JIAOCHENG

严　军　张祥莉　黄田野　主　编
王　勇　郭红想　殷蔚明　副主编

中国地质大学出版社
ZHONGGUO DIZHI DAXUE CHUBANSHE

前　言

“信息论与编码”是高等院校电子信息工程、通信工程专业一门重要的专业主干课程，更是此类专业大部分专业课程的基础。

针对“信息论与编码”课程理论推导抽象难懂、涵盖知识面广的特点，结合当前高校压缩课时的现状，本教材对课程内容进行了凝练，同时突出重点，力争深入浅出地介绍相关知识。为了进一步提高学生分析问题和解决问题的能力，书中各章最后均附有丰富的习题。全书结构合理，叙述清楚，重点明确。本课程的参考学时为 40～60 学时（含实验），教师可根据具体情况对教材内容进行适当取舍。

本书的第 1、第 2 章由严军、黄田野编写，第 3、第 4 章由张祥莉、严军编写，第 5 章及全书习题部分由王勇编写，第 6、第 7 章由黄田野、郭红想、殷蔚明编写。全书由严军统稿。研究生雷雨莎参加了最后的统稿工作。在此衷心感谢各位老师和同学的辛勤工作。

由于编者水平有限，书中难免存在一些不足和差错，殷切希望广大读者，特别是使用本书的教师和同学们，提出批评和改进意见，以便今后修订提高。

编　者

2020 年 5 月

目　录

绪　论

“信息论与编码”是一门理论与实际相结合的学科，主要研究在通信系统中进行信息的传输时，如何对信息进行有效地处理和可靠地传输。有效性和可靠性是通信系统的两个重要指标。在这门课程中，我们将学习信息的表征方法，以及对信息进行压缩和传输的基本理论，属于狭义信息论的范畴。我们将运用概率论与数理统计的方法，对通信系统中传输的信息进行量化、分析和编码。

数字信息传输系统的一般模型如图 0-1 所示。

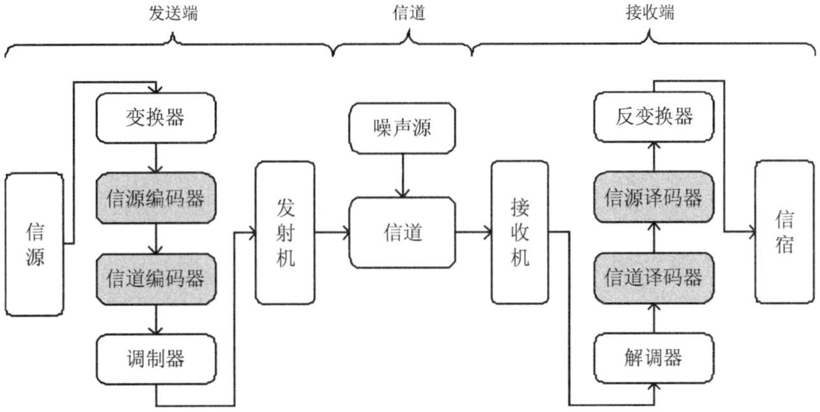

图 0-1　数字信息传输系统的一般模型

对一个通用的数字信息传输系统来说，信号从发送端经过信道的传输到达接收端，要经过以下过程。信源发出的信息首先通过变换器，变换后的信号通过信源编码器进行信源编码，然后通过信道编码器进行信道编码，再经过调制器，送入发射机。发射的信号通过信道进行传输，通常信道是有噪声的。在接收端，接收机接收到的信号依次经过解调器、信道译码器、信源译码器，以及反变换器，最后到达信宿，就得到了发送端发送的信息。

在整个通信系统中，信息论与编码这门课主要应用在其中两个部分，分别是信源编码器及相应的译码器、信道编码器及相应的译码器。

信源编码的作用是为了提高信息传输的有效性。信源发出的消息中存在冗余，信源编码可以去掉这些冗余而不影响信源发出信息的完整性，信源编码也被称为压缩编码。信源编码通过对信源发出的数据进行压缩，使得传输的效率更高，且单位时间内可以传输的信息量更大。在发送端有信源编码过程，相应地，在接收端就需要译码过程，这个就是信源译码器。

信道编码的作用是为了提高信息传输的可靠性。当信源消息通过信道传输时，由于信道不可避免地存在噪声，所以传输过程中信息量会有损失。可以在要传输的数据中加入一定的冗余信息，这样在信道输出端即使接收到了错误的信息，也可以通过这些冗余信息把原始信息恢复出来。这样可以减少信道传输中引起的信息量损失。这种增加冗余信息的过程就是信道编码，所以信道编码也被称为纠错编码或可靠性编码。

克劳德·艾尔伍德·香农(Claude Elwood Shannon ,1916 年 4 月 30 日—2001 年 2 月 24 日)博士是美国数学家、信息论创始人。他不仅创建了信息论，而且还是包括人工智能领域在内的多个现代学科的创始人。香农在 1948 年发表的论文《通信的数学原理》及在 1949 年发表的论文《噪声下的通信》中引入了信息量的数学表达，从感性的认知中提取出信息的概念，并从数学上把信息量化，提出了通信系统的模型，解决了通信的一些基本技术问题，奠定了狭义信息论的基础。

信息论的发展过程，伴随着通信系统的飞速发展过程。在信息论理论指导下，不断涌现的新的信源编码技术在语音信号压缩、图像信号压缩、视频信号压缩等领域引起了应用领域的一系列突破。而信道编码技术(纠错编码)的进展更是不断刷新了信息可靠传输的界限。一些重要的纠错编码的出现具有里程碑式的作用，如 1950 年 H. W. Hamming 发现的 Hamming码，1955 年 P. Elias 发现的卷积码，1957 年 E. Prange 发现的循环码，1960 年发现的 BCH 码和 Reed-Solomon 码，1966 年 G. D. Forney 发现的级联码，1993 年 C. Berrou 和 A. Glavieux 发现的 Turbo 码，以及在 5G 通信标准中采用的 LDPC 码和 Polar 码，等等。

这门课我们将学习信源与信源熵、信道与信道容量的概念，并且讨论信源编码和信道编码的基本理论及方法。

第 1 章　信源与信源熵

信源是通信系统中信息的来源。它产生信源消息，这个消息可以是符号，如文字、语言等，也可以是信号，如声音、图像、视频等。由于信宿在接收消息之前对于消息存在不确定性，或者说随机性，所以可以用随机变量来描述信源消息。根据消息的随机性，我们可以把信源分为连续信源和离散信源。

离散信源发出的消息在时间和幅值上都是离散的，发出的消息数可能是有限的，而且每次只选择其中一种消息发出，例如文字消息。连续信源发出的消息是在时间和幅值上都连续的模拟消息，例如声音、视频等。

如果信源每次只发出一个符号代表一种消息，这个信源就被称为单符号信源；如果信源每次发出一组符号(符号序列)代表一种消息，这个信源就被称为符号序列的信源。

如果信源在不同时刻发出的符号之间是无依赖的，且彼此统计独立的，那么这个信源就被称为无记忆信源；相反，如果各个时刻的消息之间有相关性，这个信源就是有记忆信源(图 1-1)。

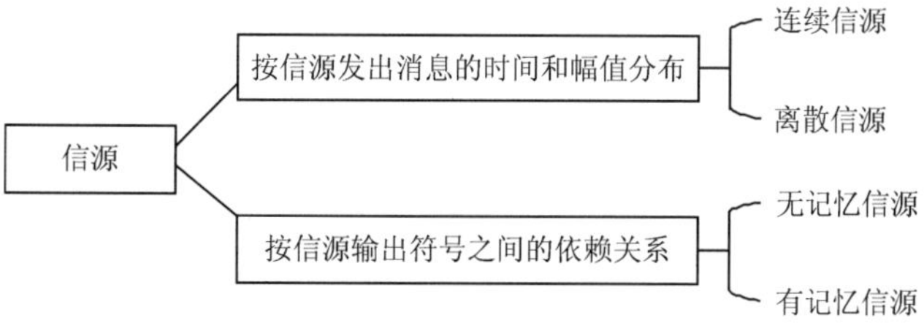

图 1-1　信源分类

1.1　信息的量化

香农认为，通信的基本问题是在通信系统的一端精确地或者近似地复现另一端选择的消息。因为信源输出的消息是随机的，是从一组可能的消息集里面选择出来的。在没有收到消息之前，并不能肯定信源到底发送了什么样的消息，也就是具有不确定性。而通信的目的也就是要使接收者在接收到消息后，尽可能地消除对信源所存在的不确定性，所以这个不确定性实际上就是在通信中所要传送的信息量。这样，信息量可以定义为随机不确定性的减少。通信系统的分析，首先要进行信息的量化。

例如，我们知道南极大陆年平均气温大约为－25°C，那么当收到以下两条消息：①在南极大陆，今天的气温为－25°C，②在南极大陆，今天的气温为 38°C，哪一条包含的信息量更大呢？

或者说，对一个听到这两条消息的人，也就是信息的接收者来说，哪一条消息能带给他更大的信息量呢？第一条消息中-25°C的气温应该是南极大陆的一个常见状态，当听到这条消息时，接收者得到了意料之中的事实，而第二条消息却会带给接收者极大的意外，也就是会带来已知经验之外的新信息。可见，因为“气温为38°C”在南极大陆是一个不常发生的事件，所以当它发生时，会带来很大的信息量。

因此，对于接收者来说，一条消息包含信息量的多少，和它带给接收者“surprise”的大小有关。“surprise”越大，这条消息所包含的信息量就越多，给人带来的震撼就越大；“surprise”越小，这条消息所包含的信息量就越少。从这个意义上说，一条消息所包含的信息量与它所带给人的“surprise”程度是相关的。在数学上，我们可以用事件的发生概率来表示一个事件发生引起的“surprise”。当一个事件的发生概率越高，那么这个事件就越常见，它发生时引起的“surprise”就越小，包含的信息量就越少；反之，当一个事件的发生概率越低，那么它发生时所包含的信息量就越多。因此，香农提出，可以用概率来量化地表示信息量的多少，信息量的多少与事件的发生概率是单调递减的关系。

1.2 信源的数学模型

在信宿没有收到消息之前，对于信源发出的信息是不确定的，随机的，所以可以利用信源的统计规律，应用概率论和随机过程的理论来研究信源，用样本空间及其概率测度（概率空间）来描述信源。

1.2.1 离散无记忆信源

对于单符号离散无记忆信源，信源输出的消息可以用随机变量X描述。

设一个离散无记忆信源的信源符号集合为：

$$X = \{a_1, a_2, \cdots, a_r\}$$

式中，r为集合中符号的个数。

可以用s_t表示信源在时刻t发出的符号，那么信源从时刻0开始发出的符号序列（数据流）可以表示为：

$$\boldsymbol{x} = (s_0 s_1 \cdots s_t \cdots) \quad 其中\ s_t \in X$$

这个信源中每个信源符号的发生概率记为p_i：

$$p_i = \Pr(a_i) = P(a_i)$$

那么这个信源的符号集合中符号发生概率的分布可以表示为：

$$P = \{p_1, p_2, \cdots, p_r\} \quad 其中 \sum_{i=1}^{r} p_i = 1$$

有了以上定义，我们就可以把离散信源用离散型的概率空间表示如下：

$$\begin{bmatrix} X \\ P(X) \end{bmatrix} = \begin{bmatrix} a_1, a_2, \cdots, a_r \\ p_1, p_2, \cdots, p_r \end{bmatrix} \quad 其中 \sum_{i=1}^{r} p_i = 1$$

1.2.2　离散无记忆信源的扩展信源

不考虑复杂情况，这里我们假设离散无记忆信源输出的是平稳的随机序列，也就是序列的统计特性与时间无关。这样的信源就是离散平稳无记忆信源。信源输出的每个符号是统计独立的，且具有相同的概率空间，也称为独立同分布(independently identical distribution, IID)信源。

当上面讨论的单符号离散无记忆信源输出长度为 N 的随机符号序列时，这样的信源被称为离散无记忆信源的 N 次扩展信源。

扩展信源输出的消息可以用 N 维随机矢量 $\boldsymbol{X}=(X_1X_2\cdots X_N)$ 描述，其中 N 为有限正整数或可数的无限值。这 N 维随机矢量 $\boldsymbol{X}$ 也称为随机序列。其中的每个随机变量 $X_i(i=1,2,\cdots,N)$ 都是离散型随机变量，相互之间统计独立又信源平稳，则各随机变量 X_i 的一维概率分布都相同，所以这 N 维随机矢量的联合概率分布满足：

$$P(\boldsymbol{X})=P(X_1X_2\cdots X_N)=\prod_{i=1}^{N}P(X_i) \tag{1-1}$$

离散无记忆信源的 N 次扩展信源可以用 N 重概率空间来表示：

$$\begin{bmatrix}X^N\\P\end{bmatrix}=\begin{bmatrix}b_1,b_2,\cdots,b_{r^N}\\p_1,p_2,\cdots,p_{r^N}\end{bmatrix}\quad 其中\sum_{i=1}^{r^N}p_i=1 \tag{1-2}$$

式中，$b_i=(a_{i_1}a_{i_2}\cdots a_{i_N})(i_1,i_2,\cdots,i_N=1,2,\cdots,r)$。因为独立同分布，所以联合概率分布满足：

$$p_i=P(b_i)=P(a_{i_1}a_{i_2}\cdots a_{i_N})=\prod_{k=1}^{N}P(a_{i_k}) \tag{1-3}$$

1.2.3　离散有记忆信源

通常情况下的信源在不同时刻发出的符号之间是相互依赖的，我们需要在 N 维随机矢量的联合概率分布中引入条件概率分布来表示这种关联性。

为了简单起见，我们限制随机序列(随机矢量)的记忆长度，如信源每次发出的符号只与前 m 个符号有关，与更前面的符号无关，就称这个信源的记忆长度为 $m+1$，这种有记忆信源就称为 m 阶马尔可夫信源，可以用马尔可夫链来描述。条件概率：

$$P(a_{k_{t+1}}\mid a_{k_1}a_{k_2}\cdots a_{k_t})=P(a_{k_{t+1}}\mid a_{k_{t-m-1}}\cdots a_{k_{t-1}}a_{k_t}) \tag{1-4}$$

当 $m=1$ 时，任何时刻信源符号的发生概率只与前面一个符号有关，也就是：

$$P(a_{k_{t+1}}\mid a_{k_1}a_{k_2}\cdots a_{k_t})=P(a_{k_{t+1}}\mid a_{k_t}) \tag{1-5}$$

这样，m 阶马尔可夫信源的数学模型可以由信源符号集和条件概率构成的空间来表示：

$$\begin{bmatrix}X\\P\end{bmatrix}=\begin{bmatrix}a_1,a_2,\cdots,a_r\\P(a_{k_{m+1}}\mid a_{k_1}a_{k_2}\cdots a_{k_m})\end{bmatrix}\quad 其中\ k_1,k_2,\cdots,k_{m+1}=1,2,\cdots,r \tag{1-6}$$

并且满足：

$$\sum_{k_{m+1}=1}^{r}P(a_{k_{m+1}}\mid a_{k_1}a_{k_2}\cdots a_{k_m})=1 \tag{1-7}$$

1.2.4 连续信源和波形信源

在实际中，常见的信源发出的消息一般在时间和幅值上都是连续的，这样的信源就是随机波形信源，也称为随机模拟信源。波形信源输出的消息可以用随机过程来描述。实际中的波形信源输出是时间上或频率上有限的随机过程，根据采样定理，这样的随机过程可以用一系列时域（或频域）上离散的取样值来表示，而每个采样值都是连续型随机变量。这样就把波形信源转换成了连续平稳信源。

对于连续信源，我们可以用连续概率空间来表示：

$$\begin{bmatrix} X \\ P(X) \end{bmatrix} = \begin{bmatrix} (a,b) \\ p(x) \end{bmatrix} \quad 其中\int_a^b p(x)\mathrm{d}x = 1 \tag{1-8}$$

1.3 离散信源的熵

1.3.1 信息熵

在前面的 1.2.1 中，我们用离散概率空间表示了离散信源：

$$\begin{bmatrix} X \\ P(X) \end{bmatrix} = \begin{bmatrix} a_1, a_2, \cdots, a_r \\ p_1, p_2, \cdots, p_r \end{bmatrix} \quad 其中\sum_{i=1}^{r} p_i = 1 \tag{1-9}$$

上面已经指出，信息量的多少和事件的发生概率是单调递减的关系。据此，可以定义信源中每个符号的自信息为：

$$I(x_i) = \log \frac{1}{P(x_i)} = -\log P(x_i) \tag{1-10}$$

一个信源符号的自信息表示当信源发送这个符号时发出了多少信息量。这里信息量的单位取决于所用的对数的底。当使用以 2 为底的对数时，信息量的单位是比特(bit)；当使用以 e 为底的对数(自然对数)时，信息量的单位是奈特(nat)。显然，这些单位之间可以根据对数换底来进行换算。如：

$$1\text{nat} = 1.44\text{bit} \tag{1-11}$$

在工程应用中，习惯把 1 个二进制码元称为 1bit。

例 1.1 某门课程的学生成绩分布如表 1-1 所示，求每个成绩等级代表符号 A、B、C、D、F 所包含的信息量(表 1-1)。

表 1-1 课程成绩包含信息量

A	B	C	D	F
25%	50%	12.5%	10%	2.5%

解：这是一个包含 5 个符号的离散信源，题目中给出了各符号的发生概率，这样就可以计算每个符号的自信息，也就是每个符号所包含的信息量(表 1-2)。

表 1-2　每个符号的信息量

符号	概率(p)	自信息 $\log_2(1/p)$/ bit
A	0.25	2
B	0.5	1
C	0.125	3
D	0.1	3.32
F	0.025	5.32

从该例题可以看出，如果一个信源符号集合包含多个符号，而且每个符号的发生概率都不同，那么每个符号的自信息就会不同，这样如果用自信息来描述这个信源发送信息的能力就比较复杂，要考虑到每个符号。由于这个信源发送的数据流所包含的信息量和每符号的信息量以及这个符号的发生概率都有关系，我们可以根据其发生概率计算每个信源符号对总信息量的贡献，如表 1-3 第 4 列所示。

表 1-3　每个信源符号对总信息量的贡献

符号	概率(p)	自信息 $\log_2(1/p)$/bit	对总信息量的贡献 $p\log(1/p)$/bit
A	0.25	2	0.5
B	0.5	1	0.5
C	0.125	3	0.375
D	0.1	3.32	0.332
F	0.025	5.32	0.133
合计	1		1.84

由表 1-3 可见，如果把所有符号的信息量的贡献率累计起来，就可以描述这个信源总的发送信息量的能力。

当信源发送由多个信源符号组成的消息时，相比于每个信源符号所包含的信息量，我们更感兴趣的是这个信源的平均信息量。所以为了从一般意义上描述一个信源随机发送信息的能力，我们用这些自信息的统计平均来定义信源的能力：

$$H(X) = \sum_{i=1}^{n} P(x_i)I(x_i) = -\sum_{i=1}^{n} P(x_i)\log P(x_i) \tag{1-12}$$

$H(X)$被称为信源的熵，也就是这个信源每符号的平均信息量，或者说，从观察 X 中获得的信息期望。熵的单位就是信息量的单位。其中，$0 \cdot \log 0 = 0$ 。

熵函数只与各符号的发生概率有关，可以写成 $H(p) = H(p_1, p_2, \cdots, p_r)$ 的形式。

1.3.2　熵的基本性质

1. 对称性

$H(p)$的取值与分量 $p_1, p_2, \cdots, p_q$ 的顺序无关。

说明：

(1)从数学角度：$H(P)=-\sum p_i \log p_i$ 中的和式满足交换律。

(2)从随机变量的角度：熵只与随机变量的总体统计特性有关。

2. 确定性

$$H(1,0)=H(1,0,0)=H(1,0,0\cdots,0)=0$$

说明：从总体来看，信源虽然有不同的输出符号，但它只有一个符号几乎必然出现，而其他符号则是几乎不可能出现，那么，这个信源是一个确知信源，其熵等于 0。

3. 非负性

$$H(P)\geqslant 0$$

说明：随机变量 X 的概率分布满足 $0<p_i<1$，当取对数的底大于 1 时，$\log(p_i)<0$，$-p_i\log(p_i)>0$，即得到的熵为正值。只有当随机变量是一确知量时熵才等于 0。这种非负性适合于离散信源的熵，非负性对连续信源来说并不存在。以后可看到在相对熵的概念下，可能出现负值。

4. 扩展性

$$\lim_{\varepsilon\to 0} H_{q+1}(p_1,p_2,\cdots,p_q-\varepsilon,\varepsilon)=H_q(p_1,p_2,\cdots,p_q) \tag{1-13}$$

因为：

$$\begin{aligned}
&\lim_{\varepsilon\to 0} H_{q+1}(p_1,p_2,\cdots,p_q-\varepsilon,\varepsilon)\\
&=-\sum_{i=1}^{q} p_i \log p_i\\
&=H_q(p_1,p_2,\cdots,p_q)\\
&=\lim_{\varepsilon\to 0}\{-\sum_{i=1}^{q-1} p_i\log p_i-(p_q-\varepsilon)\log(p_q-\varepsilon)-\varepsilon\log\varepsilon\}
\end{aligned} \tag{1-14}$$

信源的取值数增多时，若这些取值对应的概率很小(接近于 0)，则信源的熵不变。

5. 可加性

统计独立信源 X 和 Y 的联合信源的熵等于信源 X 和 Y 各自的熵之和。

$$H(X,Y)=H(X)+H(Y) \tag{1-15}$$

$$p(x_iy_j)=p(x_i)p(y_j)=p_iq_j \quad 其中\sum_{i=1}^{n} p_i=1,\sum_{j=1}^{m} q_j=1,\sum_{i=1}^{n}\sum_{j=1}^{m} p_iq_j=1 \tag{1-16}$$

$$\begin{aligned}
&H_{nm}(p_1q_1,p_1q_2,\cdots,p_1q_m,p_2q_1,\cdots,p_nq_m)\\
&=H_n(p_1,p_2,\cdots,p_n)+H_m(q_1,q_2,\cdots,q_m)
\end{aligned} \tag{1-17}$$

证明：

$$\begin{aligned}
&H_{nm}(p_1q_1,p_1q_2,\cdots,p_1q_m,p_2q_1,\cdots,p_nq_m)\\
&=-\sum_{i=1}^{n}\sum_{j=1}^{m}p_iq_j\log p_iq_j\\
&=-\sum_{j=1}^{m}q_j\sum_{i=1}^{n}p_i\log p_i-\sum_{i=1}^{n}p_i\sum_{j=1}^{m}q_j\log q_j\\
&=-\sum_{i=1}^{n}\sum_{j=1}^{m}p_iq_j\log p_i-\sum_{i=1}^{n}\sum_{j=1}^{m}p_iq_j\log q_j\\
&=-\sum_{i=1}^{n}p_i\log p_i-\sum_{j=1}^{m}q_j\log q_j\\
&=H_n(p_1,p_2,\cdots,p_n)+H_m(q_1,q_2,\cdots,q_m)
\end{aligned} \tag{1-18}$$

例如，甲信源为：

$$\begin{bmatrix}X\\p(x)\end{bmatrix}=\begin{bmatrix}a_1 & a_2 & \cdots & a_n\\1/n & 1/n & \cdots & 1/n\end{bmatrix}$$

乙信源为：

$$\begin{bmatrix}Y\\p(y)\end{bmatrix}=\begin{bmatrix}b_1 & b_2 & \cdots & b_m\\1/m & 1/m & \cdots & 1/m\end{bmatrix}$$

它们的联合信源是：

$$\begin{bmatrix}Z\\p(z)\end{bmatrix}=\begin{bmatrix}c_1 & c_2 & \cdots & c_{nm}\\\dfrac{1}{nm} & \dfrac{1}{nm} & \cdots & \dfrac{1}{nm}\end{bmatrix}$$

如果甲信源和乙信源是统计独立的，则可计算联合信源的熵：

$$H(Z)=H(X,Y)=\log(nm)=\log n+\log m=H(X)+H(Y)$$

6. 强可加性

两个互相关联的信源 X 和 Y 的联合信源的熵等于信源 X 的熵加上在 X 已知条件下信源 Y 的条件熵。

$$H(X,Y)=H(X)+H(Y\mid X) \tag{1-19}$$

7. 递增性

若原信源 X 中有一个符号分割成了 m 个元素（符号），这 m 个元素的概率之和等于原元素的概率，而其他符号的概率不变，则新信源的熵增加。熵的增加量等于由分割而产生的不确定性量。

$$\begin{aligned}
&H_{n+m-1}(p_1p_2,\cdots,p_{n-1},q_1,q_2,\cdots,q_m)\\
&=H_n(p_1p_2,\cdots,p_{n-1},p_n)+p_nH_m\left(\frac{q_1}{p_n},\frac{q_2}{p_n},\cdots,\frac{q_m}{p_n}\right)
\end{aligned} \tag{1-20}$$

而：

$$\sum_{i=1}^{n} p_i = 1, \sum_{j=1}^{m} q_j = p_n$$

$$\begin{aligned} & H_{nm}(p_1 p_{11}, p_1 p_{12}, \cdots, p_1 p_{1m}, p_2 p_{21}, \cdots, p_n p_{nm}) \\ & = H_n(p_1, p_2, \cdots, p_n) + \sum_{i=1}^{n} p_i H_m(p_{i1}, p_{i2}, \cdots, p_{im}) \\ & = H_{n+m-1}(p_1, p_2, \cdots, p_{n-1}, p_n p_{n1}, \cdots, p_n p_{nm}) \end{aligned} \tag{1-21}$$

$$\begin{aligned} & \sum_{i=1}^{n} p_i H_m(p_{i1}, p_{i2}, \cdots, p_{im}) \\ & = p_1 H_m(p_{11}, p_{12}, \cdots, p_{1m}) + p_2 H_m(p_{21}, p_{22}, \cdots, p_{2m}) \\ & \quad + \cdots + p_n H_m(p_{n1}, p_{n2}, \cdots, p_{nm}) \end{aligned} \tag{1-22}$$

$$\begin{aligned} \therefore & H_{n+m-1}(p_1, p_2, \cdots, p_{n-1}, p_n p_{n1}, \cdots, p_n p_{nm}) \\ & = H_n(p_1, p_2, \cdots, p_n) + p_n H_m(p_{n1}, p_{n2}, \cdots, p_{nm}) \end{aligned} \tag{1-23}$$

$$\begin{aligned} & H_{n+m-1}(p_1, p_2, \cdots, p_{n-1}, p_n p_{n1}, \cdots, p_n p_{nm}) \\ & = H_n(p_1, p_2, \cdots, p_n) + p_n H_m(p_{n1}, p_{n2}, \cdots, p_{nm}) \end{aligned} \tag{1-24}$$

因为 $\sum_{i=1}^{n} p_i p_{ij} = q_j$ ，而当 $i \neq n$ 时，$p_{ij} = 0$，所以：

$$p_n p_{nj} = q_j, p_{nj} = q_j / p_n \quad (j = 1, \cdots, m)$$

即得：

$$\begin{aligned} & H_{n+m-1}(p_1, p_2, \cdots, p_{n-1}, q_1, \cdots, q_m) \\ & = H_n(p_1, p_2, \cdots, p_n) + p_n H_m\left(\frac{q_1}{p_n}, \frac{q_2}{p_n}, \cdots, \frac{q_m}{p_n}\right) \end{aligned}$$

8. 上凸性

熵函数 $H(\boldsymbol{P})$是概率矢量 $\boldsymbol{P} = (p_1, p_2, \cdots, p_q)$ 的严格$\cap$型凸函数(或称上凸函数)。

它表示：对任意概率矢量 $\boldsymbol{P}_1 = (p_1, p_2, \cdots, p_q)$ 和 $\boldsymbol{P}_2 = (p'_1, p'_2, \cdots, p'_q)$，以及任意的 $0 < \theta < 1$，有：

$$H[\theta \boldsymbol{P}_1 + (1-\theta)\boldsymbol{P}_2] > \theta H(\boldsymbol{P}_1) + (1-\theta) H(\boldsymbol{P}_2) \tag{1-25}$$

因为熵函数具有上凸性，所以熵函数具有极值，其最大值存在。

9. 极值性(最大离散熵定理)

在离散信源情况下，信源各符号等概率分布时，熵值达到最大。

$$H(p_1, p_2, \cdots, p_q) \leqslant H\left(\frac{1}{q}, \frac{1}{q}, \cdots, \frac{1}{q}\right) = \log q \quad 其中 \sum_{i=1}^{q} p_i = 1 \tag{1-26}$$

性质表明：等概率分布信源的平均不确定性为最大。

证明：因为对数是$\cap$型凸函数，满足詹森不等式 $E[\log Y] \leqslant \log E[Y]$，则有：

$$H(p_1, p_2, \cdots, p_q) = \sum_{i=1}^{q} p_i \log \frac{1}{p_i} \leqslant \log\left(\sum_{i=1}^{q} p_i \frac{1}{p_i}\right) = \log q \tag{1-27}$$

最大离散熵定理表明，如果离散信源符号集中有 q 个符号，那么信源的熵(即平均每个符号的信息量)介于 0 bit 和 $\log q$ bit 之间,当所有符号概率均匀分布时达到极大值。从直观上看,这时信源发出符号的不确定性也是最大的。

二进制信源是离散信源的一个特例。

该信源符号只有 2 个,设为"0"和"1"。符号输出的概率分别为"ω"和"$1-\omega$",即信源的概率空间为:

$$\begin{bmatrix} x \\ p(x) \end{bmatrix} = \begin{bmatrix} 0 & 1 \\ \omega & \bar{\omega} = 1-\omega \end{bmatrix}$$

$$H(X) = -\omega\log\omega - (1-\omega)\log(1-\omega) = H(\omega)$$

即信息熵 $H(X)$是 ω 的函数。ω 取值于[0,1]区间,可画出熵函数 $H(\omega)$ 的曲线(图 1-2)。

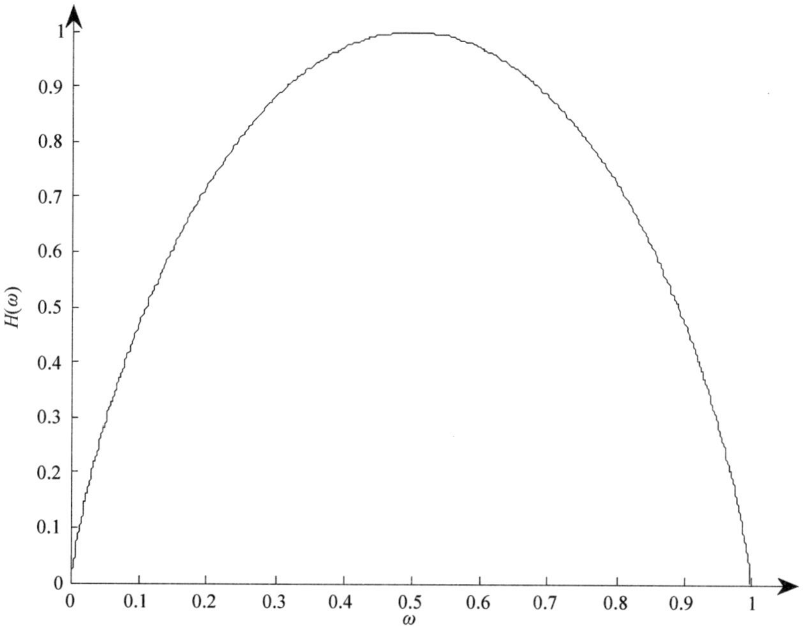

图 1-2　熵函数 $H(\omega)$的曲线

对于一般通信系统中的二元信源,信源符号集合{0,1},可以看成一个随机过程,则其信源空间可以表示为:

$$\begin{bmatrix} X \\ P \end{bmatrix} = \begin{bmatrix} 0, & 1 \\ p_0, & p_1 \end{bmatrix}$$

它的熵为:

$$H(X) = -\sum_{i=0}^{1} p_i \log p_i \tag{1-28}$$

根据熵的极值性,这个信源的熵的极值为 $\log_2 2 = 1$(bit),在输入符号等概率分布时达到极值。也就是说,对于某一个随机发送 0 和 1 的二元信源,其每符号所包含的平均信息量就是 1bit。这样一个信源其实就是我们正常的二进制的计算机系统,当它进行通信时,从统计的意义上说,符号 0 和 1 的发生概率是相等的,这样其中每个符号(0 或者 1)所包含的平均信息量就是 1bit，这也就是在计算机系统中，我们会把每一位 0 或者每一位 1 称为 1bit 的原因。

例 1.2 猜数游戏：两个参与者 A 和 B 玩猜数游戏。A 随机地从 0～63 中选择 1 个整数，B 要找出 A 选的整数是哪一个。B 可以问 A 问题，A 只能回答"是"或"否"。请问：

(1)要找出这个整数，B 需要问 A 多少个问题？

(2)如何选择问题？

解：

(1)从我们已经学过的信息量的概念和计算，可以这样来考虑这个问题。乙要猜出这个数，需要获得多少信息量，而乙问甲的每一个问题中最多能包含多少信息量，两者相除就是要问的问题的个数。

首先，把猜数问题表示成信源，

$$\begin{bmatrix}\text{Integers}\\ P\end{bmatrix}=\begin{Bmatrix}0, & 1, & \cdots, & 63\\ p_0, & p_1, & \cdots, & p_{63}\end{Bmatrix}$$

这个信源的符号集合中包含 64 个符号，$L=64$，那么每个符号所包含的信息量的最大值就是其熵的极大值，根据熵的极值性，也就是：

$$\log_2 L=\log_2 64=6(\text{bit})$$

即这个信源中每个符号（也就是其中的任何一个整数）最多包含 6bit 信息量。

其次，看看乙问甲的每一个问题中最多能包含多少信息量。由于回答只能是"yes"或"no"，所以可以表示成一个二元的信源。

$$\begin{bmatrix}\text{Answers}\\ P\end{bmatrix}=\begin{Bmatrix}\text{yes}, & \text{no}\\ p_0, & p_1\end{Bmatrix}$$

二元信源的每符号能够包含的最大信息量就是 $\log_2 L=\log_2 2=1(\text{bit})$

也就是每个回答所能包含的最大信息量是 1bit。

所以，需要问 6/1=6 个问题才能猜出这个数。

(2)问题的选取方式，应该能保证这个二元信源的每符号平均信息量达到极大值，也就是熵达到极值，这时的信源符号应该是等概率分布才可以。所以可以知道，问题的选取方式应该是等概率分布答案"yes"或"no"，也就是说二分法取值，如第一个问题可以问"这个数是大于 31 吗?"

把这个问题再扩展一下，就是下面的例题。

例 1.3 硬币称重

有 n 枚硬币，其中有可能包含或不包含 1 枚假币。如果有 1 枚假币，它可能比正常币轻些或者重些。用一架天平来称量硬币。

(1)找出硬币个数 n 的上限，使得 k 次称量就可以发现假币（如果有的话）并找出它是比正常币轻些还是重些；

(2)对于称量次数 $k=3$ 和硬币枚数 $n=12$，如何称量才能发现假币（如果有的话）并找出它是比正常币轻些还是重些？

这个问题留给大家思考。

1.3.3　联合熵与条件熵

前面定义的自信息是单符号的信息量。如果有两种相互联系的、不独立的消息符号 x_i 和 y_j 同时出现，我们可以用联合概率来定义它们的联合信息量为：

$$I(x_i, y_j) = -\log p(x_i y_j) \tag{1-29}$$

对这个联合信息量在整个符号集合 XY 上进行统计平均，就得到联合熵：

$$H(XY) = -\sum_{i,j} p(x_i, y_j) \log p(x_i, y_j) \tag{1-30}$$

联合熵表示符号 X 和 Y 同时出现的不确定度。

在给定符号 y_j 的条件下，出现符号 x_i 的概率用条件概率 $p(x_i \mid y_j)$ 来表示，这时的自信息为条件自信息：

$$I(x_i \mid y_j) = -\log p(x_i \mid y_j) \tag{1-31}$$

对它在整个符号集上进行统计平均，就得到条件熵：

$$\begin{aligned} H(X \mid Y) &= \sum_j p(y_j) \sum_i p(x_i \mid y_j) I(x_i \mid y_j) \\ &= \sum_{i,j} p(y_j) p(x_i \mid y_j) I(x_i \mid y_j) \\ &= \sum_{i,j} p(x_i, y_j) I(x_i \mid y_j) \\ &= -\sum_{i,j} p(x_i, y_j) \log p(x_i \mid y_j) \end{aligned} \tag{1-32}$$

条件熵表示已知 Y 的条件下，符号 X 的不确定度。

例 1.4　在通信传输和数据存储中，奇偶校验常常被用来进行简单的错误检测。设信源 A 的符号集合 $\mathbf{A} = \{0,1,2,3\}$，每个符号的发送概率是相等的；B 的符号集合 $\mathbf{B} = \{0,1\}$ 为校验位符号集合，校验位的生成方式为：

$$b_j = \begin{cases} 0, & a = 0,3 \\ 1, & a = 1,2 \end{cases}$$

试求 $H(A)$、$H(B)$ 和 $H(AB)$。

解：信源 A 为等概率分布，B 也为等概率分布，可得：

$$H(A) = \log_2 4 = 2(\text{bit})$$

$$H(B) = \log_2 2 = 1(\text{bit})$$

由题目可以写出条件概率为：

$$p(0 \mid 0) = 1, p(1 \mid 0) = 0,$$

$$p(0 \mid 1) = 0, p(1 \mid 1) = 1,$$

$$p(0 \mid 2) = 0, p(1 \mid 2) = 1,$$

$$p(0 \mid 3) = 1, p(1 \mid 3) = 0.$$

由于 $\lim\limits_{x \to 0} x\log(x) = 0$，则有：

$$H(B \mid A) = \sum_{i=0}^{3} p_i \sum_{j=0}^{1} p_{j|i} \log_2(1/p_{j|i})$$

$$= 4 \cdot \frac{1}{4} \cdot (1 \cdot \log_2 1 - 0 \cdot \log_2 0)$$

$$= 0$$

$$H(AB) = H(A) + H(B \mid A) = 2 + 0 = 2(\text{bit})$$

可见，B 是完全由 A 决定的，对最终的信息量没有贡献，可以看成冗余。

如果把联合熵和条件熵放到一个通信系统里来看，它们的物理意义就更明确了。

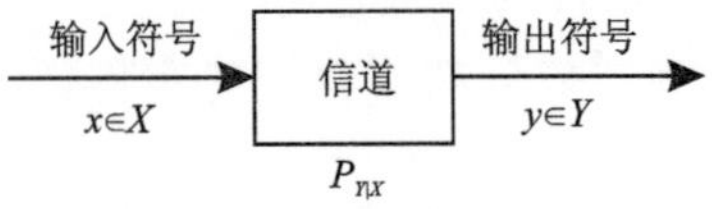

图 1-3 通信系统

在图 1-3 的通信系统中，离散信源发送出来的信息 X（取值于符号集合 $\{x_1, x_2, \cdots, x_r\}$）通过离散信道传输，到达接收端成为输出符号 Y（取值于符号集合 $\{y_1, y_2, \cdots, y_s\}$）。

在信道中进行信息传输时所受到的噪声干扰可以用前向传递概率 $p(y_j \mid x_i)$ 来表征。前向传递概率是一个条件概率，指的是当发送符号为 x_i 时，接收到符号 y_j 的概率。

根据概率知识，可以由信源的概率分布和信道的传递概率得到信宿的概率分布：

$$p(y_j) = \sum_{x_i \in X} p(y_j \mid x_i) p(x_i) \tag{1-33}$$

可见，信宿符号的概率分布不仅和信源符号的概率分布有关，而且和信道中的噪声干扰有关系。信宿符号包含的信息量，从上面讨论的熵的角度来说，是和信源符号集合的概率分布相关的。

例 1.5 已知离散无记忆信源的信源空间为：

$$\begin{bmatrix} X \\ P \end{bmatrix} = \begin{Bmatrix} x_1, & x_2 \\ 0.5, & 0.5 \end{Bmatrix}$$

这个信源发送的符号通过一个离散信道传输，已知：

$$p(y_1 \mid x_1) = 0.98;\ p(y_2 \mid x_1) = 0.02;$$

$$p(y_1 \mid x_2) = 0.2;\ p(y_2 \mid x_2) = 0.8;$$

求信源熵和信宿熵。

解：信宿的熵和信宿的符号概率分布有关，根据已知条件可以先求出符号集合 Y 的概率分布，然后求熵。

(1)联合概率：

$$p(x_i y_j) = p(x_i) p(y_j \mid x_i)$$

$$p(x_1 y_1) = p(x_1) p(y_1 \mid x_1) = 0.5 \times 0.98 = 0.49$$

$$p(x_1 y_2) = p(x_1) p(y_2 \mid x_1) = 0.5 \times 0.02 = 0.01$$

$$p(x_2 y_1) = p(x_2) p(y_1 \mid x_2) = 0.5 \times 0.2 = 0.1$$

$$p(x_2 y_2) = p(x_2) p(y_2 \mid x_2) = 0.5 \times 0.8 = 0.4$$

(2) y 的概率：

$$p(y_j)=\sum_{i=1}^{n}p(x_iy_j)$$

$$p(y_1)=\sum_{i=1}^{n}p(x_iy_1)=p(x_1y_1)+p(x_2y_1)=0.49+0.1=0.59$$

$$p(y_2)=1-p(y_1)=0.41$$

(3)信源熵和信宿熵：

$$H(X)=-\sum_{i=1}^{2}p(x_i)\log_2 p(x_i)=-0.5\log_2 0.5-0.5\log_2 0.5$$
$$=1(\text{bit/symbol})$$

$$H(Y)=-\sum_{i=1}^{2}p(y_j)\log_2 p(y_j)=-0.59\log_2 0.59-0.41\log_2 0.41$$
$$=0.98(\text{bit/symbol})$$

讨论:从上述例题结果可以看出,在这个二元通信系统中,输入符号个数等于输出符号个数,都是 2 个,然而得到的结果中,$H(X)$不等于 $H(Y)$,也就是通过信道传输以后,平均每个信源符号所携带的信息量并没有全部到达信宿端。显然这和信道的传输特性有关系,或者说和信道中存在的噪声相关。由于噪声的存在,导致信源端发送的信息量和信宿端接收的信息量不一致。

对于给定的信源：

$$\begin{bmatrix} X \\ P(X) \end{bmatrix}=\begin{Bmatrix} x_1, & x_2, & \cdots, & x_i, & \cdots, & x_n \\ p(x_1), & p(x_2), & \cdots, & p(x_i), & \cdots, & p(x_n) \end{Bmatrix} \quad 其中 \sum_i p(x_i)=1$$

和信宿：

$$\begin{bmatrix} Y \\ P(Y) \end{bmatrix}=\begin{Bmatrix} y_1, & y_2, & \cdots, & y_j, & \cdots, & y_m \\ p(y_1), & p(y_2), & \cdots, & p(y_j), & \cdots, & p(y_m) \end{Bmatrix} \quad 其中 \sum_j p(y_j)=1$$

前面已经用前向传递概率 $p(y_j \mid x_i)$ 定义了信道的传输特性。由这个条件概率,我们可以定义条件熵：

$$H(Y \mid X)=-\sum_{i,j}p(x_iy_j)\log_2 p(y_j \mid x_i) \tag{1-34}$$

在通信系统的信道传输模型里面,这个条件熵 $H(Y|X)$被称为噪声熵。

如果已知后向条件概率 $p(x_i \mid y_j)$,那么也可以定义其对应的条件熵为：

$$H(X \mid Y)=-\sum_{i,j}p(x_iy_j)\log_2 p(x_i \mid y_j) \tag{1-35}$$

在通信系统的信道传输模型里面,这个条件熵 $H(X|Y)$被称为信道疑义度或损失熵。

1.4　互信息

1.4.1　互信息的定义

前面讨论过,当信源符号集合的概率分布确定时,我们定义了每个符号的自信息 $I(x_i)$,自信息表示了这个符号所携带的信息量。类似地,当考虑信息量在信道中的传输时,可以定

义 y_j 对 $I(x_i)$ 的互信息 $I(x_i;y_j)$：

$$I(x_i;y_j)=I(x_i)-I(x_i\mid y_j) \tag{1-36}$$

而：

$$I(x_i)=\log\frac{1}{p(x_i)}=-\log p(x_i) \tag{1-37}$$

$I(x_i)$ 是信宿收到 y_j 之前信源符号 x_i 的自信息，或者说是对信源发出的符号是 x_i 的不确定度，而：

$$I(x_i\mid y_j)=\log\frac{1}{p(x_i\mid y_j)}=-\log p(x_i\mid y_j) \tag{1-38}$$

$I(x_i\mid y_j)$ 是在信宿收到 y_j 的条件下，信源符号 x_i 的条件自信息。或者说是在收到 y_j 条件下，对信源发出的符号是 x_i 的不确定度；这样两个不确定度相减，得到的 $I(x_i;y_j)$ 也就表示了通过信道传输，当信宿收到 y_j 时所获得的关于信源发出符号 x_i 的信息量，被称为互信息。所以得到：

$$I(x_i;y_j)=I(x_i)-I(x_i\mid y_j)=\log\frac{p(x_i\mid y_j)}{p(x_i)} \tag{1-39}$$

同样，可以定义对称的互信息 $I(y_j;x_i)$：

$$I(y_j;x_i)=\log\frac{p(y_j\mid x_i)}{p(y_j)}=I(y_j)-I(y_j\mid x_i) \tag{1-40}$$

这个互信息表示信源发送符号 x_i 前、后，信宿收到 y_j 的不确定度的减少。

互信息的性质：

(1)对称性，$I(x_i;y_j)=I(y_j;x_i)$；

(2) X 与 Y 独立时，$I(x_i;y_j)=0$；

(3) $I(x_i;y_j)$可为正、负、0。

1.4.2 平均互信息

当考虑通信过程时，我们感兴趣的不是单个的符号，而是系统的整体信息量的流通情况。因此，为了客观地测度信道中流通的信息，定义互信息量 $I(x_i;y_j)$ 在联合概率空间 $p(x,y)$ 中的统计平均值为 Y 对 X 的平均互信息量：

$$I(X;Y)=\sum_{i=1}^{n}\sum_{j=1}^{m}p(x_iy_j)I(x_i;y_j)=\sum_{i=1}^{n}\sum_{j=1}^{m}p(x_iy_j)\log_2\frac{p(x_i\mid y_j)}{p(x_i)} \tag{1-41}$$

同样：

$$I(Y;X)=\sum_{i=1}^{n}\sum_{j=1}^{m}p(x_iy_j)I(y_j;x_i)=\sum_{i=1}^{n}\sum_{j=1}^{m}p(x_iy_j)\log_2\frac{p(y_j\mid x_i)}{p(y_j)} \tag{1-42}$$

平均互信息表示信源端的信息通过信道传输到信宿端的有效信息量。

从平均互信息的定义，可以推导出：

$$I(X;Y)=H(X)-H(X\mid Y)=H(Y)-H(Y\mid X) \tag{1-43}$$

这样，信息量通过信道的传输可以表示为如下示意图(图 1-4)：

可以看出，信源所发送的信息量在信道传输过程中由于信道疑义度和噪声熵的干扰，到

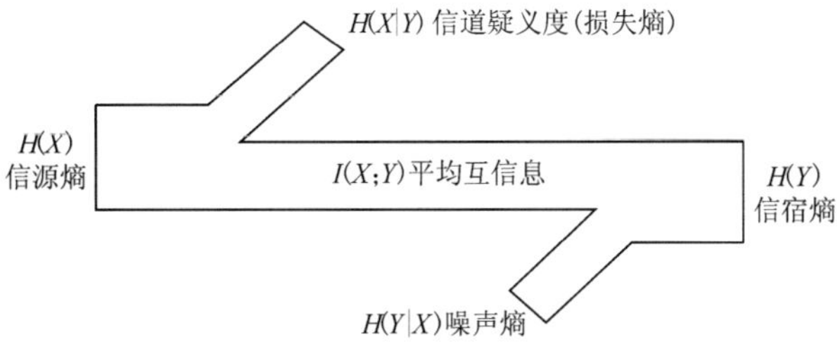

图 1-4　信息量通过信道的传输示意图

达信宿时成为了信宿熵。如果除去噪声的影响,其中的在信道中传输的有效信息量就是平均互信息。

平均互信息和条件熵之间的关系还可以用维恩图(图 1-5)表示如下:

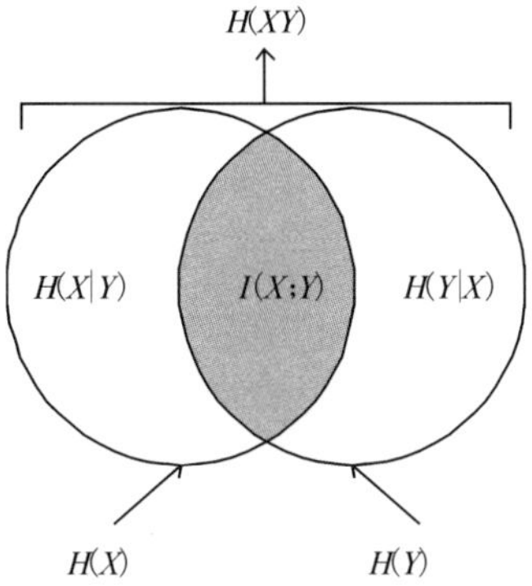

图 1-5　平均互信息和条件熵之间的关系维恩图

各个信息量的关系可以写成:

$$
\begin{aligned}
I(X;Y) &= H(X) - H(X \mid Y) \\
I(X;Y) &= H(Y) - H(Y \mid X) \\
I(X;Y) &= H(X) + H(Y) - H(XY)
\end{aligned}
\tag{1-44}
$$

进一步讨论平均互信息的物理意义:

$$I(X;Y) = H(X) - H(X \mid Y)$$

式中,$H(X)$ 为信源熵,表示 X 的不确定度,也就是信源含有的平均信息量(有用总体);$H(X \mid Y)$ 为已知 Y 时,对 X 仍剩的不确定度,也就是因信道有扰而丢失的平均信息量,故称损失熵;而 $I(X;Y)$ 就是信宿收到的平均信息量(有用部分)。

同样:

$$I(Y;X) = H(Y) - H(Y \mid X)$$

式中,$H(Y)$ 为信宿收到的平均信息量;$I(Y;X)$ 为信道传输的平均信息量(有用部分);$H(Y \mid X)$ 为因信道有扰而产生的信息量,称为噪声熵、散布度,也就是发出 X 后,关于 Y 的后验不确定度。

如果写成这样的形式:

$$I(X;Y) = H(X) + H(Y) - H(XY)$$

式中,$H(X)+H(Y)$ 表示通信前整个系统的先验不确定度;$H(XY)$ 表示通信后整个系统仍剩的不确定度；$I(X;Y)$ 表示通信前后，整个系统不确定度的减少量，即传输的有效信息量。所以，平均互信息 $I(X;Y)$ 表示平均每传送一个信源符号时，流经信道的平均(有效)信息量。

例 1.6 求例题 1.5 中在该信道上传输的：

(1)X 的各后验概率；

(2)联合熵 $H(XY)$ ；

(3)平均互信息 $I(X;Y)$ ；

(4)信道疑义度 $H(X \mid Y)$ ；

(5)噪声熵 $H(Y \mid X)$ 。

解：前面已经求出了联合概率和 Y 的概率分布。

(1)X 的各后验概率：

$$p(x_i \mid y_j) = \frac{p(x_i y_j)}{p(y_j)}$$

$$p(x_1 \mid y_1) = \frac{p(x_1 y_1)}{p(y_1)} = \frac{0.49}{0.59} = 0.831$$

$$p(x_2 \mid y_1) = 1 - p(x_1 \mid y_1) = 1 - 0.831 = 0.169$$

$$p(x_1 \mid y_2) = 0.024$$

$$p(x_2 \mid y_2) = 0.976$$

(2)信源熵和联合熵：

$$\begin{aligned} H(X) &= \sum_{i=1}^{2} p(x_i) \log_2 p(x_i) \\ &= -0.5 \log_2 0.5 - [-0.5 \log_2 0.5] \\ &= 1 \text{ (bit/symbol)} \end{aligned}$$

$$\begin{aligned} H(Y) &= \sum_{i=1}^{2} p(y_j) \log_2 p(y_j) \\ &= -0.59 \log_2 0.59 - [-0.41 \log_2 0.41] \\ &= 0.98 \text{ (bit/symbol[①])} \end{aligned}$$

$$H(XY) = \sum_{i=1}^{2} \sum_{j=1}^{2} p(x_i y_j) \log_2 p(x_i y_j) = 1.43 \text{ (bit/symbol)}$$

(3)平均互信息：

$$I(X;Y) = H(X) + H(Y) - H(XY) = 1 + 0.98 - 1.43 = 0.55 \text{ (bit/symbol)}$$

(4)信道疑义度：

$$H(X \mid Y) = \sum_{i=1}^{2} \sum_{j=1}^{2} p(x_i y_j) \log_2 p(x_i \mid y_j) = 0.45 \text{ (bit/symbol)}$$

(5)噪声熵：

$$H(Y \mid X) = \sum_{i=1}^{2} \sum_{j=1}^{2} p(x_i y_j) \log_2 p(y_j \mid x_i) = 0.43 \text{ (bit/symbol)}$$

---

① 即比特/符号。

1.5　离散序列信源的熵

上面讨论的是单符号离散信源的熵，实际的离散信源的输出都是离散随机序列，包括无记忆离散序列信源和有记忆离散序列信源。

1.5.1　无记忆的离散序列信源熵

设一个离散无记忆信源的概率空间为：

$$\begin{bmatrix} X \\ P(X) \end{bmatrix} = \begin{bmatrix} a_1, a_2, \cdots, a_r \\ p_1, p_2, \cdots, p_r \end{bmatrix} \quad 其中 \sum_{i=1}^{r} p_i = 1 \tag{1-45}$$

则信源 X 的 N 次扩展信源 X^N，就是无记忆的离散序列信源，可以用 N 重概率空间来表示：

$$\begin{bmatrix} X^N \\ P \end{bmatrix} = \begin{bmatrix} b_1, b_2, \cdots, b_{r^N} \\ p_1, p_2, \cdots, p_{r^N} \end{bmatrix} \quad 其中 \sum_{i=1}^{r^N} p_i = 1$$

$$b_i = (a_{i_1} a_{i_2} \cdots a_{i_N}) \quad 其中 \ i_1, i_2, \cdots, i_N = 1, 2, \cdots, r \tag{1-46}$$

其联合概率分布满足：

$$p_i = P(b_i) = P(a_{i_1} a_{i_2} \cdots a_{i_N}) = \prod_{k=1}^{N} P(a_{i_k}) \tag{1-47}$$

这时信源的序列熵可以表示为：

$$\begin{aligned} H(X^N) &= -\sum_{i=1}^{r^N} p_i \log p_i \\ &= -\sum_{i=1}^{r^N} \Big[\prod_{k=1}^{N} P(a_{i_k})\Big] \log\Big[\prod_{k=1}^{N} P(a_{i_k})\Big] \\ &= -\sum_{i_1=1}^{r}\sum_{i_2=1}^{r}\cdots\sum_{i_N=1}^{r} P(a_{i_1})P(a_{i_2})\cdots P(a_{i_N})[\log P(a_{i_1}) \\ &\quad + \cdots + \log P(a_{i_N})] \\ &= -\sum_{i_2=1}^{r} P(a_{i_2})\cdots\sum_{i_N=1}^{r} P(a_{i_N})\sum_{i_1=1}^{r} P(a_{i_1})\log P(a_{i_1}) - \\ &\quad \sum_{i_1=1}^{r} P(a_{i_1})\cdots\sum_{i_N=1}^{r} P(a_{i_N})\sum_{i_2=1}^{r} P(a_{i_2})\log P(a_{i_2})\cdots - \\ &\quad \sum_{i_1=1}^{r} P(a_{i_1})\cdots\sum_{i_{N-1}=1}^{r} P(a_{i_{N-1}})\sum_{i_N=1}^{r} P(a_{i_N})\log P(a_{i_N}) \\ &= \sum_{l=1}^{N} H(X_l) \end{aligned} \tag{1-48}$$

对于平稳信源来说，有 $H(X_1) = H(X_2) = \cdots\cdots = H(X_N)$，则长度为 N 的离散序列信源熵：

$$H(X^N) = NH(X) \tag{1-49}$$

1.5.2 有记忆的离散序列信源熵

对于 N 维离散有记忆平稳信源 $X=X_1X_2\cdots X_N$，其信源熵就是联合熵。从联合熵与条件熵关系推广，可以得到如下结论：

$$
\begin{aligned}
H(X) &= H(X_1X_2\cdots X_N) \\
&= H(X_1)+H(X_2\mid X_1)+H(X_3\mid X_1X_2)+\cdots+ \\
&\quad H(X_N\mid X_1X_2\cdots X_{N-1})
\end{aligned} \tag{1-50}
$$

且条件熵满足：

$$
\begin{aligned}
&H(X_N\mid X_1X_2\cdots X_{N-1})\leqslant H(X_{N-1}\mid X_1X_2\cdots X_{N-2})\leqslant\cdots\leqslant H(X_2\mid X_1) \\
&\leqslant H(X_1)
\end{aligned}
$$

联合熵 $H(X)$ 表示 N 长的离散序列的信息量，则平均每个符号的信息量为：

$$
H_N(X)=\frac{1}{N}H(X_1X_2\cdots X_N) \tag{1-51}
$$

当 $N\to\infty$时，可以证明：

$$
\begin{aligned}
H_\infty &= \lim_{N\to\infty}H_N(X)=\lim_{N\to\infty}\frac{1}{N}H(X_1X_2\cdots X_N) \\
&= \lim_{N\to\infty}H(X_N\mid X_1X_2\cdots X_{N-1})
\end{aligned} \tag{1-52}
$$

这个 H_∞ 就是极限熵，也称为熵率，它反映了信源序列中单个符号的信息量随着 N 的增大而变化的趋势，即实际的离散信源熵。通常 H_∞ 的计算比较困难，下面讨论一类特殊的有记忆信源——马尔可夫信源，它的熵在 N 不大的情况下比较接近 H_∞。

1.5.3 马尔可夫信源的熵

前面提到，如果非平稳离散信源每次发出的符号只与前 m 个符号有关，与更前面的符号无关，这样的信源就称为 m 阶马尔可夫信源。m 阶马尔可夫信源的数学模型可以由信源符号集和条件概率构成的空间来表示：

$$
\begin{bmatrix} X \\ P \end{bmatrix}=\begin{bmatrix} a_1,a_2,\cdots,a_r \\ P(a_{k_{m+1}}\mid a_{k_1}a_{k_2}\cdots a_{k_m}) \end{bmatrix} \tag{1-53}
$$

式中，$k_1,k_2,\cdots,k_{m+1}=1,2,\cdots,r$；$\sum\limits_{k_{m+1}=1}^{r}P(a_{k_{m+1}}\mid a_{k_1}a_{k_2}\cdots a_{k_m})=1$。

为了描述这类信源，除了信源符号集外，还需引入状态 S。

高阶马尔可夫过程可以通过矢量分析转化为一阶马尔可夫过程来处理。对于 m 阶马尔可夫信源，可以将当前时刻之前出现的 m 个符号组成的序列定义为信源的当前状态 s_i，即：

$$
s_i=(x_{i_1},x_{i_2},\cdots,x_{i_m})
$$

式中，$x_{i_1},x_{i_2},\cdots,x_{i_m}\in A=\{a_1,a_2,\cdots,a_n\}$。

s_i共有 $Q=n^m$ 种可能取值，即可能的状态集为 $S=\{s_1,s_2,\cdots,s_Q\}$。当信源发出符号 x_j时，上面的条件概率的条件就可以用状态 s_i来表示，即 $p(x_j\mid s_i)$，其中 $i=1,2,\cdots,Q,j=1,2,\cdots,n$。信源发出符号 x_j以后，信源的状态变成了 $s_j=(x_j,x_{j-1},\cdots,x_{j-m+1})$，即从状态 s_i变成了状态 s_j，这个状态变化可用状态转移概率 $p_{ij}=p(s_j\mid s_i)$ 来表示，其中 $i,j=1,2,\cdots,Q$。

为了简单起见，这里只考虑一步转移概率 p_{ij} 。

由于系统在任意时刻可能处于状态集中的任意状态，故状态转移概率可以用转移矩阵 $\boldsymbol{P}$ 来表示：

$$\boldsymbol{P} = \{p_{ij}, i, j \in S\},$$

或：

$$\boldsymbol{P} = \begin{bmatrix} p_{11} & p_{12} & \cdots & p_{1Q} \\ p_{21} & p_{22} & \cdots & p_{2Q} \\ \vdots & \vdots & \ddots & \vdots \\ p_{Q1} & p_{Q2} & \cdots & p_{QQ} \end{bmatrix}$$

式中，$\boldsymbol{P}$ 的第 i 行表示从状态 s_i 转移到各个状态 s_j（$s_j \in S$）的转移概率，故 $\boldsymbol{P}$ 的每行之和均为 1。

实际中信源常常是有记忆的，不能用简单概率空间描述，而是需要用联合概率空间描述。信源输出可以用随机序列或 L 维随机矢量 $\boldsymbol{u}_L$ 表示：

$$\boldsymbol{u}_L = (u_1, u_2, \cdots, u_L) \in U^L \quad 其中\ u_i \in A = \{a_1, a_2, \cdots, a_k\}$$

某一时刻信源的输出只与当前状态有关，而与以前的状态无关，即：

$$\begin{aligned} p_j(a_k) &= p(u_l = a_k \mid s_l = j, s_{l-1} = i, \cdots) \\ &= p(u_l = a_k \mid s_l = j) \end{aligned} \tag{1-54}$$

1.5.4　马尔可夫信源的极限熵

平稳遍历的马尔可夫信源存在唯一的稳态分布。对于有限记忆长度为 m 的 m 阶马尔可夫信源，可以证明，它的极限熵就等于条件熵：

$$H_\infty = H(X_{m+1} \mid X_1 X_2 \cdots X_m) \tag{1-55}$$

用一个例子来说明。给出一个三状态的马尔可夫信源的转移矩阵 $\boldsymbol{P}$ 为：

$$\boldsymbol{P} = \begin{bmatrix} 0.1 & 0 & 0.9 \\ 0.5 & 0 & 0.5 \\ 0 & 0.2 & 0.8 \end{bmatrix}$$

可以画出它的状态转移图如图 1-6 所示。

设稳态分布的概率分布为 $W = (W_1, W_2, W_3)$，则满足：

$$WP = W, \sum_{i=1}^{3} W_i = 1 \quad 其中\ W_i \geqslant 0$$

可以解得：

$$W_1 = 5/59, W_2 = 9/59, W_3 = 45/59$$

在 s_i 状态下，每输出一个符号的平均信息量为：

$$H(X \mid s_1) = 0.1 \times \log_2 \frac{1}{0.1} + 0.9 \times \log_2 \frac{1}{0.9} = H(0.1) = 0.469(\text{bit/symbol})$$

$$H(X \mid s_2) = H(0.5) = 1(\text{bit/symbol})$$

$$H(X \mid s_3) = H(0.2) = 0.722(\text{bit/symbol})$$

由上面的稳态概率可以得到此马尔可夫信源的熵为：

$$H(X) = \sum_{i=1}^{3} W_i H(X \mid s_i) = 0.743\ (\text{bit/symbol})$$

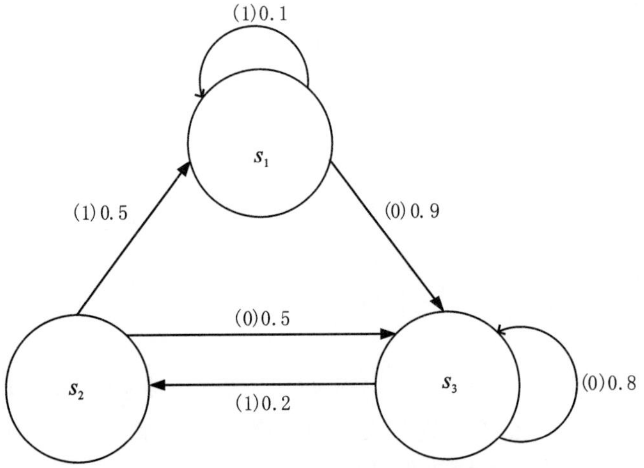

图 1-6　三状态马尔可夫信源状态转移图

1.6　连续信源的熵

上面我们讨论的是离散信源。在实际中，我们常常会遇到信源发出的消息是时间连续、幅值也连续的连续随机变量的情况，这样的信源就是连续信源。连续信源的统计特性需要用概率密度函数 $p(x)$ 来描述。它的熵可以离散化以后应用离散信源的熵的结论得到。

前面讨论过的离散信源空间表示为：

$$\begin{bmatrix} X \\ P(X) \end{bmatrix} = \begin{bmatrix} x_1, x_2, \cdots, x_r \\ p_1, p_2, \cdots, p_r \end{bmatrix} \quad 其中 \sum_{i=1}^{r} p_i = 1$$

其熵为 $H(X) = -\sum_{k}^{X} p(a_k)\log p(a_k)$，这种离散熵的值是确定的，我们称之为绝对熵。

对于连续信源，我们可以用连续概率空间来表示：

$$\begin{bmatrix} X \\ P(X) \end{bmatrix} = \begin{bmatrix} (a,b) \\ p(x) \end{bmatrix} \tag{1-56}$$

式中，$\int_a^b p(x)\mathrm{d}x = 1$。

把它离散化，如图 1-7 所示，则 X 的值在小区间 $(x_i, x_i + \Delta x)$ 内的概率近似为 $p_i = p(x_i)\Delta x$，用离散熵的方式来计算熵，得到：

$$\begin{aligned} H(x) &= \lim_{\Delta x \to 0}[-\sum_i p(x_i)\Delta x \log p(x_i)] - \lim_{\Delta x \to 0}(\log \Delta x)\sum_i p(x_i)\Delta x \\ &= -\int_a^b p(x)\log p(x)\mathrm{d}x - \lim_{\Delta x \to 0}\log \Delta x \end{aligned} \tag{1-57}$$

当 $\Delta x \to 0$ 时，式中的第二项趋于无穷大，所以这个熵将趋于无穷小。因此，我们无法用绝对熵来表示连续分布随机变量的不确定度。

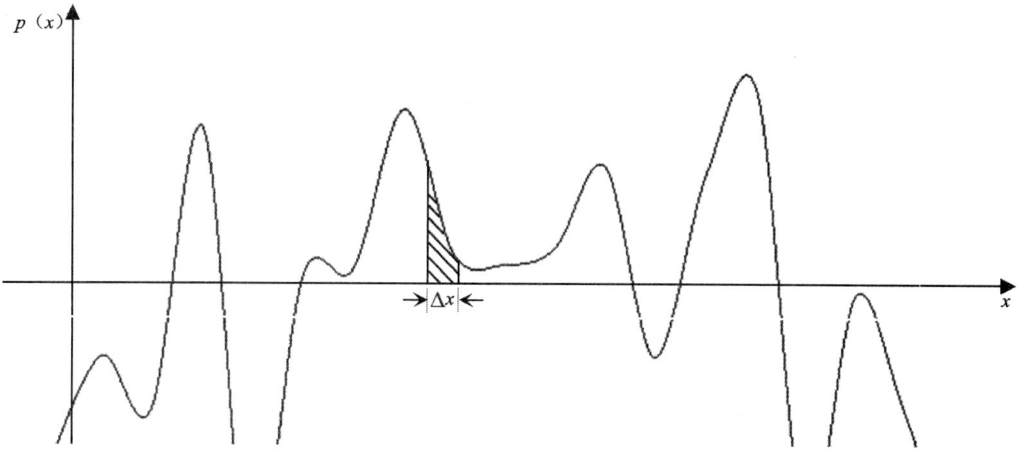

图 1-7　连续信源离散化

基于此，连续分布随机变量的熵被定义为：

$$h(X)=-\int_R p(x)\log p(x)\mathrm{d}x \tag{1-58}$$

式中，$p(x)$ 为 X 的概率密度函数。

为了和绝对熵的定义相区别，我们把连续随机变量的熵 $h(X)$ 称为微分熵，或差熵。在实际应用中，数据都只有有限精度，我们这样定义的微分熵其实只表达了连续随机变量的部分不确定性，因此和绝对熵相比，微分熵是连续分布随机变量不确定性的一种相对度量，仅有相对的意义。

习题 1

1.1　硬币称重问题。有 n 枚硬币，其中有可能包含或不包含 1 枚假币。如果有 1 枚假币，它可能比正常币轻些或者重些。用 1 架天平来称量硬币。

(1)找出硬币个数 n 的上限，使得 k 次称量就可以发现假币(如果有的话)并找出它比正常币轻些还是重些；

(2)对于称量次数 $k=3$ 和硬币枚数 $n=12$，如何称量才能发现假币(如果有的话)并找出它比正常币轻些还是重些？

1.2　同时掷出两个正常的骰子，也就是各面呈现的概率都为 1/6，求：

(1)"3 和 5 同时出现"这事件的自信息；

(2)"两个 1 同时出现"这事件的自信息；

(3)两个点数各种组合(无序)对的熵和平均信息量；

(4)两个点数之和(即 2，3，…，12 构成的子集)的熵；

(5)两个点数中至少有一个是 1 的自信息量。

1.3　同时扔1对均匀的骰子，当得知“两骰子面朝上点数之和为2”或“两骰子面朝上点数之和为8”或“两骰子面朝上点数是3和4”时，试问这3种情况分别获得多少信息量？

1.4　居住某地区的女孩子有25％的是大学生，在女大学生中有75％的身高在160cm以上，而女孩子中身高160cm以上的占总数的50％。假如我们得知“身高160cm以上的某女孩是大学生”的消息，请问获得多少信息量？

1.5　掷两颗骰子，当其向上面的小圆点之和是3时，该消息包含的信息量是多少？当小圆点之和是7时，该消息所包含的信息量又是多少？

1.6　设有一离散无记忆信源，其概率空间为 $\begin{bmatrix} X \\ P \end{bmatrix} = \begin{bmatrix} x_1 = 0, x_2 = 1, x_3 = 2, x_4 = 3 \\ 3/8, 1/4, 1/4, 1/8 \end{bmatrix}$。

(1)求每个符号的自信息量；

(2)信源发出一消息符号序列为{202　120　130　213　001　203　210　110　321　010　021　032　011　223　210}，求该序列的自信息量和平均每个符号携带的信息量。

1.7　试问四进制、八进制脉冲所含信息量是二进制脉冲的多少倍？

1.8　1个可以旋转的圆盘，盘面上被均匀地分成38份，用1，2，3，…，38的数字标示，其中有2份涂绿色，18份涂红色，18份涂黑色，圆盘停转后，盘面上的指针指向某一数字和颜色。

(1)如果仅对颜色感兴趣，计算平均不确定度；

(2)如果仅对颜色和数字感兴趣，计算平均不确定度；

(3)如果颜色已知时，计算条件熵。

1.9　两个实验 X 和 Y，$X=\{x_1,x_2,x_3\}$，$Y=\{y_1,y_2,y_3\}$，l 联合概率 $r(x_i,y_j)=r_{ij}$ 为：

$$\begin{bmatrix} r_{11} & r_{12} & r_{13} \\ r_{21} & r_{22} & r_{23} \\ r_{31} & r_{32} & r_{33} \end{bmatrix} = \begin{bmatrix} 7/24 & 1/24 & 0 \\ 1/24 & 1/4 & 1/24 \\ 0 & 1/24 & 7/24 \end{bmatrix}$$

(1)如果有人告诉你 X 和 Y 的实验结果，你得到的平均信息量是多少？

(2)如果有人告诉你 Y 的实验结果，你得到的平均信息量是多少？

(3)在已知 Y 实验结果的情况下，告诉你 X 的实验结果，你得到的平均信息量是多少？

1.10　每帧电视图像可以认为是由 3×10^5 个像素组成的，所有像素均是独立变化，且每个像素又取 128 个不同的亮度电平，并设亮度电平是等概率出现，问每帧图像含有多少信息量？若有 1 个广播员，在约 10 000 个汉字中选出 1000 个汉字来口述此电视图像，试问广播员描述此图像所广播的信息量是多少(假设汉字字汇是等概率分布，并彼此无依赖)？若要恰当地描述此图像，广播员在口述中至少需要多少汉字？

1.11　某一无记忆信源的符号集为$\{0,1\}$，已知 $p(0)=1/4$，$p(1)=3/4$。

(1) 求符号的平均熵；

(2) 有由 100 个符号构成的序列，求某一特定序列[例如，有 m 个“0”和$(100-m)$个“1”]自信息量的表达式；

(3) 计算(2)中序列的熵。

1.12　有一离散无记忆信源，其输出为 $X\in\{0,1,2\}$，相应的概率为 $p_0=1/4$，$p_1=1/4$，$p_2=1/2$，设计两个独立的实验去观察它，其结果分别为 $Y_1\in\{0,1\}$，$Y_2\in\{0,1\}$，已知条件概率为：

$p(y_1 \mid x)$	0	1
0	1	1
1	0	1
2	1/2	1/2

$p(y_2 \mid x)$	0	1
0	1	0
1	1	0
2	0	1

(1)求 $I(X;Y_1)$ 和 $I(X;Y_2)$,并判断哪个实验好一些;

(2)求 $I(X;Y_1Y_2)$,并计算做 Y_1 和 Y_2 两个实验比做 Y_1 和 Y_2 中的 1 个实验可多得多少关于 X 的信息;

(3)求 $I(X;Y_1 \mid Y_2)$ 和 $I(X;Y_2 \mid Y_1)$,并解释它们的含义。

1.13 (1)若随机变量 x 表示信号 $x(t)$ 的幅度, $-3V \leqslant x(t) \leqslant 3V$,均匀分布,求该信源熵 $H_c(X)$;

(2)若 x 在 $-5V \sim 5V$ 之间均匀分布,求该信源熵 $H_c(X)$;

(3)试解释(1)和(2)中的计算结果。

1.14 若随机信号的样值 x 在 $1V \sim 7V$ 之间均匀分布,

(1)求信源熵 $H_c(X)$,并将此结果与习题 1.12 中的(1)相比较,可得到什么结论?

(2)计算期望值 $\mathrm{E}(X)$ 和方差 $\mathrm{Var}(X)$。

1.15 一个信源有无穷多个可能的输出,它们出现的概率为 $p(x_i) = 2^{i-1} (i = 1,2,3,\cdots)$,求信源熵。

1.16 考虑一个几何分布的随机变量 X,满足 $p(x_i) = p\,(1-p)^{i-1} (i = 1,2,3,\cdots)$,求信源熵。

1.17 函数的熵。设 X 是一个取有限个值的随机变量,试问下列 2 种情况中, $H(X)$ 和 $H(Y)$ 之间的关系如何?

(1) $Y = 2^X$;

(2) $Y = \cos X$ 。

1.18　给定联合概率 $p(xy)$ 为：

p	y_0	y_1	y_2
x_0	0.10	0.08	0.13
x_1	0.05	0.03	0.09
x_2	0.05	0.12	0.14
x_3	0.11	0.04	0.06

求：

(1) $H(X)$，$H(Y)$，$H(X \mid Y)$，$H(Y \mid X)$，$H(XY)$；

(2) $I(X;Y)$；

(3)画出它们之间的关系维恩图。

1.19　计算连续随机变量 X 的差熵：

(1) 指数概率密度函数 $p(x) = \lambda \mathrm{e}^{-\lambda x}$，$x \geqslant 0$，$\lambda > 0$；

(2) 拉普拉斯概率密度函数 $p(x) = \frac{1}{2}\lambda \mathrm{e}^{-\lambda |x|}$，$-\infty < x < \infty$，$\lambda > 0$。

第2章　信道和信道容量

通信系统中传输的可靠性问题可以这样表述:一个给定带宽和信噪比的信道,每秒可以传输多少信息量?要解决这个问题,需要了解信道的特性。

2.1　信道模型

2.1.1　信道的分类

信道的分类如图 2-1 所示。

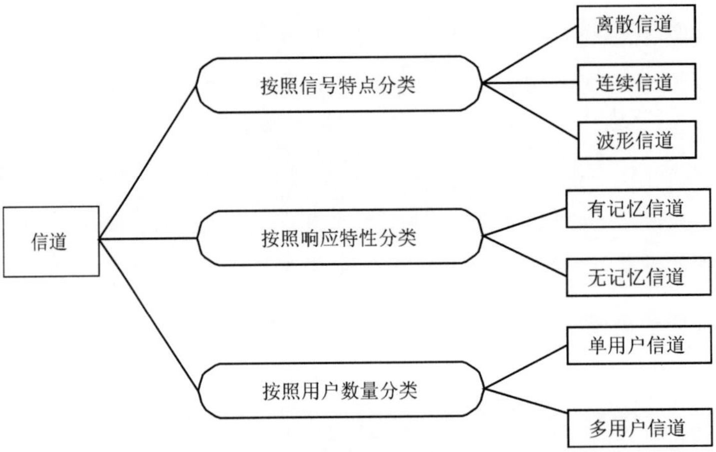

图 2-1　信道的分类

根据信道输入信号和输出信号的特点,可以把信道分为离散信道、连续信道、波形信道等。

(1)离散信道:即数字信道,其输入信号、输出信号在时间上和取值上都是离散的。

(2)连续信道:其输入信号、输出信号在时间上离散,在取值上连续。

(3)波形信道:又称模拟信道,其输入信号、输出信号在时间上和取值上都是连续的随机过程。

按照信道的响应特性分类,可以把信道分为有记忆信道和无记忆信道。

按照用户数量来分,信道可以分为单用户信道和多用户信道。这里我们只讨论无记忆单用户信道。

我们先看看离散无记忆平稳信道的性质。所谓平稳,是指信道在不同时刻的响应特性是相同的。

如图 2-2 所示是一个离散无记忆信道模型，考虑信道是平稳的情况。

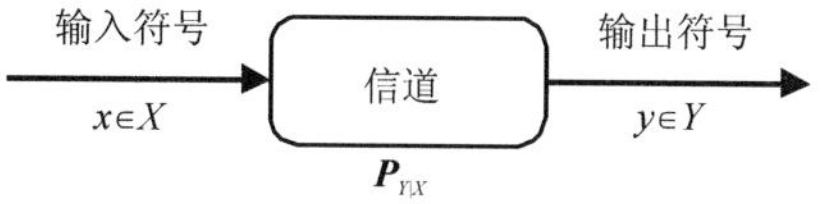

图 2-2　离散无记忆信道模型

2.1.2　信道的概率传递矩阵

单符号离散信道的输入符号 X，取值于符号集合 $\{x_1, x_2, \cdots, x_r\}$；输出符号 Y，取值于符号集合 $\{y_1, y_2, \cdots, y_s\}$。在信道中进行信息传输时所受到的噪声干扰可以用前向传递概率 $p_{y|x}$ 来表征。前向传递概率是一个条件概率，$p_{y_j|x_i}$ 是指当发送符号为 x_i 时，接收到符号 y_j 的概率。考虑到信源符号集 X 和信宿符号集 Y，可以把一个信道的前向传递概率写成矩阵形式：

$$\boldsymbol{P}_{Y|X} = \begin{bmatrix} p_{y_1|x_1} & p_{y_2|x_1} & \cdots & p_{y_s|x_1} \\ p_{y_1|x_2} & \ddots & & p_{y_s|x_2} \\ \vdots & & \ddots & \vdots \\ p_{y_1|x_r} & p_{y_2|x_r} & \cdots & p_{y_s|x_r} \end{bmatrix} \tag{2-1}$$

式中，$\sum_j p_{y_j|x_i} = 1$，即每行的和为 1；$\boldsymbol{P}_{Y|X}$ 就是信道的前向概率传递矩阵。

例如，如图 2-3 所示的二元对称信道(binary symmetric channel，BSC 信道)。

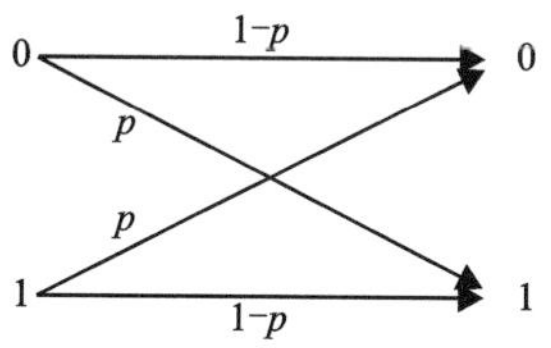

图 2-3　BSC 信道

p. BSC 信道的错误传递概率

前向传递概率 $p_{1|0}$ 和 $p_{0|1}$ 为 p，可以看出，p 就是接收方接收数据和发送数据不一致的概率，所以 p 被称为 BSC 信道的错误传递概率。BSC 信道的概率传递矩阵为：

$$\boldsymbol{P}_{Y|X} = \begin{bmatrix} 1-p & p \\ p & 1-p \end{bmatrix}$$

再来看二元删除信道(binary erasure channel，BEC 信道)，如图 2-4 所示。

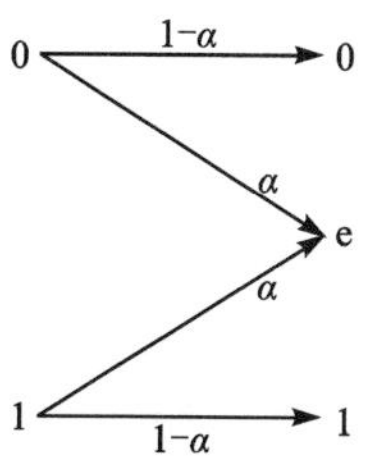

图 2-4　BEC 信道

α. 错误传递概率；e. 增加的新输出符号；后同

这个信道模型代表的是一类二元信道，其接收端所接收到的符号有一定的概率 a 会无法和输入符号对应，我们把这样无法对应的符号设定为一个新的输出符号 e，则输出端就是三符号的数据集。BEC 信道的概率传递矩阵为：

$$\boldsymbol{P}_{Y|X}=\begin{bmatrix}1-\alpha & \alpha & 0\\ 0 & \alpha & 1-\alpha\end{bmatrix}$$

根据概率知识，可以由输入概率分布和信道的概率传递矩阵得到输出概率分布：

$$p_y=\sum_{x\in X}p_{y|x}\cdot p_x \tag{2-2}$$

如果要用矩阵运算的形式表达上面的关系，可以写成：

$$\boldsymbol{P}_Y=\boldsymbol{P}_{Y|X}^{\mathrm{T}}\boldsymbol{P}_X \tag{2-3}$$

式中，$\boldsymbol{P}_X$ 和 $\boldsymbol{P}_Y$ 分别是输入符号和输出符号的概率分布以单列形式表示的矩阵。

2.2 平均互信息和信道容量

2.2.1 信道的平均互信息

在第 1 章中讨论过平均互信息的概念。平均互信息表示通信前后，整个系统的不确定度的减少量。换句话说，平均互信息就是在一次通信过程中，通过信道传输的平均有效信息量。在信源符号集合 X 通过前向传递概率矩阵为 $\boldsymbol{P}_{Y|X}$ 的信道进行通信，输出符号集合为 Y 的情况下，平均互信息可以这样计算得到：

$$I(X;Y)=\sum_{j=0}^{q-1}\sum_{i=0}^{r-1}p(x_j)p(y_i\mid x_j)\log\frac{p(y_i\mid x_j)}{p(y_i)} \tag{2-4}$$

例 2.1 给定二元离散信源 X 的概率分布为 $\begin{bmatrix}X\\P\end{bmatrix}=\begin{bmatrix}0 & 1\\ \omega & 1-\omega\end{bmatrix}$，BSC 信道的前向概率传递矩阵为 $\boldsymbol{P}_{Y|X}=\begin{bmatrix}1-p & p\\ p & 1-p\end{bmatrix}$，求平均互信息。

解：

由于：

$$\begin{aligned}\boldsymbol{P}_Y&=\boldsymbol{P}_{Y|X}^{\mathrm{T}}\boldsymbol{P}_X\\&=\begin{bmatrix}1-p & p\\ p & 1-p\end{bmatrix}\begin{bmatrix}\omega\\1-\omega\end{bmatrix}\\&=\begin{bmatrix}\omega\bar{p}+\bar{\omega}p\\ \omega p+\bar{\omega}\,\bar{p}\end{bmatrix}\end{aligned}$$

式中，$\bar{\omega}=1-\omega$；$\bar{p}=1-p$ 。

而且：

$$(\omega\bar{p}+\bar{\omega}p)=1-(\omega p+\bar{\omega}\,\bar{p})$$

如果用符号 $H(p)$ 表示熵值 $p\log\frac{1}{p}+\bar{p}\log\frac{1}{\bar{p}}$，那么输出符号集的熵可以写成：

$$H(Y) = H(\omega\bar{p} + \bar{\omega}p) = H(\omega p + \bar{\omega}\,\bar{p})$$

而条件熵：

$$\begin{aligned} H(Y \mid X) &= \sum_x \sum_y p_x p_{y|x} \log \frac{1}{p_{y|x}} \\ &= \omega\left(\bar{p}\log\frac{1}{\bar{p}} + p\log\frac{1}{p}\right) + \bar{\omega}\left(p\log\frac{1}{p} + \bar{p}\log\frac{1}{\bar{p}}\right) \\ &= H(p) \end{aligned}$$

所以平均互信息：

$$I(X;Y) = H(Y) - H(Y \mid X) = H(\omega\bar{p} + \bar{\omega}p) - H(p)$$

式中，$H(p) = p\log\frac{1}{p} + \bar{p}\log\frac{1}{\bar{p}}$ 。

2.2.2　信道容量

平均互信息表示了每次通信过程中通过信道传输的有效信息量。从题中看到，平均互信息与信源的概率分布（参数 ω ）和信道的传输特性（参数 p ）有关，当信道给定后，平均互信息的大小就由信源的概率分布来决定。由于 $I(X;Y)$ 是输入分布（或密度）的上凸函数，它存在最大值。对于离散信道，根据平均互信息的计算公式：

$$I(X;Y) = \sum_{j=0}^{q-1} \sum_{i=0}^{r-1} p(x_j)p(y_i \mid x_j)\log\frac{p(y_i \mid x_j)}{p(y_i)}$$

以及信源概率分布 $p(x_i) \geqslant 0$，且 $\sum_{i=0}^{q-1} p(x_i) = 1$ 的约束，可以求出平均互信息在约束条件下的最大值。这个最大值就是这个信道的信道容量。对于连续信道，除了概率约束条件以外，还有别的约束条件，如平均功率或峰值功率受限等。

信道容量是指对于一个给定信道，在所有可能的输入概率分布中，一次通信过程所能够传输的最大平均互信息。它表示了信道传输信息的最大能力。

$$C = \max_{p(x)} I(X;Y) \tag{2-5}$$

式中，$p(x_i) \geqslant 0$，且 $\sum_{i=0}^{q-1} p(x_i) = 1$。

信道容量是平均互信息的最大值，这个最大值是在所有输入概率分布意义上的最大，它所对应的输入概率分布就被称为最佳分布。

根据信道容量的定义，可以写成：

$$C = \max_{p(x)} I(X;Y) = \max_{p(x_j)} \sum_{j=0}^{q-1} \sum_{i=0}^{r-1} p(x_j)p(y_i \mid x_j)\log\frac{p(y_i \mid x_j)}{p(y_i)} \tag{2-6}$$

式中，$\sum_{i=0}^{q-1} p(x_i) = 1$ 。

由式(2-6)，我们可以得到信道容量的性质：

(1)信道容量 $C \geqslant 0$（在平均互信息的讨论中我们已经知道 $I(X;Y) \geqslant 0$，所以有 $C \geqslant 0$）；

(2)信道容量 $C \leqslant \log|X|$，$C \leqslant \log|Y|$；

根据定义，有：

$$C = \max_{p(x)} I(X;Y) \leqslant \max H(X) = \log|X| \tag{2-7}$$

同样：

$$C = \max_{p(x)} I(X;Y) \leqslant \max H(Y) = \log|Y| \tag{2-8}$$

2.3 特殊信道的信道容量

从定义可以看出，求信道容量的问题就是一个在给定约束条件下求平均互信息的最大值的问题。对于一般信道的信道容量并没有通用公式可以计算，然而对于一些特殊信道，我们可以通过数学推导得到其信道容量的表达式。

2.3.1 无噪无损信道

无噪无损信道如图 2-5 所示。

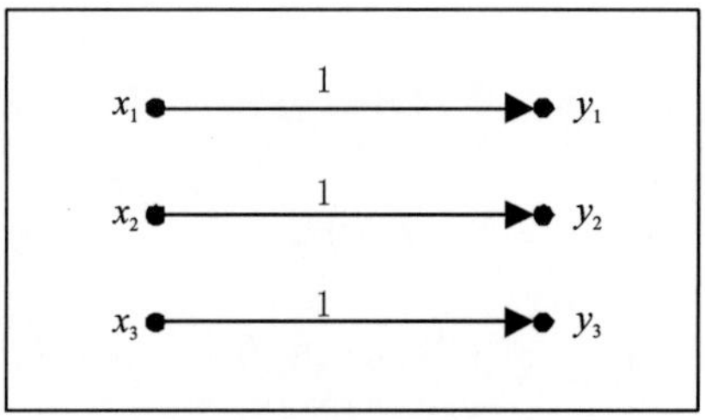

图 2-5 无噪无损信道

输入符号 X 与输出符号 Y 是一一对应的关系，可见这是一个确定性的信道。其前向概率传递矩阵为：

$$\boldsymbol{P}(Y \mid X) = \begin{bmatrix} 1 & 0 & 0 \\ 0 & 1 & 0 \\ 0 & 0 & 1 \end{bmatrix} = \boldsymbol{P}(X \mid Y)$$

可以求得其条件熵为 $H(X \mid Y) = H(Y \mid X) = 0$，即它的损失熵 $H(X \mid Y)$ 和噪声熵 $H(Y \mid X)$ 都为 0。从而得到平均互信息 $I(X;Y) = H(Y) = H(X)$。信道容量是平均互信息的最大值，根据熵的最大值特性，信道容量为：

$$C = \log|X| = \log|Y| \tag{2-9}$$

式中，$|X|$ 为输入符号集的符号个数；$|Y|$ 为输出符号集的符号个数。

此信道容量在输入符号(输出符号)等概率分布时达到。

2.3.2 无噪有损信道

无噪有损信道如图 2-6 所示。从图中可以看到，在这种信道中，X 和 Y 是多对一的关系。其前向概率传递矩阵为：

$$\boldsymbol{P}(Y \mid X) = \begin{bmatrix} 1 & 0 \\ 1 & 0 \\ 0 & 1 \\ 0 & 1 \end{bmatrix}$$

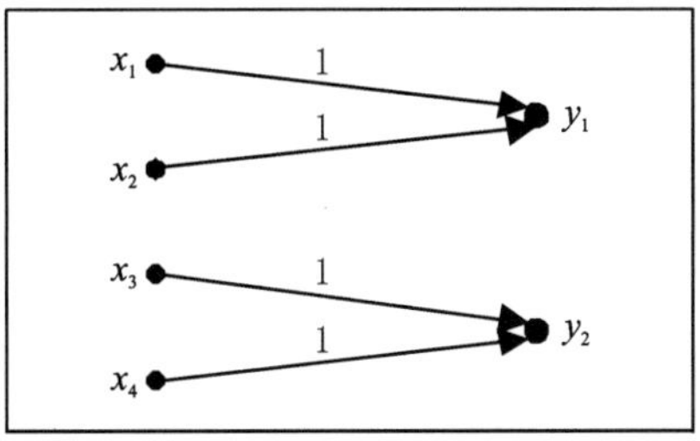

图 2-6　无噪有损信道

可以求得它的噪声熵为 $H(Y \mid X) = 0$，而它的损失熵 $H(X \mid Y) \neq 0$。所以这种信道被称为无噪有损信道。从而得到平均互信息 $I(X;Y) = H(Y) < H(X)$，所以信道容量为：

$$C = \log|Y|$$

式中，$|Y|$ 为输出符号集的符号个数。

此信道容量在输出符号等概率分布时达到。

2.3.3　有噪无损信道

有噪无损信道如图 2-7 所示。从图中可以看出，在这种信道中，X 和 Y 是一对多的关系。其前向概率传递矩阵为：

$$\boldsymbol{P}(Y \mid X) = \begin{bmatrix} 0.5 & 0.5 & 0 & 0 & 0 & 0 \\ 0 & 0 & 0.6 & 0.3 & 0.1 & 0 \\ 0 & 0 & 0 & 0 & 0 & 1 \end{bmatrix}$$

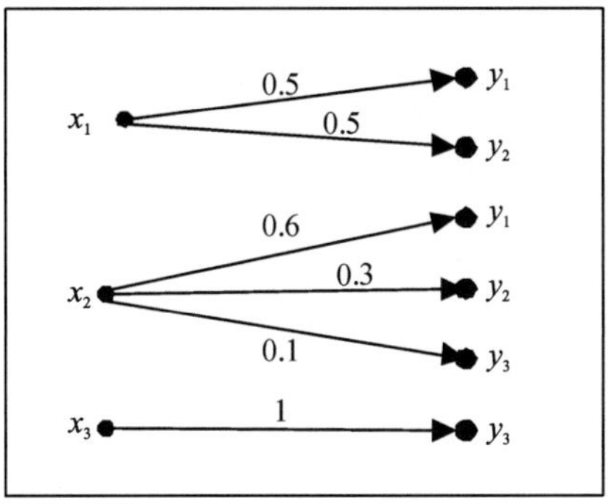

图 2-7　有噪无损信道

从信道传输关系也可以得到：

$$\boldsymbol{P}(X \mid Y)=\begin{bmatrix}1 & 0 & 0\\1 & 0 & 0\\0 & 1 & 0\\0 & 1 & 0\\0 & 1 & 0\\0 & 0 & 1\end{bmatrix}$$

可以求得其损失熵 $H(X \mid Y)=0$，而它的噪声熵 $H(Y \mid X) \neq 0$。所以这种信道被称为有噪无损信道。从而得到平均互信息 $I(X;Y)=H(X)<H(Y)$，所以信道容量为：

$$C=\log|X|$$

式中，$|X|$ 为输入符号集的符号个数。

此信道容量在输入符号等概率分布时达到。

2.3.4 有噪打字机信道

这类信道是香农所提出来的一个概念。假设有一台打字机出了问题，当按键“A”的时候打出来的字是“A”或者“B”的概率均为 50%，当按键“B”的时候打出来的字是“B”或者“C”的概率均为 50%，当按键“Z”的时候打出来的字是“Z”或者“A”的概率均为 50%。因此，其信道传递模型如图 2-8 所示。

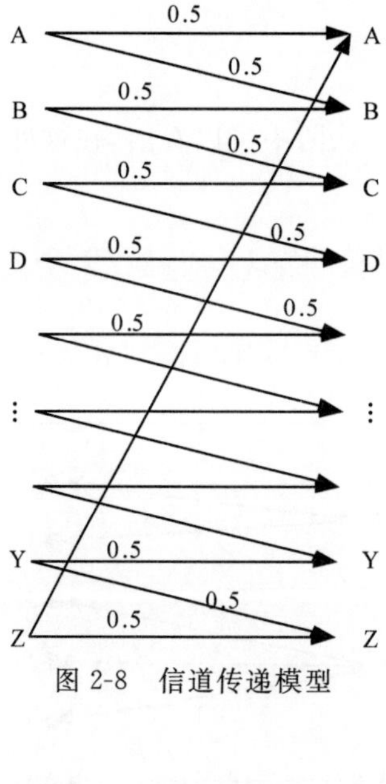

图 2-8 信道传递模型

其前向概率传递矩阵为：

$$\boldsymbol{P}(Y \mid X)=\begin{bmatrix}0.5 & 0 & \cdots & 0.5\\0.5 & 0.5 & \cdots & 0\\0 & 0.5 & \cdots & 0\\0 & 0 & \cdots & 0\\\vdots & \vdots & \ddots & \vdots\\0 & 0 & \cdots & 0.5\end{bmatrix}$$

计算它的噪声熵：

$$
\begin{aligned}
H(Y \mid X) &= \sum_x \sum_y p_x p_{y|x} \log \frac{1}{p_{y|x}} \\
&= \sum_x p_x \sum_y p_{y|x} \log \frac{1}{p_{y|x}} \\
&= \sum_x p_x H(0.5) \\
&= 1
\end{aligned}
$$

根据信道容量的定义，有：

$$
\begin{aligned}
C &= \max I(X;Y) \\
&= \max[H(Y) - H(Y \mid X)] \\
&= \max H(Y) - 1 \\
&= \log 26 - 1 \\
&= \log 13
\end{aligned}
$$

其信道容量在输出符号 Y 等概率分布时达到。可以求得，当 $\boldsymbol{P}_Y$ 为等概率分布时，$\boldsymbol{P}_X$ 也为等概率分布。所以，有噪打字机信道的信道容量为 log13，其信道容量在输入符号 X 等概率分布时达到。

根据输入分布和输出分布的关系：

$$
\boldsymbol{P}_Y = \boldsymbol{P}_{Y|X}^{\mathrm{T}} \boldsymbol{P}_X \tag{2-10}
$$

式中，$\boldsymbol{P}_{Y|X}$ 是上面给出的可逆方阵。

其实，有了前面分析过的特殊信道，我们也可以把有噪打字机信道看成一个输出有重叠的有噪无损信道。为了达到最大的平均互信息，我们可以减少一半输入字符的个数，使得这些有噪无损信道相互之间不重叠，如图 2-9 所示。

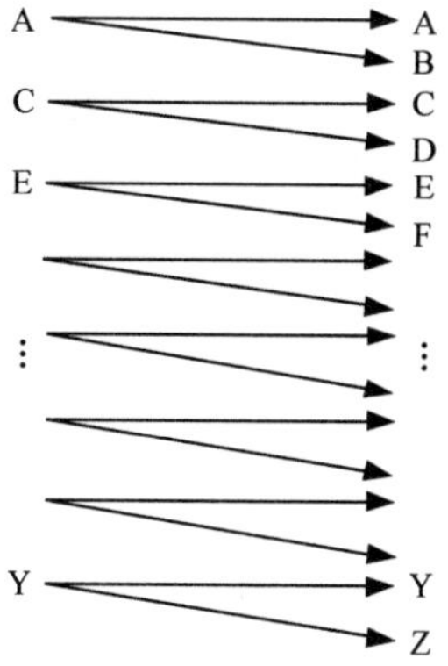

图 2-9　有噪无损信道相互不重叠

根据前面的结论，此信道容量为 $C = \log|X|$ $C = \log|X| = \log 13$ ，在输入符号等概率分布时达到。

这里我们看到，有噪打字机信道通过减少输入符号集合，也就是降低码率，从而变成了一个无差错的信道。这也是在噪声信道中通过信道编码可以提高可靠性的基础。

2.3.5 二元对称信道

二元对称信道的英文全称为 binary symmetric channel，简称 BSC 信道(图 2-3)。

前面我们在例题中已经分析过 BSC 信道，其前向概率传递矩阵为：

$$\boldsymbol{P}_{Y|X} = \begin{bmatrix} 1-p & p \\ p & 1-p \end{bmatrix} \tag{2-11}$$

根据前面的计算，其噪声熵 $H(Y \mid X) = H(p)$，而 $H(p) = p\log\frac{1}{p} + \overline{p}\log\frac{1}{\overline{p}}$，这样，BSC 信道的信道容量为：

$$\begin{aligned} C &= \max I(X;Y) \\ &= \max[H(Y) - H(Y \mid X)] \\ &= \max H(Y) - H(p) \\ &= 1 - H(p) \end{aligned} \tag{2-12}$$

此信道容量在输出符号 Y 等概率分布时达到。由于信道对称，而且它的概率传递矩阵为可逆方阵，根据 $\boldsymbol{Q}_Y = \boldsymbol{P}_{Y|X}\boldsymbol{P}_X$ 可知输出符号 Y 等概率分布时，输入符号 X 也为等概率分布。所以，BSC 信道的信道容量为 $1 - H(p)$，在输出符号 Y 等概率分布时达到信道容量。

图 2-10 为 BSC 信道的信道容量 C 与错误传递概率 p 变化的曲线。该曲线揭示了 BSC 信道一些有趣的特性。当 $p=0$ 时，信道是一个完全无噪无损信道，所有输入符号都被正确传输，此时信道容量为最大值 $C=1$；当 $p=0.5$ 时，信道容量 $C=0$，这时信道完全不能传输任何信息量；而当 $p=1$ 时，这时虽然所有的输入符号都被错误传输了，然而由于它再次变成了一个确定性的无噪无损信道，所以信道容量再次达到了最大值 $C=1$。

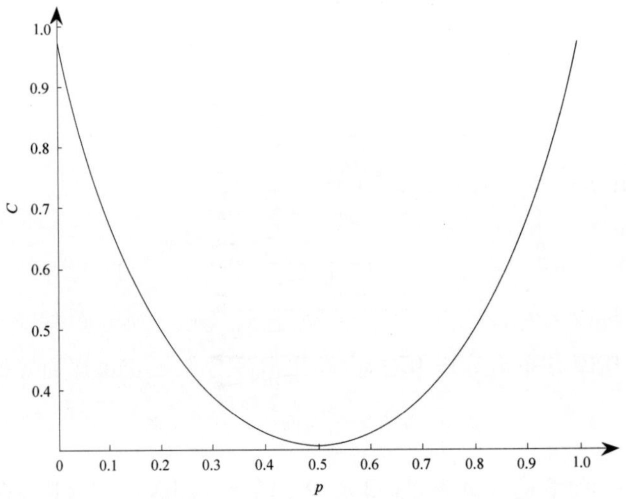

图 2-10 BSC 信道的信道容量 C

2.3.6　二元删除信道

二元删除信道的英文全称为 binary erasure channel，简称 BEC 信道(图 2-4)。

BEC 信道的前向概率传递矩阵为：

$$\boldsymbol{P}_{Y|X}=\begin{bmatrix}1-\alpha & \alpha & 0\\ 0 & \alpha & 1-\alpha\end{bmatrix}$$

设输入符号的概率分布为 $p(x)=(1-\pi,\pi)$，计算它的噪声熵：

$$\begin{aligned}H(Y\mid X)&=\sum_x\sum_y p_x p_{y|x}\log\frac{1}{p_{y|x}}\\&=\sum_x p_x\sum_y p_{y|x}\log\frac{1}{p_{y|x}}\\&=\sum_x p_x H(\alpha)\\&=H(\alpha)\end{aligned}$$

而：

$$\boldsymbol{P}_Y=\boldsymbol{P}_{Y|X}^{\mathrm{T}}\boldsymbol{P}_X=\begin{bmatrix}(1-\alpha)(1-\pi)\\ \alpha\\ (1-\alpha)\pi\end{bmatrix}$$

故：

$$H(Y)=\sum p_y\log\frac{1}{p_y}=(1-\alpha)H(\pi)+H(\alpha)\tag{2-13}$$

则 BEC 信道的信道容量为：

$$\begin{aligned}C&=\max_{p(x)}I(X;Y)\\&=\max_{p(x)}[H(Y)-H(Y\mid X)]\\&=\max_{\pi}(1-\alpha)H(\pi)\\&=1-\alpha\end{aligned}\tag{2-14}$$

这个信道容量在输入符号等概率分布，即 $\pi=0.5$ 时达到。

达到信道容量的概率分布是使输出等概率分布的信道输入分布。或者说，求离散对称信道的信道容量实质上是求一种输入分布，它能使信道输出符号达到等概率分布。一般情况下，不一定存在一种输入符号的概率分布能使输出符号达到等概率分布，但对于列对称的信道，当输入信源的概率分布为等概率时，则输出概率分布一定也达到等概率分布。

例 2.2　设离散信道的前向概率转移矩阵为 $\boldsymbol{P}(Y\mid X)=\begin{bmatrix}1 & 0\\ 1 & 0\\ 0 & 1\end{bmatrix}$，若传输 1 个符号所需要的时间为 t，试计算该信道在单位时间内的最大信息传输速率。

解:由转移概率矩阵可以看出,这个信道是一个三输入二输出的无噪有损信道。根据前面的分析,其信道容量为:

$$C = \log|Y| = \log_2 2 = 1 \text{ (bit/use)}$$

此信道容量在输出符号等概率分布时达到,即当 $q_y = \{0.5, 0.5\}$ 时达到。所以最大信息传输速率为:

$$C_t = \frac{C}{t} = \frac{1}{t} \text{ (bit/s)}$$

2.3.7 对称离散无记忆信道

对于一个矩阵,如果每行都是集合 $P = \{p_1, p_2, \cdots, p_n\}$ 中诸元素的不同排列,则称矩阵的行是可排列的;如果每列都是集合 $Q = \{q_1, q_2, \cdots, q_m\}$ 中诸元素的不同排列,则称矩阵的列是可排列的;如果矩阵的行和列都是可排列的,则称矩阵是可排列的。如果一个信道的概率传递矩阵具有可排列性,那么这个信道称为对称信道。

对于对称离散无记忆信道,其噪声熵:

$$\begin{aligned} H(Y \mid X) &= \sum_x \sum_y p_x p_{y|x} \log \frac{1}{p_{y|x}} \\ &= \sum_x p_x H(Y \mid X = x) \\ &= H(p_1, p_2, \cdots, p_n) \end{aligned} \tag{2-15}$$

式中,$H(p_1, p_2, \cdots, p_n) = \sum_{i=1}^{n} p_i \log \frac{1}{p_i}$。

信道容量为:

$$\begin{aligned} C &= \max_{p(x)} [H(Y) - H(Y \mid X)] \\ &= \max_{p(x)} H(Y) - H(p_1, p_2, \cdots, p_n) \end{aligned} \tag{2-16}$$

式中,$H(p_1, p_2, \cdots, p_n)$为常数。

此信道容量在输出符号 Y 等概率分布时达到。由于信道的对称性,要使输出等概率分布,那么输入也为等概率分布。所以,对称 DMC 信道的信道容量为:

$$C = \log n - H(p_1, p_2, \cdots, p_n) \tag{2-17}$$

此信道容量在输入输出符号等概率分布时达到。二元对称信道(BSC)就是其特例。

例 2.3 DMC 信道的前向概率转移矩阵为:

$$\boldsymbol{P} = \begin{bmatrix} \frac{1}{3} & \frac{1}{3} & \frac{1}{6} & \frac{1}{6} \\ \frac{1}{6} & \frac{1}{6} & \frac{1}{3} & \frac{1}{3} \end{bmatrix}$$

求它的信道容量。

解：可以看出，这个信道是对称信道，其信道容量为：

$$C = \log_2 4 - H\left(\frac{1}{3},\frac{1}{3},\frac{1}{6},\frac{1}{6}\right)$$
$$= 0.0817\ (\text{bit/symbol})$$

在输入符号等概率分布时达到信道容量。

需要指出的是，当达到信道容量时，最优输入分布是不唯一的，可能有多种输入分布都能达到信道容量；然而，达到信道容量时的输出分布是唯一的。任何导致这一输出分布的输入分布都是最佳分布，可以使互信息达到信道容量。

2.4　一般 DMC 信道的信道容量

由于 $I(X;Y)$ 为 $p(x)$ 的上凸函数，所以最大值是存在的，求信道容量的问题就是求约束条件下的平均互信息的最大值，其中 $p(x)$ 要满足非负且归一化的约束条件。对于离散信道，$p(x)$ 是离散的数值集合，最大值可以用拉格朗日乘子法求解；对于连续信道则可以用变分法求解。然而对于一般 DMC 信道来说，常常得不到一个清晰的解析解。

2.4.1　离散无记忆信道的信道容量定理

下面我们不加证明地介绍离散无记忆信道的信道容量定理。

对前向转移概率矩阵为 $\boldsymbol{Q}$ 的离散无记忆信道，其输入字母的概率分布 p^* 能使互信息 $I(p,\boldsymbol{Q})$ 取最大值的充分必要条件是：

$$\begin{aligned} I(x=a_k;Y)\mid_{p=p^*} &= C, p^*(a_k) > 0 \\ I(x=a_k;Y)\mid_{p=p^*} &\leqslant C, p^*(a_k) = 0 \end{aligned} \tag{2-18}$$

式中，$I(x=a_k;Y) = \sum_{j=1}^{J} q(b_j \mid a_k)\log\frac{q(b_j \mid a_k)}{p(b_j)}$，是信源字母 a_k 传送的互信息；C 就是这个信道的信道容量。

我们知道，平均互信息 $I(X;Y)$ 是 $I(x=a_k;Y)$ 的平均值，从定理可以看出，当 $I(X;Y)$ 达到最大时，那些输入概率非 0 字母的 $I(x=a_k;Y)$ 都相等，且等于信道容量 C；而其他输入字母的 $I(x=a_k;Y) \leqslant C$，但它们的概率为 0，说明这些字母不值得使用。基于这个结论，我们可以用迭代算法来得到离散无记忆信道的信道容量。

2.4.2　信道容量迭代算法

信道容量迭代算法中比较经典的是 1972 年由 R. Blahut 和 A. Arimoto 分别独立提出的一种算法，现在称为 Blahut-Arimoto 算法，这个迭代算法可以作为一般 DMC 信道的信道容量的通用解法。这个算法的理论基础就是 2.4.1 中的离散无记忆信道的信道容量定理。所以，当信道的平均互信息达到信道容量时，输入符号概率集 $\{p(x_i)\}$ 中每一个符号 x_i 对输出端 Y 提供相同的互信息，只是概率为 0 的符号除外。

Blahut-Arimoto 算法

算法首先初始化输入字母的概率分布使得所有分量都不为 0,然后计算出每个输入字母的互信息 $I(x=a_k;Y)$。在迭代的过程中,不断提高具有较大互信息 $I(x=a_k;Y)$ 输入字母的概率,降低那些具有较小互信息输入字母的概率。当平均互信息与最大互信息足够接近时,迭代结束,认为平均互信息达到信道容量(图 2-11)。

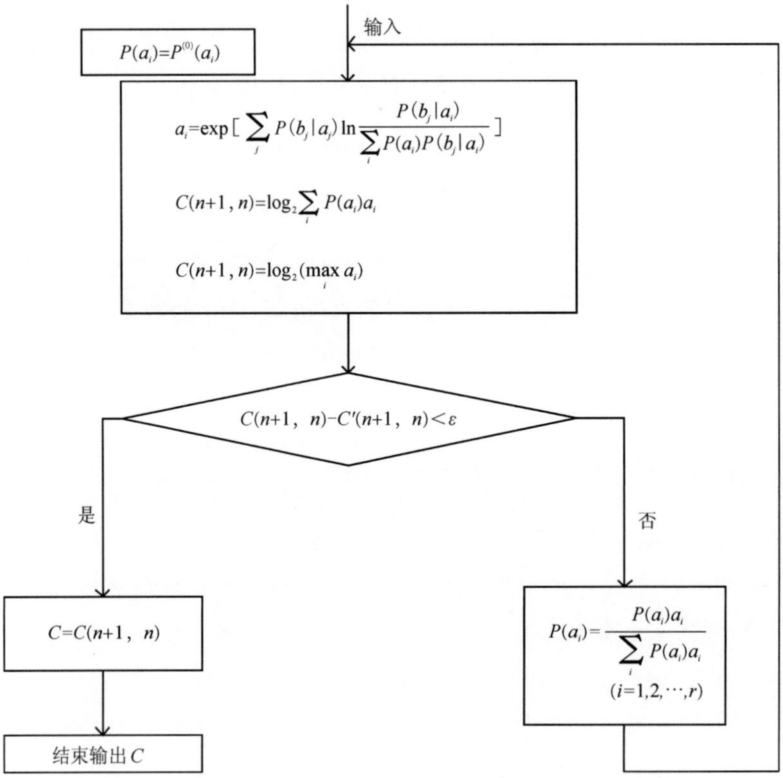

图 2-11 Blahut-Arimoto 算法流程图

算法的伪代码如下。

设输入符号集合为 X,输出符号集合为 Y,$\boldsymbol{P}_{Y|X}$ 为给定信道的前向概率传递矩阵。$|X|=M$,$|Y|=N$,令 $\boldsymbol{F}=[f_0 f_1 \cdots f_{M-1}]$。设 ε 是一个给定的小的正数。令 $j\in[0,1,\cdots,M-1]$,$k\in[0,1,\cdots,N-1]$。初始化

$$\boldsymbol{P}_X=\begin{bmatrix} p_0 \\ \vdots \\ p_{M-1} \end{bmatrix} \quad 其中\ p_j=\frac{1}{M},\boldsymbol{Q}_Y=\boldsymbol{P}_{Y|X}\times\boldsymbol{P}_X。$$

以下是迭代过程。

REPEAT UNTIL stopping point is reached:

$$f_j=\exp\{\sum_k[p_{k|j}\ln(\frac{p_{k|j}}{q_k})]\} \quad \text{for } j\in[0,\cdots,M-1]$$

$$x=F\times\boldsymbol{P_X}$$

$I_L = \log_2(x)$

$I_U = \log_2(\max_j(f_j))$

IF$(I_U - I_L) < \varepsilon$　THEN

　　$C_C = I_L$

　　STOP

　　ELSE

　　$p_j = f_j p_j / x$　for $j = 0,\cdots,M-1$

　　$\boldsymbol{Q}_Y = \boldsymbol{P}_{Y|X} \times \boldsymbol{P}_X$

END IF

END REPEAT

此定理的特殊情况：当离散无记忆信道为对称信道时，当输入字母等概率分布时达到信道容量。

2.5　组合信道的信道容量

2.5.1　级联信道

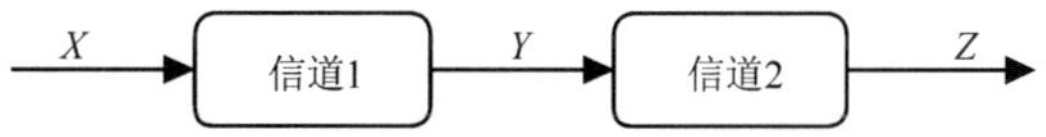

图 2-12　级联信道

在级联信道(图 2-12)中，前一信道的输出是后一信道的输入。根据信道输入输出的统计随机特性，级联信道中 X、Y、Z 的关系可以看成马尔科夫链。可以证明：

$$I(X;Y) \geqslant I(X;Z) \tag{2-19}$$

且：

$$I(Y;Z) \geqslant I(X;Z) \tag{2-20}$$

级联信道的信道容量一定小于或等于各组成信道的信道容量。这个结论被称为数据处理定理。也就是说，任何数据处理过程都必然带来信息量的损失。所以，信道的不断级联将使信道容量越来越小。

级联信道的前向概率传递矩阵为：

$$\boldsymbol{Q} = Q_1 Q_2 \cdots Q_N = \prod_{k=1}^{N} Q_k \tag{2-21}$$

例如，两个错误概率为 p 的 BSC 信道级联(图 2-13)，可以得到级联信道的概率传递矩阵为：

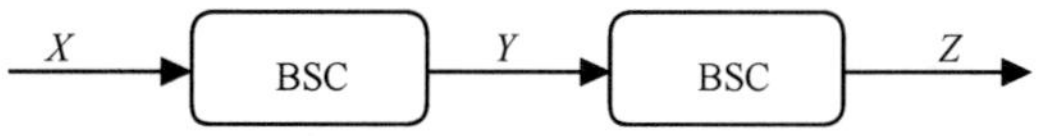

图 2-13　两个错误概率为 p 的 BSC 信道级联

$$Q = Q_1Q_2 = \begin{bmatrix} \bar{p} & p \\ p & \bar{p} \end{bmatrix}\begin{bmatrix} \bar{p} & p \\ p & \bar{p} \end{bmatrix} = \begin{bmatrix} \bar{p}^2 + p^2 & 2p\bar{p} \\ 2p\bar{p} & \bar{p}^2 + p^2 \end{bmatrix}$$

可以看出，级联信道仍然是一个 BSC 信道，错误概率为 $2p\bar{p} = 2p(1-p)$ 。根据 BSC 信道的信道容量，可以得到这个级联信道的信道容量为：

$$C = 1 - H(2p(1-p))$$

2.5.2 并联信道

并联信道中的各个信道是并行的，信号输入输出各个信道的方式不同，并联信道的形式也不同。

1. 并用信道

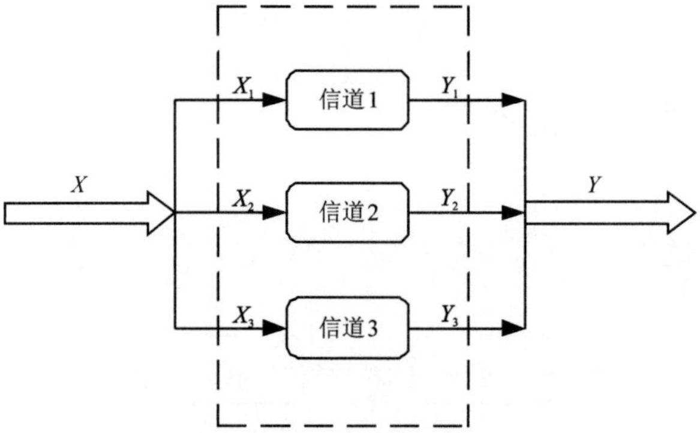

图 2-14　并用信道

在并用信道(图 2-14)中，N 个信道的输入输出彼此独立，共同组成整个信道的输入和输出。也就是说：

$$p(y_1y_2\cdots y_N \mid x_1x_2\cdots x_N) = \prod_{i=1}^{N} p(Y_i \mid X_i) \tag{2-22}$$

可以证明，并用信道的信道容量是各组成信道的容量之和。

$$C = \sum_{i=1}^{N} C_i \tag{2-23}$$

2. 和信道

和信道(图 2-15)由 N 个独立的信道组成，但传输的信息 X 每次只通过其中一个信道。可以证明，和信道的信道容量为：

$$C = \log_2 \sum_{i=1}^{N} 2^{C_i} \tag{2-24}$$

此时各组成信道的使用概率为：

$$p_i(C) = 2^{(C_i - C)} \tag{2-25}$$

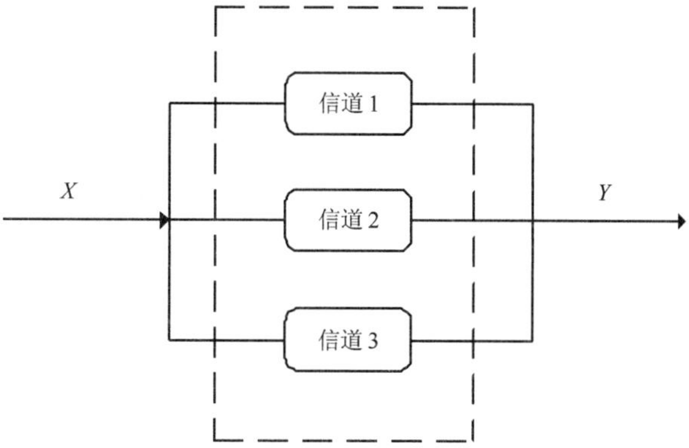

图 2-15　和信道

2.6　连续信道

连续信道：时间离散、幅值连续的信道。这种信道的输入/输出之间的关系可以用概率密度函数来描述。

基本连续信道：也就是单符号连续信道，指输入 X 和输出 Y 都是单个连续型随机变量的信道。其中 X、Y 在实数域 R 或其某个子集上连续取值。信道的前向转移概率密度函数为 $p(y \mid x)$，且：

$$\int_R p(y \mid x)\mathrm{d}y = 1 \tag{2-26}$$

若连续信道在任一时刻输出的变量只与对应时刻的输入有关，而与其他时刻的输入、输出无关，则称这个信道为无记忆连续信道。

为了得到连续信道的信道容量，我们先讨论连续随机变量之间的平均互信息。

在第 1 章中已经定义连续分布随机变量的微分熵为：

$$H(X) = -\int_R p(x)\log p(x)\mathrm{d}x \tag{2-27}$$

式中，$p(x)$ 为 X 的概率密度函数。

同样，我们可以定义两个连续随机变量 X、Y 的联合熵和条件熵，即：

$$\begin{aligned} H(XY) &= -\iint_R p(xy)\log p(xy)\mathrm{d}x\mathrm{d}y \\ H(Y \mid X) &= -\iint_R p(xy)\log p(y \mid x)\mathrm{d}x\mathrm{d}y \\ H(X \mid Y) &= -\iint_R p(xy)\log p(y \mid x)\mathrm{d}x\mathrm{d}y \end{aligned} \tag{2-28}$$

从这些定义，我们可以得到两个单符号连续分布随机变量之间的平均互信息：

$$I(X;Y) = \iint_R p(xy)\log\frac{p(xy)}{p(x)p(y)}\mathrm{d}x\mathrm{d}y = H(X) + H(Y) - H(XY) \tag{2-29}$$

可见，连续信道的平均互信息与各种熵之间的关系和离散信道的相对应的关系是一致的。同样，单符号连续信道的信息传输率 $R = I(X;Y)$ 。当扩展到多维连续信道时，也能得到类似的结论。

连续信道的信道容量

连续信道的最大信息传输率就是它的信道容量，即：

$$C = \max_{p(x)} I(X;Y) = \max_{p(x)}[H(Y) - H(Y \mid X)] \tag{2-30}$$

式中，$p(x)$ 为输入随机变量 X 的概率密度函数。

2.7 波形信道

在实际模拟通信系统中，无论是微波通信、光纤通信，还是电缆通信，传输信息的物理信道都是波形信道（模拟信道），所以对波形信道的信道容量的讨论具有最大的实际意义，充分利用其信道容量具有重要的价值。

波形信道的输入信号、输出信号在时间上和取值上都连续，然而在实际应用中，信道的带宽是有限的。在有限的观察时间 T 内，它满足限频 F、限时 T 的条件。按照采样定理，可以把波形信道的输入 $\{x(t)\}$ 和输出 $\{y(t)\}$ 的随机过程信号离散化为 $N=2FT$ 个时间离散、取值连续的平稳随机序列 $X = x_1x_2\cdots x_N$ 和 $Y = y_1y_2\cdots y_N$ ，这样就把波形信道转化成了多维连续信道，其信道传递概率密度函数为：

$$p(Y \mid X) = p(y_1y_2\cdots y_N \mid x_1x_2\cdots x_N) \tag{2-31}$$

且：

$$\int_R\int_R\cdots\int_R p(y_1y_2\cdots y_N \mid x_1x_2\cdots x_N)\mathrm{d}y_1\mathrm{d}y_2\cdots\mathrm{d}y_N = 1 \tag{2-32}$$

式中，R 为实数域。

2.7.1 波形信道的噪声

波形信道的传输性能与它的信道噪声密切相关。按信道噪声对信号的影响可以把信道分为乘性信道（即噪声表现为与信号相乘的关系，$Y=X\times Z$）和加性信道（即噪声表现为与信号相加的关系，$Y=X+Z$）[①]。

按信道噪声的统计特性进行分类，可以分为高斯噪声和非高斯噪声，或者分为白噪声和有色噪声。下面着重介绍高斯噪声和白噪声。

1. 高斯噪声

高斯噪声在实际中很常见，由电子的随机热运动引起的热噪声、半导体器件的散粒噪声等都属于高斯噪声。高斯噪声是平稳遍历的随机过程，噪声信号瞬时值的概率密度函数服从高斯分布（即正态分布）。高斯噪声随机变量 z 的一维概率密度为：

① X、Y 分别为无记忆波形信道的输入、输出，Z 是独立无记忆噪声源的输出。

$$p(z)=\frac{1}{\sqrt{2\pi\sigma^2}}\exp\left(-\frac{(x-m)^2}{2\sigma^2}\right) \tag{2-33}$$

式中，m 是 z 的均值；σ^2 是 z 的方差。

2. 白噪声

白噪声也是平稳遍历的随机过程，其功率谱密度为一个常数：

$$P_z(\omega)=N_0(-\infty<\omega<\infty) \tag{2-34}$$

式中，N_0 为正、负两半轴上的功率谱密度。

当然实际上噪声的功率谱密度不可能具有无限带宽，在工程实际中我们近似认为，只要噪声具有均匀功率谱密度的带宽比我们要考虑的频带范围宽得多，我们就可以把噪声当作白噪声来处理。在这种假设下，热噪声和散粒噪声都可以认为是白噪声。

白噪声以外的噪声就是有色噪声。

2.7.2　带限加性高斯白噪声信道的信道容量(香农公式)

一种最理想的波形信道就是带限加性高斯白噪声信道(additive white gaussian noise, AWGN)。这类信道是深空通信、卫星通信等实际信道的理想模型。在这种信道中，信号和噪声频带受限，设带宽为 W，即 $|f|\leqslant W$ 。信道的噪声是加性且均值为 0 的高斯随机过程，而且噪声具有平坦的功率谱，其单边功率谱密度为常数 N_0 。

由于信道的频带受限，信号存在的时长受限，根据采样定理，可以用 $2Wt$ 个采样点不失真地表示这个信号，也就是把这个时间连续的信道变换成时间离散的随机序列信道。再根据多维连续信道的信道容量，就可以推导出这种波形信道的信道容量。

如果输入信号的平均功率受限为 P_s ，N_0W 为高斯白噪声在带宽 W 内的平均功率，那么这个带限加性高斯白噪声信道的单位时间信道容量为：

$$C_t=W\log(1+\frac{P_s}{N_0W}) \tag{2-35}$$

式中，对数取 2 为底时，信道容量的单位为 bit/s。

这个结论就是香农公式。只有当信道的输入信号是平均功率受限的高斯白噪声信号时，信息传输率才达到这个信道容量。

从香农公式可以看出，带限加性高斯白噪声信道的信道容量与带宽 W，信号的平均功率 P_s ，以及噪声功率谱密度 N_0 有关。在给定信道容量时，香农公式给出了带宽 W、时间 t 和信噪比 P_s/N_0W 三者之间的制约关系。对于给定信道(即信道容量不变)的情况下，可以牺牲一些通信效率，用扩展带宽(如 CDMA)或延长时间(如积累法接收弱信号)的办法赢得信噪比(通信的质量)的改善；也可以牺牲一些信噪比来换取更高的信道传输率(如 IP 电话及可视电话)。下面分析在不同情况下由香农公式得到的一些结论。

1. 当 P_s/N_0 一定时，信道容量与带宽的关系

由式(2-35)可见，信道容量的大小与带宽 W 和信噪比 (P_s/P_N) 有关，它随着带宽的增大和信噪比的增大而变大。但是因为噪声功率：

$$P_N = N_0 W$$

式中，N_0 为噪声的功率谱密度。

所以，随着带宽的增大，噪声功率会变大，信噪比随之减小，又会使信道容量变小，如图 2-16 所示。

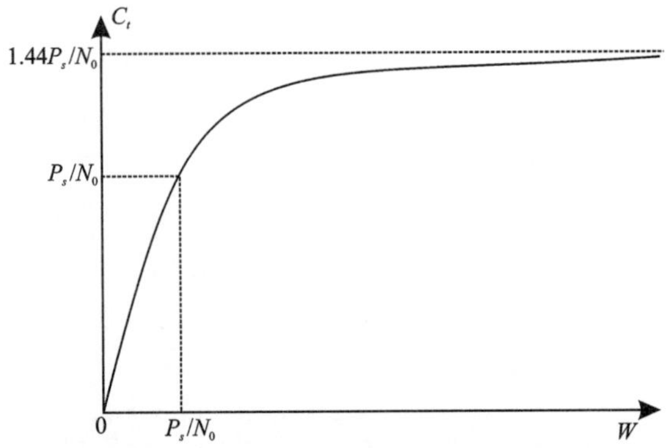

图 2-16　单位时间信道容量随带宽的变化

在香农公式中，如果令：

$$x = P_s/N_0 W$$

则香农公式可写为：

$$C = \frac{P_s}{N_0 x}\log(1+x) = \frac{P_s}{N_0}\log\,(1+x)^{\frac{1}{x}} \tag{2-36}$$

当 $W \to \infty$时，$x \to 0$，$(1+x)^{\frac{1}{x}} \to \mathrm{e}$，于是有：

$$\lim_{W\to\infty} C = \frac{P_s}{N_0}\log_2 \mathrm{e} = 1.4427\,\frac{P_s}{N_0} \tag{2-37}$$

随着带宽的增大，信道容量的增大会越来越慢，最后不再改变，趋于一个理论极限值 $1.4427P_s/N_0$。定义 $W_0 = P_s/N_0$ 为临界带宽，由 $N_0W_0 = P_s$ 知，临界带宽 W_0 的含义是噪声与信号功率相等时的带宽。于是，无限带宽所对应的信道容量理论极限值为临界带宽的 1.442 7倍。

2. 当带宽 W 一定时，信道容量与发射功率的关系

从香农公式可以看到，在带宽 W 一定的条件下，信道容量 C_t 是随着发射功率 P_s 的增加而增加的，从理论上说，增加 P_s 可以无限增加信道容量 C_t。然而在实际中，信号的发射功率 P_s 是不可能无限增加的。那么如何在同样的发射功率 P_s 下使得信道传输的信息量最大呢？

如果传输 1bit 信息所需要的最小能量为 E_b，那么当信道传输最大信息量即信道容量 C 时，信号的平均功率为 $P_s = E_bC$，可以得到：

$$\frac{E_b}{N_0} = \frac{P_s}{CN_0} = \frac{P_s}{N_0 W\log\left(1+\frac{P_s}{N_0 W}\right)} \tag{2-38}$$

式中，P_s/N_0W 为信噪比。

可以得到，E_b/N_0 的最小值发生在带宽趋于无穷大的时候，这时：

$$\frac{E_b}{N_0} \approx -1.59(\mathrm{dB}) = 0.693$$

这个最小值称为香农限，它表明传输 1bit 信息所需要的最小能量为 $0.693N_0$ 。

要注意的是，香农公式在信道容量一定的条件下，给出的是带宽与信噪比的等效搭配关系，较大的带宽搭配较小的信噪比与较小的带宽搭配较大的信噪比均能得到同样的信道容量，达到相同的通信效果。不能把这种关系误认为是带宽与信噪比之间的因果关系，即误认为当带宽较大时信噪比就会较小。

根据香农公式，我们知道，对于带限加性高斯白噪声信道，要获取最大的信息传输率，可以采用不同的方案，如相同频带下以时间换取信噪比，相同信噪比下以频带换取时间，以及相同持续时间下以带宽换取信噪比等。

例 2.4　给定一个输入信号平均功率受限的 AWGN 信道，带宽为 1MHz。

(1)若信噪比 SNR 为 10，求信道容量；

(2)若 SNR 降为 5，希望得到与(1)中同样的信道容量，求带宽；

(3)若带宽为 0.5MHz，希望得到与(1)中同样的信道容量，求信噪比 SNR。

解：

(1)$C_t = W\log_2(1+\mathrm{SNR}) = 1\times\log_2(1+10) = 3.4596(\mathrm{Mbps})$

(2)$W = \dfrac{C}{\log_2(1+\mathrm{SNR})} = \dfrac{3.4596}{\log_2(1+5)} = 1.3383(\mathrm{MHz})$

(3)$\mathrm{SNR} = 2^{C/W} - 1 = 2^{3.4596/0.5} - 1 = 120.03$

2.8　有噪信道编码定理

前面我们讨论了一些特殊信道的信道容量的计算和求解一般 DMC 信道的信道容量的迭代算法。可以看到，在有噪信道传输中，发送端发送的信息量通常并不能全部到达接收端，这样就产生了传输错误。对于有噪信道来说，我们最关心的就是信息通过这个信道传输时的信息损失情况，也就是信道的传输可靠性问题。香农用错误概率作为一次通信过程的可靠性的衡量指标。

在一个 BSC 信道中，传输的错误概率就是接收端收到错误码字的概率。常用平均译码错误概率表示。

所以我们的问题是，如何降低错误概率？首先来看看影响错误概率的因素。根据平均译码错误概率的计算方法，我们发现，可以通过改变输入符号的概率分布，或者改变译码规则来降低错误概率。

2.8.1　译码规则对错误概率的影响

译码规则指的是，设计一个函数 $F(y_j)$，它对于每一个输出符号 y_j 确定一个唯一的输入符号 x_j^* 与它对应。对于一个给定的通信系统，译码规则如何选取呢？通常有两种准则来指导我们选取译码规则。

我们要降低错误概率，最直观的想法是，把每个输出符号译成具有最大后验概率的那个输入符号，这样就可以使得信道的平均错误概率最小。也就是选择译码函数使得：

$$p(x_j^* \mid y_j) \geqslant p(x_i \mid y_j), x_i \neq x_j^* \tag{2-39}$$

这就是最大后验概率译码准则，它是最佳译码准则。这样得到的平均错误概率可以计算为：

$$P_e = \sum_j p(y_j)p(e \mid y_j)^{①} = \sum_j p(y_j)[1 - p(x_j^* \mid y_j)] \tag{2-40}$$

由于一般实际情况下后验概率难以得到，因此可以利用贝叶斯公式，把最大后验概率译码准则中的后验概率变换为信道的传递概率 $p(y_j|x_i)$和输入符号的先验概率 $p(x_i)$：

$$\frac{p(y_j \mid x_j^*)p(x_j^*)}{p(y_j)} \geqslant \frac{p(y_j \mid x_i)p(x_i)}{p(y_j)}, x_i \neq x_j^* \tag{2-41}$$

最大后验概率译码准则就变成了：

$$p(y_j \mid x_j^*)p(x_j^*) \geqslant p(y_j \mid x_i)p(x_i), x_i \neq x_j^* \tag{2-42}$$

当输入符号为等概率分布时，上式就变成了：

$$p(y_j \mid x_j^*) \geqslant p(y_j \mid x_i), x_i \neq x_j^* \tag{2-43}$$

这就是最大似然译码准则。

这时，平均错误概率的计算为：

$$\begin{aligned} P_e &= \sum_Y p(y_j)p(e \mid y_j) \\ &= \sum_{X,Y} p(x_i y_j) - \sum_Y p(x^* y_j) \\ &= \sum_{X-x^*,Y} p(x_i y_j) \\ &= \sum_{X-x^*,Y} p(x_i)p(y_j \mid x_i) \end{aligned} \tag{2-44}$$

当输入符号为等概率分布时，最大似然译码准则等价于最大后验概率译码准则，能得到最小的平均错误概率；否则，最大似然译码准则不保证能得到最小的平均错误概率。

例 2.5 二元信道(图 2-17)错误概率的计算。

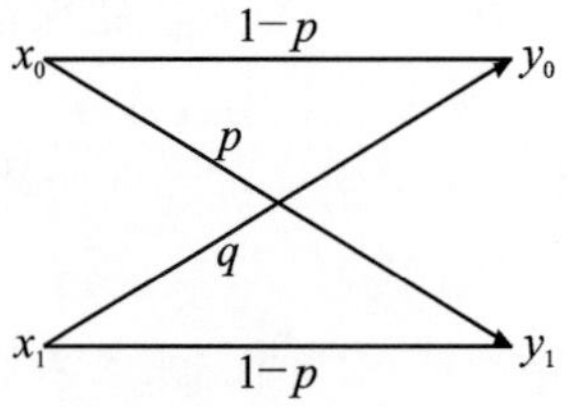

图 2-17 二元信道

在接收端如果我们规定这样的译码规则：

接收到 y_0 就译码为 x_0 ，接收到 y_1 就译码为 x_1 。

① 令 $P(e \mid y_j)$ 为条件错误概率，其中 e 表示除了 $F(y_j) = x_j^*$ 之外所有的输入符号的集合。

那么这个信道传输的错误概率就是当接收到 y_0 而发送端发送的是 x_1，或者接收到 y_1 而发送端发送的是 x_0 的概率，可以计算为：

$$\begin{aligned} P_E &= p(x_0)p(y_1 \mid x_0) + p(x_1)p(y_0 \mid x_1) \\ &= p \cdot p(x_0) + q \cdot p(x_1) \end{aligned} \tag{2-45}$$

当 $p = q = 0.01$ 时，可以得到 $P_E = 0.01$；当 $p = q = 0.7$ 时，可以得到 $P_E = 0.7$。但是实际上在这种情况下我们可以通过改变译码规则来降低这个错误概率。如果我们改变译码规则为：接收到 y_0 就译码为 x_1，接收到 y_1 就译码为 x_0。这时，传输错误概率的计算就变成：

$$\begin{aligned} P_E &= p(x_0)p(y_0 \mid x_0) + p(x_1)p(y_1 \mid x_1) \\ &= (1-p) \cdot p(x_0) + (1-q) \cdot p(x_1) \end{aligned} \tag{2-46}$$

当 $p = q = 0.7$，可以得到 $P_E = 0.3$。如果考虑到 $p \neq q$ 的情况，译码规则的改变对错误概率的影响就更大了。可见在信道不变的情况下，仅仅改变译码规则就能改变传输的错误概率。

2.8.2　信道编码对错误概率的影响

不仅译码规则的选取会影响错误概率，从平均错误概率的计算公式也能看到，输入符号的概率分布 $p(x_i)$ 对错误概率也有影响。在信源分布不变的情况下要改变信道输入符号的概率分布，其实也就是对这些符号进行编码。这样的编码就是信道编码。例如三次重复码，把传输的符号都重复 3 次进行编码，与扩展信源编码类似，相当于用编码的方法来扩展信道，即三次无记忆扩展信道。如果我们用三次重复码在 BSC 上传输信息，可以看出这个信道是原 BSC 信道的三次无记忆扩展信道，只不过输入端的 8 个符号我们只选用了其中的 2 个：000 和 111(图 2-18)。

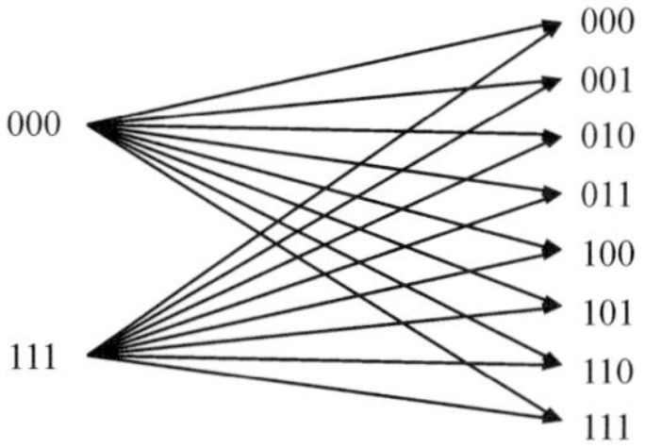

图 2-18　信道编码

在这种情况下，当我们发送 000 时，接收端收到的符号有可能正确，也有可能发生至多 3bit 的错误，考虑到三次重复码可以纠正 1bit 的错误，那么当传输过程中发生 2bit 以上错误时的概率就是这次通信的传输错误概率，这个方面的细节将在第 4 章讨论。这里，传输错误概率可以计算得：

$$P_E = 3p^2\overline{p} + p^3$$

当 $p = 0.01$ 时，可以得到 $P_E \approx 3 \times 10^{-4}$。可见错误概率比原来的 BSC 信道的错误概率 $p = 0.01$ 降低了两个数量级。这个错误概率下降的代价是，现在每次通信需要传输的符号从 1 个变成了 3 个。我们定义信息传输率为：

$$R = \frac{\log M}{N} \text{(bit/symbol)} \tag{2-47}$$

式中,R 也称为码率;M 表示输入符号集的个数;$\log M$ 表示每个输入符号的最大平均信息量,N 是每个消息符号的编码长度。对于三次重复码,$M=2$,$N=3$ 信息传输率 $R=1/3$。

值得注意的是,如果我们不进行信道编码,原本的信息传输率 $R=1$。可见,采用三次重复码进行信道编码,传输的错误概率降低了两个数量级,传输可靠性提高了,然而代价是信息传输率降为原来的 1/3,也就是传输效率降低了。

那么有没有可能在不降低信息传输率 R 的情况下降低传输错误概率呢?或者说,能不能调和信息传输的有效性和可靠性之间的矛盾呢?香农第二定理,即有噪信道编码定理,给出了答案。

2.8.3 有噪信道编码定理

有噪信道编码定理:给定信道容量为 C 的离散无记忆信道 $[X,P(y \mid x),Y]$,其中 $P(y \mid x)$ 为信道传递概率。当信息传输率 $R < C$,只要码长 N 足够长,总可以在输入 X_N 符号集中找到 $M = 2^{NR}$ 个码字组成的 1 组码 $(2^{NR},N)$ 和相应的译码规则,使译码的平均错误概率任意小($P_E \rightarrow 0$)。

逆定理:当信息传输率 $R > C$ 时,无论码长 N 多长,总也找不到一种编码,使译码错误概率任意小。

这个定理指出,对于一个有噪信道,只要信息传输率和信道容量之间满足 $R < C$ 的关系,就一定存在某种信道编码方法,使得 P_E 趋于 0,也就是可以实现无差错的传输。

香农公式给出了求连续信道的信道容量的方法。在香农公式中,我们讨论了通过改变各个变量来增加信道容量的方法,如用频带换取信噪比等。我们讨论增加信道容量的原因就是在香农第二定理中,只有当 $H(X)/t \leqslant C/t_c$ 时才能通过信道编码进行无差错的传输。如果不满足这个条件,我们就不能进行无差错的传输。所以为了进行无差错的传输,我们需要提高信道容量,使得这个不等式在尽可能多的情况下成立,这样才能进行无差错的传输。可见通过香农第二定理的讨论,说明了提高信道容量的重要性。在各种通信系统中,需要以各种方式来提高信道容量,其最终目的是满足香农第二定理的条件,$H(X) \leqslant C$,从而能够通过信道编码进行无差错的传输。这就是香农公式与香农第二定理的结合点和意义所在。

习题 2

2.1 设二元对称信道的传递矩阵为 $P = \begin{bmatrix} 2/3 & 1/3 \\ 1/3 & 2/3 \end{bmatrix}$。

(1) 若 $P(0) = 3/4$, $P(1) = 1/4$,求 $H(X)$, $H(X/Y)$, $H(Y/X)$和 $I(X;Y)$;

(2) 求该信道的信道容量及达到信道容量时的输入概率分布。

2.2　某信源发送端有 2 个符号，x_i ，$i=1,2$；$p(x_i)=a$ ，每秒发出 1 个符号。接收端有 3 种符号 y_i ，$j=1,2,3$，转移概率矩阵为 $\boldsymbol{P}=\begin{bmatrix}1/2 & 1/2 & 0\\ 1/2 & 1/4 & 1/4\end{bmatrix}$。

(1)计算接收端的平均不确定度；

(2)计算由于噪声产生的不确定度 $H(Y\mid X)$ ；

(3)计算信道容量。

2.3　在有扰离散信道上传输符号 0 和 1，在传输过程中每 100 个符号发生 1 个错误，已知 $P(0)=P(1)=1/2$，信源每秒内发出 1000 个符号，求此信道的信道容量。

2.4 设有扰离散信道的传输情况分别如下图所示，求出该信道的信道容量。

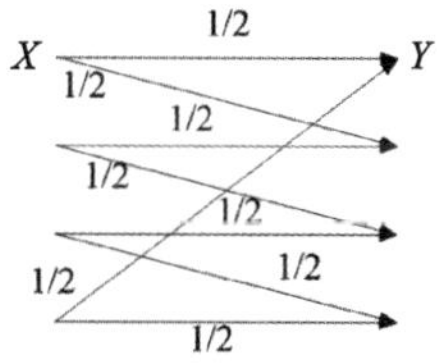

2.5　设加性高斯白噪声信道中，信道带宽 3kHz，又设{(信号功率＋噪声功率)/噪声功率}＝10dB。试计算该信道的最大信息传输速率 C_t。

2.6　在图片传输中，每帧约有 2.25×10^6 个像素，为了能很好地重现图像，能分 16 个亮度电平，并假设亮度电平等概率分布。试计算每分钟传送 1 帧图片所需信道的带宽(信噪功率比为 30dB)。

2.7　一个平均功率受限制的连续信道，其通频带为 1MHZ，信道上存在白色高斯噪声。

(1)已知信道上的信号与噪声的平均功率比值为 10，求该信道的信道容量；

(2)信道上的信号与噪声的平均功率比值降至 5，要达到相同的信道容量，信道通频带应为多大?

(3)若信道通频带减小为 0.5MHZ 时，要保持相同的信道容量，信道上的信号与噪声的平均功率比值应等于多大?

2.8　把 n 个二元对称信道串接起来，每个二元对称信道的错误传递概率为 p。证明这 n 个串接信道可以等效于一个二元对称信道，其错误传递概率为 $\frac{1}{2}[1-(1-2p)^n]$，并证明 $\lim_{n\to\infty} I(X_0;X_n)=0$，设 $p\neq 0$ 或 1。信道的串接如下图所示。

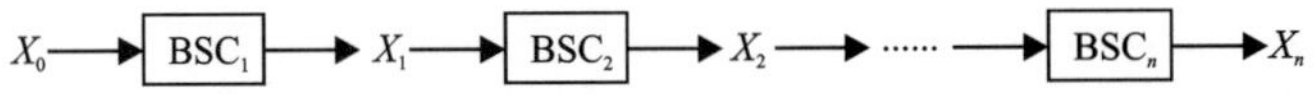

第 3 章　信源编码

实际信源发出的符号序列，一般总含有一定的冗余。信源编码，也就是压缩编码，是利用减少冗余的方法来实现对消息序列的压缩，从而在信宿端可接受的情况下，减少需要传输的信息量，从而提高传输效率。

3.1　信源编码的概念

如果编码结果能够无失真地恢复为编码前的消息，这样的编码就是无失真信源编码，也就是说，在编码过程中没有信息量的损失，也称为无损信源编码。反之就是有损信源编码，也被称为限失真信源编码，它的编码结果不能无失真地恢复成原来的信息。连续信源的编码都是限失真信源编码。这里首先讨论离散信源的无失真信源编码。

回顾上一章的例题，已知某门课程的学生成绩分布如表 3-1 所示。

表 3-1　学生成绩分布表

A	B	C	D	F
25%	50%	12.5%	10%	2.5%

得到这个信源的熵为

$$H(X)=-\sum_{i=0}^{1}p_i\log p_i=1.84(\text{bit})。$$

这个信源的熵也就是每个符号的平均信息量为 1.84bit。如果把这个信源的消息用二进制通信系统传输，先要把每个符号用二进制的 0 和 1 来表示，因为有 5 个符号，所以每个符号至少需要 3 位来表示(采用二进制的话，2 位最多只能表示 4 种不同的符号，如表 3-2 所示。

表 3-2　用二进制表示信源符号

信源符号	二进制表示
a_1	00
a_2	01
a_3	10
a_4	11

从前面的分析可以知道，3 位的二进制符号能够包含的最大信息量是 3bit。那么这样的编码方法也就是用了能够包含 3bit 的位数只表示了 1.84bit 的信息量，可见这样的编码信息表示的效率是不高的，这里面存在冗余。对这个信源的消息进行传输时，其中一部分其实传输的是冗余信息。这也正是为什么我们要对信源进行压缩编码的原因。

在讨论具体的压缩技术之前，我们先讨论无失真信源编码的衡量指标：平均码长和编码效率。

对于离散信源空间：

$$\begin{bmatrix} A \\ P(A) \end{bmatrix} = \begin{bmatrix} a_1, a_2, \cdots, a_m \\ p_1, p_2, \cdots, p_m \end{bmatrix} \quad \text{其中} \sum_{i=1}^{m} p_i = 1 \tag{3-1}$$

如果采用某种编码方式对这个信源中的符号进行编码，设符号 a_i 所对应的编码长度为 l_i，那么这种编码的

A. 平均码长：

$$\bar{L} = \sum_{i=1}^{m} p_i l_i \tag{3-2}$$

可以看出，平均码长是信源码长的统计平均，也就是在统计的意义上，这个信源的每个符号需要多长的码字来表示。

B. 编码效率：

$$\eta = \frac{H(A)}{(\bar{L}/N) \cdot \log r} \tag{3-3}$$

式中，r 为编码符号的个数，当我们进行二进制编码时，$r=2$。

编码效率反映的是每个符号的平均信息量和在通信系统中传输时所用到的每符号的编码长度所能容纳的最大信息量之间的差距。

从式(3-3)来看，给定一个信源，如何提高其编码效率？给定信源，如果其符号集合的概率分布是确定的，那么信源熵也就确定了。要提高编码效率只能减少平均码长，平均码长越短，编码效率就会越高。

如果有一种编码，它既是唯一可译的，而且它的平均码长小于其他唯一可译码的长度，这种码就称为紧致码或最佳码。无失真信源编码要解决的基本问题就是寻找最佳码。

3.2 无失真信源编码

从编码长度来说，信源编码分为两种，定长码和变长码。定长码的所有信源符号都用同样长度的码字来表示，而变长码则对不同的信源符号选择不同长度的码字来表示。

3.2.1 定长码

经典的定长码的例子有 BCD(binary coded decimal，二进码十进数)码、ASCII(the American code for information interchange，美国信息交换标准代码)码等。

1. BCD 码

BCD 码是一种经典的定长码。BCD 码就是用二进制定长码来编码十进制。十进制的符号是 0～9 共 10 个符号，如果用二进制符号 0 和 1 表示，每个十进制符号最少需要 4 位二进制码。BCD 码有多种编码方式，表 3-3 是 8421BCD 码的码表。

表 3-3　8421BCD 码的码表

十进制符号	0	1	2	3	4	5	6	7	8	9
8421BCD 码字	0000	0001	0010	0011	0100	0101	0110	0111	1000	1001

这种编码方式，也就是编码从左到右 4 位二进制码的权值分别是 8、4、2、1。BCD 码还有多种别的编码方式，如 5421BCD 码、余三码等。

2. ASCII 码

ASCII 码是最常用的二进制定长编码之一，使用二进制表示现代英语和其他西欧语言。作为 ISO 646 国际标准，ASCII 码广泛用于各种通信系统的信息交换中。如表 3-4 所示的标准 ASCII 码也叫基础 ASCII 码，使用 7 位二进制数(剩下的 1 位二进制为 0)来表示所有的大写和小写字母、数字0～9、标点符号，以及在美式英语中使用的特殊控制字符。为了表示更多符号，在基础 ASCII 码的基础上，还有扩展 ASCII 码等。

表 3-4　基础 ASCII 码示例

Bin. (二进制)	Dec. (十进制)	Hex. (十六进制)	缩写/字符	解释
0000 0000	0	0x00	NUL(null)	空字符
0000 0001	1	0x01	SOH(start of headline)	标题开始
0000 0010	2	0x02	STX (start of text)	正文开始
0000 0011	3	0x03	ETX (end of text)	正文结束
⋮	⋮	⋮	⋮	⋮
0010 0000	32	0x20	(space)	空格
0010 0001	33	0x21	!	叹号
0010 0010	34	0x22	"	双引号
0010 0011	35	0x23	#	井号
0010 0100	36	0x24	$	美元符
⋮	⋮	⋮	⋮	⋮

续表 3-4

Bin.（二进制）	Dec.（十进制）	Hex.（十六进制）	缩写/字符	解释
0011 0000	48	0x30	0	字符 0
0011 0001	49	0x31	1	字符 1
0011 0010	50	0x32	2	字符 2
0011 0011	51	0x33	3	字符 3
⋮	⋮	⋮	⋮	⋮
0100 0001	65	0x41	A	大写字母 A
0100 0010	66	0x42	B	大写字母 B
0100 0011	67	0x43	C	大写字母 C
0100 0100	68	0x44	D	大写字母 D
⋮	⋮	⋮	⋮	⋮
0110 0001	97	0x61	a	小写字母 a
0110 0010	98	0x62	b	小写字母 b
0110 0011	99	0x63	c	小写字母 c
0110 0100	100	0x64	d	小写字母 d
⋮	⋮	⋮	⋮	⋮
0111 1001	121	0x79	y	小写字母 y
0111 1010	122	0x7A	z	小写字母 z
0111 1011	123	0x7B	{	开花括号
0111 1100	124	0x7C	|	垂线
0111 1101	125	0x7D	}	闭花括号
0111 1110	126	0x7E	～	波浪号
0111 1111	127	0x7F	DEL (delete)	删除

3.2.2 变长码

经典的变长码例子是莫尔斯电码(Morse code)。莫尔斯电码是由美国人塞缪尔·莫尔斯于 1837 年发明的，莫尔斯电码在海事通信中被作为国际标准一直使用到 1999 年，至今在业余无线电界仍然被作为一种单纯的通信手段永久保留下去。

莫尔斯电码是一种高效率的变长码，用来编码英文字母、数字和标点符号。其编码效率高的原因在于每个符号的码字长度是与自然英语中符号的出现概率相对应的，高概率的符号用短码字，低概率的符号用长码字。在活字印刷时代，莫尔斯通过统计印刷厂里每个符号活字印刷印模的个数，找到了所有英文字母(表 3-5)、数字及标点符号等的使用概率。

表 3-5　自然英语 1000 个符号中每个字母的平均出现次数

英文字母	出现次数/次	英文字母	出现次数/次	英文字母	出现次数/次
E	132	S	61	U	24
T	104	H	53	G、P、Y	20
A	82	D	38	W	19
O	80	L	34	B	14
N	71	F	29	V	9
R	68	C	27	K	4
I	63	M	25	X、J、Q、Z	1

根据每个符号的使用概率，莫尔斯给每个符号(包括字母、数字和标点符号)分别赋予了一个由点、划及中间的停顿①所构成的变长码字，这就是莫尔斯电码(表 3-6)。

表 3-6　英文字母的莫尔斯码表

符号	莫尔斯码字	符号	莫尔斯码字	符号	莫尔斯码字
A	• —	J	• — — —	T	—
B	— • • •	K	— • —	U	• • —
C	— • — •	L	• — • •	V	• • • —
D	— • •	M	— —	W	• — —
E	•	N	— •	X	— • • —
F	• • — •	O	— — —	Y	— • — —
G	— — •	P	• — — •	Z	— — • •
H	• • • •	R	• — •		
I	• •	S	• • •		

莫尔斯电码是包括字母、数字和标点符号的码表，表 3-6 中我们只列出了英文字母的电码表。由于莫尔斯电码在分配变长码字的时候考虑到了符号的概率分布，所以就自然英语而言，其编码效率相当高。这也是它一直到现代都还在使用的原因。

关于定长码和变长码的差异，我们可以用下面的例子来说明。

例 3.1　给定信源符号集合{A, B, C, D, E, F, G, H}，对于某一个待编码的消息序列“ABADCABFH”，分别用以下 3 种方法来进行二进制编码，并计算消息序列的总编码长度。

解：

A. 用定长码编码

① 停顿有码内停顿、码间停顿、词间停顿，这里未作展开。

由于给定的信源符号集合中共有 8 个符号，可见如果用二进制定长码表示，则每个信源符号至少需要 3 位二进制码来表示，其码表如表 3-7 所示。

表 3-7　定长码的码表

符号	码字	符号	码字
A	000	E	100
B	001	F	101
C	010	G	110
D	011	H	111

应用这种定长码来编码消息序列“ABADCABFH”，可以得到的编码结果为：

000 001 000 011 010 000 001 101 111

总编码长度为 27 位二进制符号，或者说 27bit。

B. 用一种变长码编码（变长码 1）

变长码 1 的码表如表 3-8 所示。

表 3-8　变长码 1 的码表

符号	码字	符号	码字
A	00	E	101
B	010	F	110
C	011	G	1110
D	100	H	1111

应用这种变长码（变长码 1）来编码消息序列“ABADCABFH”，可以得到编码结果为：

00 010 00 100 011 00 010 110 1111

总编码长度为 25 位二进制符号，或者说 25bit。

C. 用另一种变长码编码（变长码 2）

变长码 2 的码表如表 3-9 所示。

表 3-9　变长码 2 的码表

符号	码字	符号	码字
A	0	E	10
B	1	F	11
C	00	G	000
D	01	H	111

应用这种变长码（变长码 2）来编码消息序列“ABADCABFH”，可以得到编码结果为：

0 1 0 01 00 0 1 11 111

总编码长度为 14 位二进制符号，或者说 14bit。

讨论：上面 3 种不同的编码方式，对同一个消息序列所得到的编码长度是不同的，分别为 27bit、25bit 和 14bit。可见此两种变长码的编码长度都小于定长码的编码长度。我们可以认为在这里，变长码在编码效率上比定长码有优势。

进一步地，我们是否可以根据这个结果得出：变长码 2 优于变长码 1 这个结论呢？

如果看看译码结果，就会发现这个结论是不可靠的。因为变长码 2 的译码是有问题的。其编码结果“0 1 0 01 00 0 1 11 111 ”既可以译码成消息序列“ABADCABFH”，也可以译码成消息序列“ABADCABBBBBB”或“DCBCABFH”，等等。也就是说，这种编码的结果在接收端不是唯一可译的，所以无法在实际中使用。

另外，我们也希望 1 个码字一旦接收完毕就能立即判断译码，而不必等到后面的码字接收完毕以后再开始译码，也就是具有即时性。

什么样的码是可以实际译码出来不会产生歧义，而且是即时的？答案是前缀码。

3.2.3　前缀码

前缀码的定义：如果在一个码字集合中，没有任何一个码字是其他码字的前缀，这样的码字集合就称为前缀码。前缀码也被称为即时码。

通常可以用码树来表示唯一可译即时码各码字的构成。对于 r 进制的码字，从根节点开始，码树的每一个节点都最多可以生出 r 个树枝，每个树枝分配一个从 1 到 r 之间的标号。树枝的端点就是节点，节点又可以发出树枝。1 个节点对应于 1 个码字，这个码字表示为从根节点到此节点的分枝标号序列，这个节点的阶数就是从根节点到这个节点所经过的树枝的数目。

定理 3.1　Kraft 不等式

给定信源符号集所对应的码字集合 $\{w_1, w_2, \cdots, w_m\}$，其中各码字的码长为 l_i，$1 \leqslant i \leqslant m$，则存在一种码长为 $l_1 \leqslant l_2 \leqslant \cdots \leqslant l_m$，而且满足前缀码条件 r 进制编码的充分必要条件：

$$\sum_{i=1}^{m} r^{-l_i} \leqslant 1 \tag{3-4}$$

证明：首先看 $r=2$ 的情况。

充分性：考虑阶数(深度)为 $n = l_m$ 的二叉树。此树有 2^n 个终端叶子节点，如图 3-1 所示。

如果选任意的阶数为 l_1 的码作为第一个码字 c_1。为了满足前缀条件，这样的选择就排除了 2^{n-l_1} 个叶子节点。继续这个过程直到最后一个码字被赋予叶子节点 $n = l_m$。由于这个树有 2^n 个终端叶子节点，故被排除的叶子节点的个数占总节点个数的比例为：

$$\sum_{i=1}^{j} 2^{-l_i} < \sum_{i=1}^{m} 2^{-l_i} \leqslant 1 \tag{3-5}$$

因此，可以构造一个嵌入到总共有 l_m 个节点的全树中前缀码。被排除的节点在图中用指向它们带虚线的箭头标出。

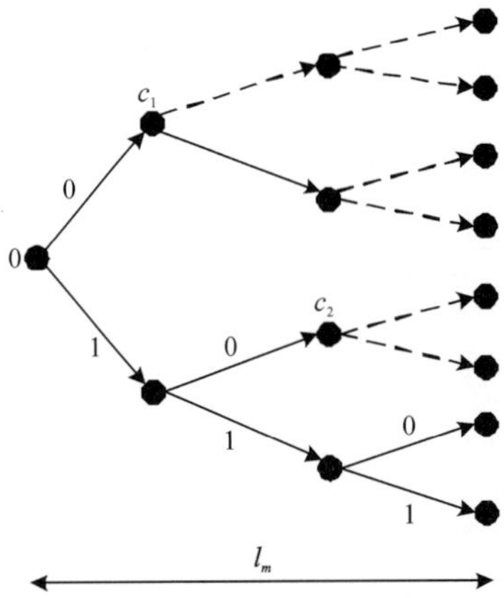

图 3-1　一个阶数为 l_m 的二叉树

必要性:在阶数为 $n = l_m$ 的码树中,从总数为 2^n 个叶子节点中排除的叶子节点个数为:

$$\sum_{i=1}^{m} 2^{n-l_i} \leqslant 2^n \tag{3-6}$$

则得到:

$$\sum_{i=1}^{m} 2^{-l_i} \leqslant 1 \tag{3-7}$$

证明可以很容易扩展到 r 元码上,只需要将二叉树变成 r 叉树就可以。对应的不等式变成:

$$\sum_{i=1}^{m} r^{-l_i} \leqslant 1$$

如果某个编码是前缀码,那么它一定满足 Kraft 不等式(定理 3-1)。但并不是说满足 Kraft 不等式的码都是前缀码。

例 3.2　对信源符号集合$\{x_1, x_2, x_3, x_4\}$进行二进制编码,对应的 $l_1=1$, $l_2=2$, $l_3=2$, $l_4=3$。这种码是前缀码吗?

解:根据 Kraft 不等式,可以得到

$$\sum_{i=1}^{4} 2^{-l_i} = 2^{-1} + 2^{-2} + 2^{-2} + 2^{-3} = \frac{9}{8} > 1$$

可见该种码不满足 Kraft 不等式的条件,因此这种码不是前缀码,不是唯一可译的。

3.3　无失真信源编码定理

无失真信源编码,就是采用编码的方法寻找一种更短的代码序列来替代信源发出的符号序列进行通信,以去除信源符号序列中的冗余。在接收端,再把原来的消息替换回来,这样就得到无失真的信息传输。

3.3.1　定长无失真信源编码定理

用定长码实现信源编码,就是要在固定长度的各种信源符号串与长度不变的各个码字之间建立一一对应关系。如何缩短定长码字的长度呢?

设信源符号集 $A=[a_1,a_2,\cdots\cdots,a_m]$，编码码元符号集 $X=[x_1,x_2,\cdots\cdots,x_r]$。

对于定长码，设信源符号序列长度为 N，则长度为 N 的信源符号序列共有 m^N 个。设所编码的码字长度为 L，则长度为 L 的码字符号串共有 r^L 个。当满足唯一可译性条件时，信源符号序列和码字之间的一一对应关系要求 $r^L \geqslant m^N$，即 $L\log r \geqslant N\log m$。当 m 和 r 给定时，L 与 N 成正比，字符串越长，就需要用码长更长的码，因此待编的消息分组长度越长，越不能实现缩短码长的目的。

香农指出，当信源符号组合成序列后，大多数序列可能都是杂乱无章的符号堆积，它们出现的概率很小，香农把它们称为非典型序列。而能出现在实际信源消息中有语义的文字序列只占很少数，它们出现的概率很高，香农把它们称为典型序列。如果只对典型序列进行编码而摒弃非典型序列，编码所需要的码字数量就少得多，用较短的码长就能满足码字在数量上的需求。这样就能实现码长的压缩。

最佳的编码应使码元符号独立且等概率出现，这时平均每个码字的信息荷载量可达到最大值 $L\log r$。

香农定长编码定理：设有离散平稳无记忆信源，对长度为 N 的信源序列进行定长码编码，H_N 为长度为 N 的信源序列的每个符号的熵。编码码字是从 r 个码元的符号集中选取 L 个码元构成。对任意 $\varepsilon>0$，只要满足：

$$L/N=(H_N+\varepsilon)/\log r \tag{3-8}$$

则当 N 足够大时，几乎可实现无失真编码，使错误任意小；反之，若：

$$L/N=(H_N-2\varepsilon)/\log r \tag{3-9}$$

则不能实现无失真编码。

对于平稳有记忆信源的情况，定长编码定理也成立，不过要将其中的 H_N 换成极限熵 H_∞，即实际信源的信息熵。

定长编码定理表明，定长码在理论上是能够进行无失真信源编码的，而实现无失真编码的临界码长是：

$$l_0=\frac{H_N}{\log r} \tag{3-10}$$

实现无失真编码的条件是每个字符平均码长 $\bar{L}>l_0$，并且被编序列长度 N 必须足够大。然而，定理并没有给出具体的编码方案，它是一个存在性定理。

另外，定长码压缩代码长度是以舍弃非典型系列为代价的。所以定长码不能实现完全的无失真编码。要想无失真，码长就得无穷。因此在实际中，用定长码进行信源编码不是压缩编码的最佳选择。

3.3.2　变长无失真信源编码定理

根据编码效率的公式：

$$\eta=\frac{H(A)}{\bar{L}} \tag{3-11}$$

对于给定的概率分布已知的信源，其熵是确定的，要提高编码效率就需要降低平均码长。

根据平均码长的公式：

$$\bar{L}=\sum_{i=1}^{n}p_il_i \tag{3-12}$$

式中，p_i 为符号的概率；l_i 为码长。

从式(3-12)可以看出，平均码长与符号的概率 p_i 及其对应码长 l_i 的乘积有关，而对于一个给定的信源，其所有符号概率的和为 1，所以问题就变成了如何把短码和长码依符号概率进行合理分配，使得平均码长最短。如果信源符号是等概率分布的，那么定长编码就是效率最高的码。对于一般非等概率分布的信源，就要寻找一种通用方法使得平均码长尽量小。

1. 概率匹配原则

设信源符号集 $A=[a_1,a_2,\cdots\cdots,a_m]$，编码码元符号集 $X=[x_1,x_2,\cdots\cdots,x_r]$。

由最大熵定理，平均一个码字能容纳的最大信息量为 $\bar{L}\log r$，要进行无失真信源编码，$\bar{L}\log r$ 应不小于 $H(X)$，而且它们越接近，意味着所得到的码字就越短。即要求：

$$\begin{aligned}\bar{L}\log r-H(X)&=\sum_{i=1}^{m}p_il_i\log r-(-\sum_{i=1}^{m}p_i\log p_i)\\&=\sum_{i=1}^{m}p_i(l_i\log r+\log p_i)\rightarrow 0^+\end{aligned} \tag{3-13}$$

如果求和中的每一项都为 0，每一个 i 都满足：

$$l_i\log r+\log p_i=0 \quad (i=1,2,\cdots,m) \tag{3-14}$$

那么求和必然为 0，它等价于：

$$l_i=-\frac{\log p_i}{\log r}=\log_r\frac{1}{p_i}=I_r(a_i) \tag{3-15}$$

也就是说，只要每一码字的长度都等于它所对应的信源符号的自信息(以 r 为底)，就能使编码最短。这就是变长码编码的概率匹配原则。

从概率匹配原则可以看出，要使编码码字尽量短，信息量大的符号就应该用长码，信息量小的符号用短码。自信息小的符号必然概率大，经常出现，采用较短的码字表示，必能节省代码长度；而自信息大的符号，虽然采用较长的码字表示，但由于它的概率小，不常出现，从总体上讲，不会明显影响平均码长。

2. 香农变长编码定理

(1)对单个信源符号进行变长编码。

考虑到码长只能取整数，概率匹配原则可写为：

$$\log_r(1/p_i)\leqslant l_i<1+\log_r(1/p_i) \tag{3-16}$$

对各符号取统计平均，则有：

$$\frac{H(X)}{\log r}\leqslant\bar{L}<\frac{H(X)}{\log r}+1 \tag{3-17}$$

即得到如下定理。

平均码长界定定理(单符号编码)

对一个存在有限熵 $H(X)$ 的离散信源进行 r 进制变长编码。任意一种唯一可译码的平均码长 $\bar{L}$ 都满足：

$$\bar{L} \geqslant \frac{H(X)}{\log r} \tag{3-18}$$

一定存在唯一可译码，其平均码长 $\bar{L}$ 满足：

$$\bar{L} < \frac{H(X)}{\log r} + 1 \tag{3-19}$$

(2)对 N 个信源符号的分组进行变长编码。

把 N 个信源符号的序列当作一个符号来编码，由概率匹配原则，其码字平均码长 $\bar{L}_N$ 满足：

$$\frac{H(X_1 X_2 \cdots X_N)}{\log r} \leqslant \bar{L}_N < \frac{H(X_1 X_2 \cdots X_N)}{\log r} + 1 \tag{3-20}$$

为便于比较，仍然平均到单个信源符号上，就有：

$$\frac{H_N}{\log r} \leqslant \frac{\bar{L}_N}{N} < \frac{H_N}{\log r} + \frac{1}{N} \tag{3-21}$$

式中，H_N 为 N 长的信源符号序列中平均每个符号的信息量。

即得到如下定理。

变长无失真信源编码定理(香农第一定理)

设离散无记忆信源的符号集合为 $\{w_1, w_2, \cdots, w_m\}$，信源发出 N 重符号序列，则此信源可以发出 m^N 个不同的符号序列，其中各符号序列的码长为 l_i，发生概率为 p_i，$0 \leqslant i \leqslant m^N$。$H_N$ 为 N 重符号序列中平均每个符号的信息量。N 重符号序列的平均码长为：

$$\bar{L}_N = \sum_{j=1}^{m^N} p_j l_j \tag{3-22}$$

对此信源进行 r 进制编码，总可以找到一种无失真信源编码方法，构成唯一可译码，满足：

$$\frac{H_N}{\log r} \leqslant \frac{\bar{L}_N}{N} < \frac{H_N}{\log r} + \frac{1}{N} \tag{3-23}$$

当 N 趋于无限大时，有：

$$\lim_{N \to \infty} \frac{\bar{L}_N}{N} = \frac{H_\infty}{\log r} \tag{3-24}$$

这就是香农给出的极限码长。这种编码的编码效率为：

$$\eta = \frac{N H_\infty}{\bar{L}_N \log r} \tag{3-25}$$

编码效率代表了实际编码的平均码长($\bar{L}_N/N$)与极限码长($H_\infty/\log r$)的逼近程度。它也代表信源符合实际包含的信息量 H_∞ 与编码后码元可荷载的信息量 $\bar{L}$①$\log r$ 之比，因此具有相对信息率的意义。

香农第一定理是一个存在性定理，并指出一定存在这样一种编码，其平均码长可以接近

① $\bar{L}$ 是单个信源符号编码的平均码长。

信源熵,可是定理中并没有给出具体编码的构造方法。这个定理给出了变长无失真信源编码的编码效率的极限和可行性,指出了研究者们寻找和改进信源编码技术的方向。根据概率匹配原则,香农提出了一种变长无失真信源编码——香农编码。

例 3.3 对于给定的离散无记忆信源符号集合 $\{a_0, a_1, a_2, a_3\}$。

(1)如果对它发送的单符号序列进行编码如下(表 3-10):

表 3-10 对给定信源的单符号序列进行编码

符号	概率	码字
a_0	0.5	0
a_1	0.3	10
a_2	0.15	110
a_3	0.05	111

可以求出:

A. 平均码长:

$$\overline{L}_1 = 1.7(\text{bit/symbol})$$

B. 信源熵:

$$H_1(X) = 1.6477(\text{bit})$$

C. 编码效率:

$$\eta_1 = \frac{H_1(X)}{\overline{L}_1} \times 100\% = 96.93\%$$

(2)如果对这同一个信源发送的 2 符号序列进行编码如下(表 3-11):

表 3-11 对同一个信源发送的 2 符号序列进行编码

符号	概率	码字	符号	概率	码字
a_0a_0	0.25	00	a_2a_0	0.075	1101
a_0a_1	0.15	100	a_2a_1	0.045	0111
a_0a_2	0.075	1100	a_2a_2	0.022 5	111110
a_0a_3	0.025	11100	a_2a_3	0.007 5	1111110
a_1a_0	0.15	101	a_3a_0	0.025	11101
a_1a_1	0.09	010	a_3a_1	0.015	111101
a_1a_2	0.045	0110	a_3a_2	0.007 5	11111110
a_1a_3	0.015	111100	a_3a_3	0.002 5	11111111

可以求出：

A. 平均码长：

$$\bar{L}_2 = 3.3275(\text{bit})$$

B. 信源熵：

$$H_2(X) = 3.2955(\text{bit})$$

C. 编码效率：

$$\eta_2 = \frac{H_2(X)}{\bar{L}_2} \times 100\% = 99.04\%$$

与上面单符号序列比较起来，2 符号序列的编码效率有了显著的提高。

这个例子体现了香农第一定理中多重符号序列的含义。

3.4　典型无失真信源编码方法

根据无失真信源编码的概率匹配原则，要得到平均码长尽量短的编码，应该给信息量大的符号赋长码，信息量小的符号赋短码。如果信源符号是等概率分布的，那么定长编码就是效率最高的码。对于一般非等概率分布的信源，应该设法让编码序列各个码元尽量相互独立且近似等概率出现，就会使单位符号的信息含量更多，代码就比原来更短。

3.4.1　Huffman 编码

Huffman 编码是 David Albert Huffman（1925 年 8 月 9 日—1999 年 10 月 7 日）于 1951 年在麻省理工学院攻读博士学位时，为了完成他的信息论课程报告而提出的，后来这种编码于 1952 年发表在他的论文《一种最小冗余码的构造方法》中。

Huffman 编码的原则就是为了提高编码效率，通过根据概率分配长码和短码的方法降低平均码长。简单地说，Huffman 编码采用的方法就是把短码赋予概率高的符号，而把长码赋予概率低的符号，从统计意义上来降低平均码长。

Huffman 编码具体的实现方法是采用自底向上构造二叉树的方法，就是对所有信源符号按概率从高到低进行排序，每次合并概率最低的两个符号的概率，作为一个新的符号的概率，然后对所有的符号概率再重新排序，再合并概率最低的两个符号，这个过程一直持续，直到最后合并为概率 1。然后对每次的合并分配二进制代码 0 和 1。最后将所有二进制代码从后向前排列即为每个信源符号对应的 Huffman 编码。可以证明，霍夫曼编码是单符号信源编码的最佳方案。

下面用一个例题说明如何进行 Huffman 编码。

例 3.4　给定 4 符号的离散无记忆信源符号集合 $\{a_0, a_1, a_2, a_3\}$，其概率分布为 $\{0.5, 0.3, 0.15, 0.05\}$，对它发送的单符号序列进行 Huffman 编码。

解：对 4 符号的离散无记忆信源发送的单符号序列进行 Huffman 编码如表 3-12 和图 3-2 所示。

表 3-12　对 4 符号的离散无记忆信源发送的单符号序列进行 Huffman 编码

符号	概率	码字
a_0	0.5	0
a_1	0.3	10
a_2	0.15	110
a_3	0.05	111

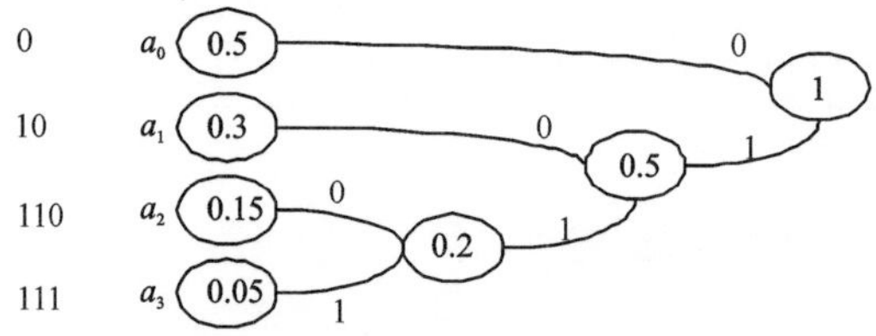

图 3-2　Huffman 编码过程

得到：

(1)信源熵：

$$H_1(X) = -\sum_{i=1}^{m} p_i \log p_i = 1.6477(\text{bit})$$

(2)平均码长：

$$\overline{L}_1 = \sum_{i=1}^{m} p_i l_i = 1.7(\text{bit})$$

(3)编码效率：

$$\eta_1 = \frac{H_1(X)}{\overline{L}_1} \times \% = 96.93\%$$

这里要注意的是，每次对合并后的新旧符号概率进行重新排序时，如果存在同样的概率，那么把新符号的概率放在排序表的上部还是下部，是一个值得讨论的问题。虽然排序并不影响最后得到的编码的平均码长，然而会影响码长的方差。如果把合并以后得到的新符号的概率放在排序表的上部，也就是尽量多使用旧符号进行最小概率的合并，那么最后得到的所有码字长度的方差较小；否则，码长方差较大。对于某些对码长编码敏感的应用，这是一个值得考虑的方面。

例 3.5　把上面信源符号进行两两组合，成为一个 16 符号的信源，再进行 Huffman 编码。

解：对比 16 符号信源发送的序列进行 Huffman 编码如表 3-13 所示。

表 3-13　对 16 符号信源发送的序列进行 Huffman 编码

符号	概率	码字	符号	概率	码字
a_0a_0	0.25	00	a_2a_0	0.075	1101
a_0a_1	0.15	100	a_2a_1	0.045	0111

续表 3-13

符号	概率	码字	符号	概率	码字
a_0a_2	0.075	1100	a_2a_2	0.022 5	111110
a_0a_3	0.025	11100	a_2a_3	0.007 5	1111110
a_1a_0	0.15	101	a_3a_0	0.025	11101
a_1a_1	0.09	010	a_3a_1	0.015	111101
a_1a_2	0.045	0110	a_3a_2	0.007 5	11111110
a_1a_3	0.015	111100	a_3a_3	0.002 5	11111111

计算可以得到这个二次扩展信源：

(1)信源熵：

$$H_2(X) = -\sum_{i=1}^{m} p_i \log p_i = 3.295\,5(\text{bit})$$

(2)平均码长：

$$\overline{L_1} = \sum_{i=1}^{m} p_i l_i = 3.327\,5(\text{bit})$$

(3)编码效率：

$$\eta_1 = \frac{H_1(X)}{L_1} \times 100\% - 99.04\%$$

可以看到，当进行多重符号编码时，虽然信源概率分布和编码方法都没有改变，可是编码效率却逐渐提高了。这就是香农第一定理中所指出的提高编码效率的一种方法。当然，这个效率的提高是以降低编码译码实时性为代价的。

Huffman 编码是一种非常重要的无失真压缩编码，在图像、音频、视频信号的压缩领域有着非常广泛的应用。

对于给定分布的信源，在所有可能的唯一可译码中，如果此码的平均码长为最短，这个码就称为最佳码或紧致码。可以证明，在信源给定的情况下，Huffman 编码是最佳码(紧致码)。

Huffman 编码方法的不足之处在于，它要求编码信源的概率分布已知。对于大多数信源来说，这就要求在发送数据之前先对它进行一遍扫描，统计出信源符号的出现概率，然后对这些符号进行 Huffman 编码，得到码表以后，再根据码表对数据进行第二遍扫描，最后发送码字。

其次，这个码表还要传输到接收端存储起来，以便对接收到的码字进行译码。这些都导致了信息传输实时性的降低，以及需要额外的存储空间。

另外，Huffman 编码的码表需要事先给定，并传递给接收端。一旦决定就不能更改了，如果后期符号概率发生了调整，也就无法相应改变码表，缺乏灵活性。

3.4.2　字典编码

为了应对 Huffman 编码这一类最佳编码所存在的问题，研究者们提出了一系列的编码，字典编码就是其中的一个典型代表,它可以解决前面提到的 Huffman 编码的一些问题。

字典编码的基本思想就是构造一个字典,然后用字典条目的序号来代替这个条目输出。由于一个条目可以表示任意长的一串字符,而序号的长度是一定的,也就意味着压缩比可以很大。事实上,字典编码对于足够长数据序列的压缩效果大大超过了 Huffman 编码。另外,对于好的实现算法,其压缩和解压缩的速度也异常惊人。

举例来说,如果要发送的消息是某个专业领域的文章,那么其中会有不少该专业的常见术语。这些术语在传输的开始是无法预知的,当传输进行时,这些术语会不断出现。每次出现新的术语时,字典编码就把它们作为字典的一个条目记录下来,并给它们赋予一个简单码字,这样后面再遇到时就可以直接发送。而且通过不断累积某些常出现的符号组合,就可以把越来越长的组合用简单码字来表示,这样组合出现的频率越高,用来表示它的码字就越短。从而达到降低平均码长,提高编码效率的目的。可见,字典编码不需要事先扫描整个文档,大大缩短了编码过程,而且提高了编码的速度。

字典编码有很多种实现算法。1977 年,以色列教授 Jacob Ziv 和 Abraham Lempel 发表论文《顺序数据压缩的一个通用算法》,其中提出的字典压缩算法被简称为 LZ77 算法;1978 年,他们发表了论文《通过可变比率编码的独立序列的压缩》,并提出了 LZ78 算法。在他们的研究基础上,Terry Welch 在 1984 年发表了改进的 LZ78 算法,被称为 LZW(Lempel-Ziv-Welch)算法,这也是后来应用最广泛的一种字典编码算法。

LZW 算法可以边扫描,边编码,边发送,是一个实时的无失真压缩编码技术。应用这种字典编码技术,可以在发送端和接收端同步生成相同的码表,这样就不需要传输码表;而且随着发送的进行,某些重复率高的术语的编码会变得越来越短,也就是编码效率会逐渐提高。由于具有大压缩比与高速压缩和解压缩的性能,LZW 算法一诞生就很快进入了商业应用,如我们常用的压缩工具软件 WinRAR、WinZIP 中都用到了 LZW 算法。

下面,我们着重了解一下 LZW 编码算法和 LZW 译码算法。

1. LZW 编码算法

编码算法的核心思想就是构造一个字典,在发送端不断把每一个待传输的新字符串都存储到字典里并给它编号,传输时直接传输字符串所对应的编号。具体来说,如图 3-3 所示,LZW 编码算法可用以下步骤来实现:

(1)设置初始字典使它包括信源符号集中所有的单个符号;

(2)将从发送端读入的第一个符号作为新字符串的起首;

(3)从发送端读入新符号(如果没有新符号,则发送当前字符串所对应的字典编号,编码结束);

(4)将新符号累积到新字符串中,持续这个过程直至新字符串无法匹配字典中的任何条目;

(5)将这个新字符串定义为字典的一个新条目,并发送上一步字符串(即新字符串没有匹配最后一个字符之前的那个字符串)的编号;

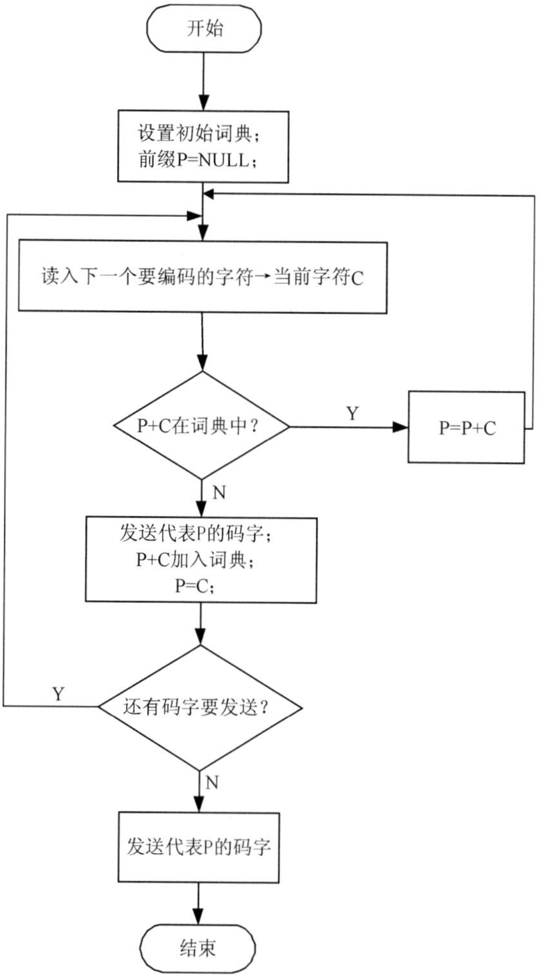

图 3-3　LZW 编码算法流程图

(6)将刚才没有发送的最后一个字符作为新字符串的起首，回到步骤(3)。

LZW 编码算法的主要思想可以写成下面的伪代码：

```
Dictionary[j]← all n single-character
j← n+1
prefix← read first character in char-stream
while((c← next character)! =NULL)
    If prefix. c is in Dictionary
          prefix← prefix. c
    else
          code—stream← cw for prefix
          Dictionary[j]← prefix. c
            j← n+1
           prefix← c
```

```
        end
    code-stream← cw for prefix
```

可以看出，在编码和传输的过程中，并没有传送我们编好的字典，这个字典将在接收端重新生成，这大大降低了要传输的信息量。

2. LZW 译码算法

译码是编码的逆过程，LZW 译码算法的主要过程就是根据现有字典译出每一个接收到的码字，同时根据该码字构造新的字典条目(图 3-4)。具体来说，LZW 译码算法可以用以下步骤来实现：

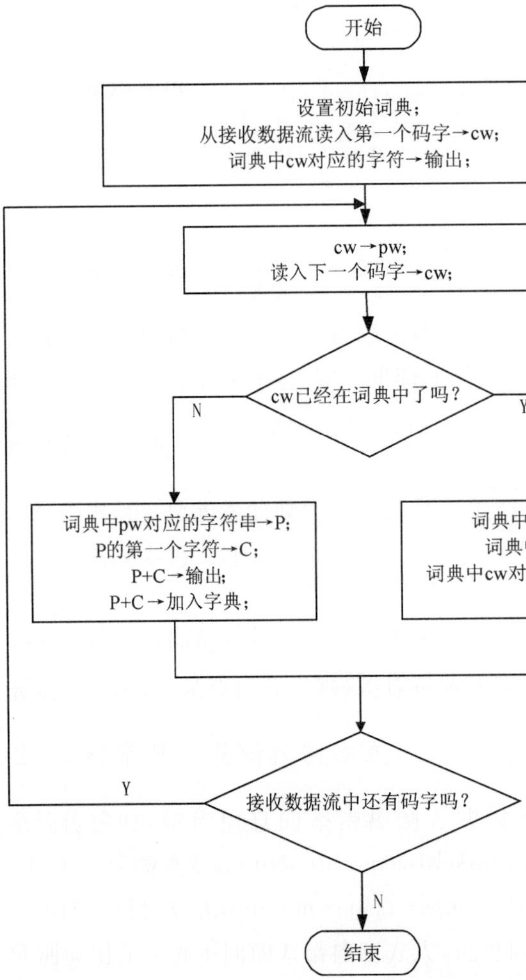

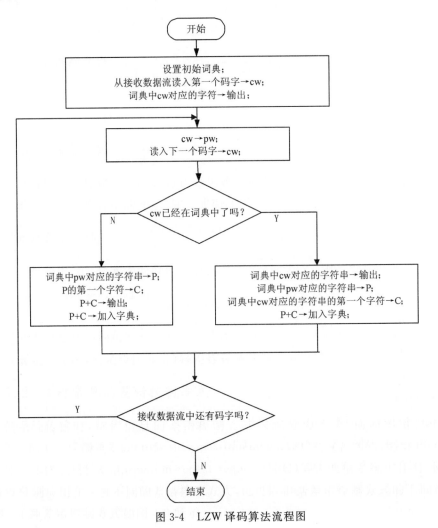

图 3-4　LZW 译码算法流程图

(1)设置初始字典，包括信源符号集中所有单个符号；

(2)从接收端读入第一个接收码字；

(3)输出该码字在字典中对应的字符串；

(4)从接收端读入新码字(如果没有新码字则译码结束);

(5)如果字典中已经存在这个码字,则:

· 输出该码字在字典中对应的字符串;

· 将前一个接收码字所对应的字符串加上新码字所对应的字符串的第一个符号,作为一个新的字符串,定义为字典中的一个新条目;

(6)如果字典中还不存在这个码字,则:

· 将前一个接收码字所对应的字符串加上前一个码字所对应的字符串的第一个符号,作为一个新的字符串,定义为字典中的一个新条目;

· 输出这个新的字符串;

(7)返回步骤(4)。

LZW 译码算法的主要思想可以写成下面的伪代码:

```
Dictionary[j]← all n single-character
j← n+1
cw← first code from code-stream
char-stream← Dictionary[cw]
pw← cw
while (( cw← next code word) ! = NULL)
     if cw is in Dictionary
          char-stream← Dictionary[cw]
          prefix← Dictionary[pw]
          k← first character of Dictionary[cw]
          Dictionary[j]← prefix. k
          j← n+1
          pw← cw
     else
          prefix← Dictionary[pw]
          k← first character of prefix
          char-stream← prefix. k
          Dictionary[j]← prefix. k
pw← cw
          j← n+1
     end
```

下面通过一个例子来说明字典编码的 LZW 算法。

例 3.6　用 LZW 算法编码符号序列"itty bitty bit bin",并对结果进行译码。

解:这里使用 ASCII 码表作为初始字典。基本 ASCII 码是 7bit 的码,扩展 ASCII 码是 8bit 的码,也就是 0～255。我们的字典就在这个码表的基础上从 256 开始继续编码。设定码字 256 表示传输开始，257 表示传输结束。题目中字符的基本 ASCII 码如表 3-14 所示。

表 3-14　例 3.6 中字符的 ASCII 码

符号	ASCII 码字
空格	32
b	98
i	105
n	110
t	116
y	121

图 3-5 从左到右完整地表示了整个数据处理过程，包括读入符号序列，生成编码字典，传输数据，生成译码字典，输出译码结果。

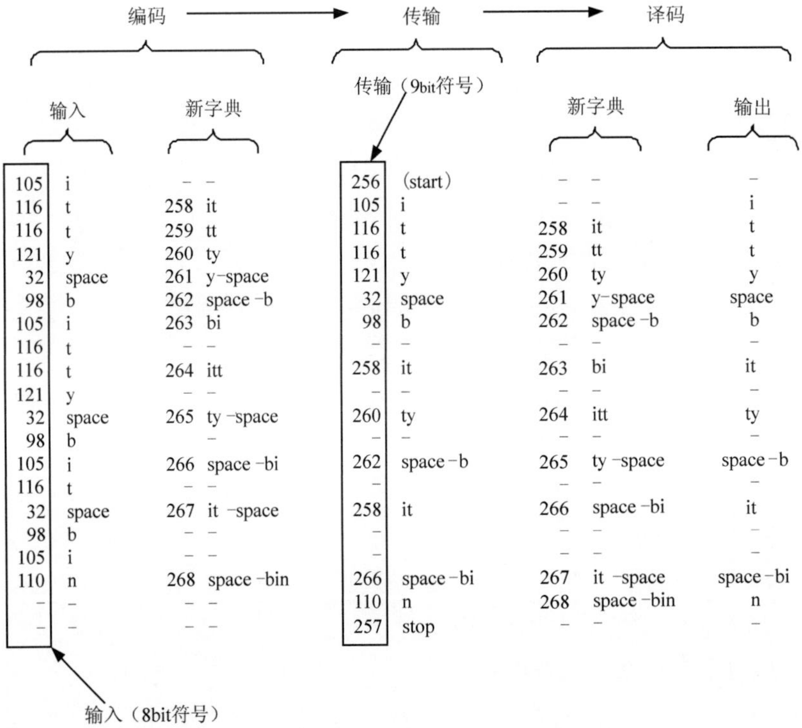

图 3-5　例 3.5LZW 编码和译码总结

可以看出，LZW 字典码的传输过程中，并不需要传输发送端生成的字典，这个字典将在接收端重新生成，这大大降低了要传输的信息量。

3.4.3　算术编码

由香农第一定理可以知道，当离散信源的符号序列长度 N 趋于无穷时，一定存在某种编码方案使得平均码长接近信源熵。算术编码就是这样一种符号序列长度不断增加的编码。它的编码效率很高，当信源符号序列很长时，平均码长接近于信源的符号熵。

前面讨论的编码方法都是分组码，算术编码是一种非分组码。算术编码的概念由 Peter Elias 在 1960 年提出，后来经过 R. Pasco、J. Rissanen 和 G. G. Langdon 等的系统优化和硬件实现，Witten 等(1987)发表了一个实用的算术编码程序，即 CACM87(后来用于 H. 263 视频压缩标准)。从此，算术编码迅速引起了广泛关注。算术编码在图像和视频数据压缩标准(如 JPEG、MPEG、H. 263 等)中扮演了重要的角色。

在算术编码中，消息用 0 到 1 之间的实数进行编码，算术编码用到两个基本的参数：符号的概率和它的编码间隔。信源符号的概率决定压缩编码的效率，也决定编码过程中信源符号的间隔，而这些间隔包含在 0 到 1 之间。编码过程中的间隔决定了符号压缩后的输出。

下面用一个简单的例子说明算术编码的原理。

例 3.7　给定离散无记忆信源空间

$$\begin{bmatrix} A \\ \cdots \\ P(A) \end{bmatrix} = \begin{bmatrix} a & b & c & d \\ \cdots & \cdots & \cdots & \cdots \\ 0.5 & 0.25 & 0.125 & 0.125 \end{bmatrix}$$

对消息序列“*abaabcda*”进行编码。

解：算术编码的方法，简单地说，就是根据信源符号集中符号的概率分布，按比例把实数区间[0,1]分成几个子区间，每个子区间分配给一个信源符号，这个子区间中的所有实数都可以用来表示这个信源符号。

首先可以这样划分实数区间[0,1]，如图 3-6 所示。

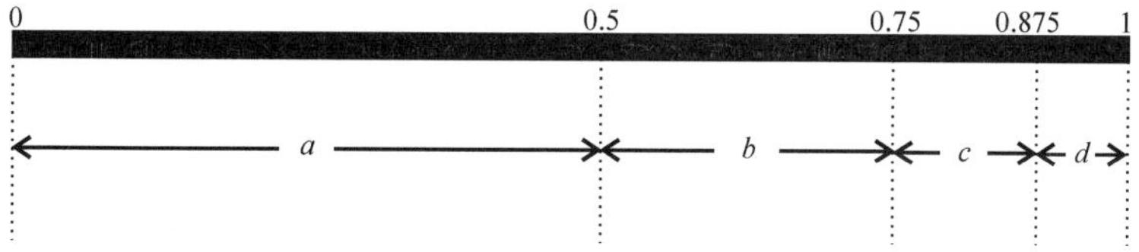

图 3-6　按照信源符号概率分布划分实数区间

这样，子区间[0,0.5)中的实数就可以用来表示符号 a，子区间[0.5,0.75)中的实数就可以用来表示符号 b，子区间[0.75,0.875)中的实数就可以用来表示符号 c，子区间[0875,1]中的实数就可以用来表示符号 d。这样就用实数表示了各个信源符号。

如果要进一步用实数表示一个消息序列，只要重复这个过程，不断地按概率的比例对子区间进行迭代划分就可以了(图 3-7)。

如果要对消息序列“*abaabcda*”进行编码，编码过程可以这样进行，如图 3-8 所示。

经过不断对子区间进行分割，最后得到的子区间是[0.272 338 867 187 5, 0.272 399 902 343 75]，在这个区间内的实数都可以用来表示消息序列“*abaabcda*”。这就是算术编码的编码过程。虽然整个子区间内的实数都可以表示这个消息序列，不过为了简单起见，通常选择子区间中一个固定的值作为编码结果。

如果我们用结果子区间的下边界作为被编码的消息序列的算术编码，设 Low 和 High 分

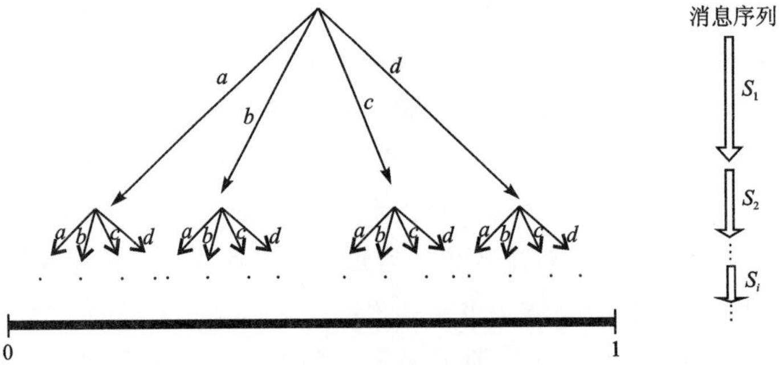

图 3-7　按照输入消息序列迭代划分子区间

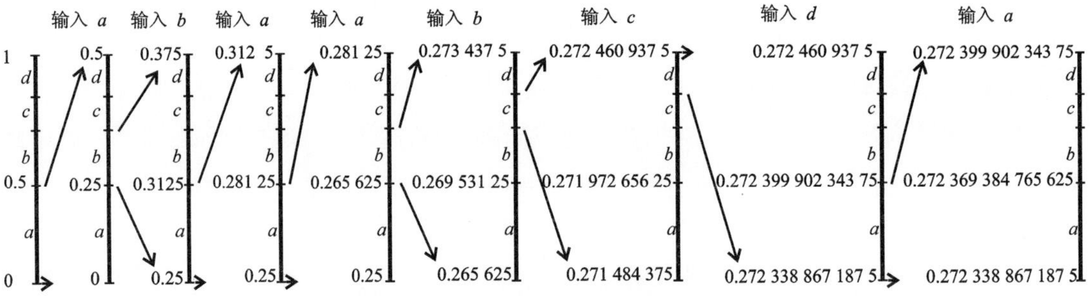

图 3-8　算术编码过程示意图，输入“*abaabcda*”

别表示子区间的下边界和上边界，CodeRange 为子区间的长度，LowRange(symbol)和 High-Range(symbol)分别代表 symbol 分配的初始区间下边界和上边界。那么算术编码的编码过程的实现可用伪代码描述如下：

```
set Low to 0
set High to 1
while there are input symbols do
    take a symbol
    CodeRange = High－Low
    High = Low + CodeRange * HighRange(symbol)
    Low = Low + CodeRange * LowRange(symbol)
end of while
output Low
```

译码是编码的逆过程。算术编码的译码过程就是不断地判断给定实数处于哪个子区间的过程。算术码译码过程用伪代码描述如下：

```
get encoded number
do
    find symbol whose range straddles the encoded number
    output the symbol
    range = symbol. HighValue－symbol. LowValue
```

```
        substracti symbol. LowValue from encoded number
        divide encoded number by range
    until no more symbols
```

3.5 限失真信源编码

信源编码的目的是压缩数据,从而提高信息的传输效率。对信源进行压缩有两种模式,无损压缩和有损压缩。香农第一定理讨论的是无损压缩的范畴,是对信源存在的冗余度进行压缩,从而减少要传送的数据,进而提高信息的传输率。在这个过程中,信源熵是维持不变的,在接收端可以精确再现发送端的信息。无损压缩就是我们前面讨论的无失真信源编码。信源编码的另外一种模式就是有损压缩。它是在给出一定失真度的情况下对信源进行压缩,压缩的结果将导致熵的损失,而且这种压缩是不可逆的,无法再恢复原来的数据。这样的压缩方法又被称为熵压缩编码,或者称为限失真编码。限失真编码固然可以通过降低信源的熵率来提高传输效率,然而更重要的意义在于它是模拟信源进行数字化传输所无法避免的一个环节。

在自然界和实际应用中,绝大部分需要传输的信息都是声音、图像、视频等,这些信源原本都是模拟信源,从绝对熵的角度来说,它们所包含的信息量都是无穷的,需要使用无限大的码率才能够进行可靠的传输。在码率有限的情况下,我们其实只能采用限失真编码来进行熵压缩,这也就是将模拟信号进行采样、量化、数字化的过程。一旦将模拟信号进行了数字化,信源的信息就已经失真了。

其实,自然界赋予我们的信息感知系统本来就是限失真编码系统。比如我们的耳朵只能听见 20～20 000Hz 频带内的声音,大部分人的眼睛可以感知的电磁波波长在 400～760nm 之间,而且人的听觉和视觉的分辨能力都很有限,从这个意义上来说,有限失真信源信息的编码是信源压缩编码研究中不可缺少的一部分。

本节讨论限失真信源编码的最基本内容,也就是在允许一定失真的情况下,将信源熵压缩至最低程度。我们将从分析失真度出发,了解率失真函数,然后讨论保真度准则。

3.5.1 失真函数

在系统分配频谱资源有限的情况下,我们希望每一路信号所占用的频谱宽度越窄越好,在二元信道中,信道的频谱宽度取决于待传序列的码速率,也就是信息传输率。这个信息传输率可以看成信道中每个符号所能传输的平均信息量,可用平均互信息量 $I(U;V)$ 来表示,也就是信道的信息传输率 $R = I(U;V)$ 。

从我们的直观感觉可知,若允许失真越大,信息传输率可越小;若允许失真越小,信息传输率需越大。所以信息传输率与信源编码所引起的失真(或误差)是有关的。

设离散无记忆信源空间为:

$$\begin{bmatrix} U \\ P \end{bmatrix} = \begin{bmatrix} u_1 & u_2 & \cdots & u_n \\ p(u_1) & p(u_2) & \cdots & p(u_n) \end{bmatrix}$$

信源符号通过信道传输到接收端，信宿空间为：

$$\begin{bmatrix} V \\ P \end{bmatrix} = \begin{bmatrix} v_1 & v_2 & \cdots & v_m \\ p(v_1) & p(v_2) & \cdots & p(v_m) \end{bmatrix}$$

对应于输入输出符号对 (u_i, v_j)，定义一个非负函数：

$$d(u_i, v_j) \geqslant 0 \quad 其中\ i = 1,2,\cdots,n; j = 1,2,\cdots,m$$

此函数称为单个符号的失真函数（或称单个符号失真度），它用来表示信源发出的符号 u_i 在接收端被复现为符号 v_j 所引起的误差，也就是失真。

由于信源 U 有 n 个符号，而接收变量 V 有 m 个符号，所以 $d(u_i, v_j)$ 就有 $n\times m$ 个，这 $n\times m$个非负的函数可以排成矩阵形式，即：

$$\boldsymbol{D} = \begin{bmatrix} d(u_1,v_1) & d(u_2,v_2) & \cdots & d(u_1,v_m) \\ d(u_2,v_1) & d(u_2,v_2) & \cdots & d(u_2,v_m) \\ \vdots & \vdots & & \vdots \\ d(u_n,v_1) & d(u_n,v_2) & \cdots & d(u_n,v_m) \end{bmatrix} \tag{3-26}$$

它称为失真矩阵 $\boldsymbol{D}$，它是 $n\times m$ 阶矩阵。失真矩阵 $\boldsymbol{D}$ 用这些失真函数描述了变量 U 和 V 之间的关系。

失真函数 $d(u_i, v_j)$ 可有多种形式，但应尽可能符合信宿的主观特性，即主观上的失真感觉应与 $d(u_i, v_j)$ 的值相对应。$\boldsymbol{D}$ 越大，所感觉到的失真也越大，而且最好成正比。当 $u_i = v_j$ 时，d 应等于 0，表示没有失真；当 $u_i \neq v_j$ 时，d 为正值，表示存在失真。负的失真函数违反数据处理定理，不可以使用。常用的失真函数都保证失真函数为非负。

常用的适用于连续信源的失真函数有：

(1) 均方失真：

$$d(x,y) = (x-y)^2$$

(2) 绝对失真：

$$d(x,y) = |x-y| \tag{3-27}$$

(3) 相对失真：

$$d(x,y) = \frac{|x-y|}{|x|}$$

适用于离散信源的失真函数常用的是汉明失真：

$$d(x,y) = \delta(x,y) = \begin{cases} 0, x = y \\ 1, x \neq y \end{cases} \tag{3-28}$$

式中，x 是信源输出的消息符号；y 是信宿收到的消息符号。

对于离散对称信源来说，其汉明失真矩阵 $\boldsymbol{D}$ 为一方阵，且对角线上的元素为 0：

$$D = \begin{bmatrix} 0 & 1 & 1 & \cdots & 1 \\ 1 & 0 & 1 & \cdots & 1 \\ 1 & 1 & 0 & \cdots & 1 \\ \vdots & \vdots & \vdots & & \vdots \\ 1 & 1 & 1 & \cdots & 0 \end{bmatrix} \tag{3-29}$$

例 3.7　信源 $U=\{0,1,2\}$，接收变量 $V=\{0,1,2\}$，失真函数 $d(u_i,v_j)=(u_i-v_j)^2$，求失真矩阵。

解：由失真定义得：

$$d(0,0)=d(1,1)=d(2,2)=0$$

$$d(0,1)=d(1,0)=d(1,2)=d(2,1)=1$$

$$d(0,2)=d(2,0)=4$$

所以失真矩阵 $\boldsymbol{D}$ 为：

$$D = \begin{bmatrix} 0 & 1 & 4 \\ 1 & 0 & 1 \\ 4 & 1 & 0 \end{bmatrix}$$

3.5.2　平均失真度

单个符号对的失真度 $d(u_i,v_j)$ 描述了某个信源符号通过传输后发生失真的大小。对于不同的信源符号和不同的接收符号，其值是不同的。因为信源 U 和信宿 V 都是随机变量，因此，单个符号失真度 $d(u_i,v_j)$ 也是随机变量。为了从总体上描述整个系统的失真情况，可以定义传输一个符号引起的平均失真，即信源平均失真度为：

$$\overline{D}=E[d(u,v)]=\sum_{i=1}^{n}\sum_{j=1}^{n}p(u_i)p(v_j \mid u_i)d(u_i,v_j) \tag{3-30}$$

式中，u_i 为信源输出符号，$i=1,2,\cdots,n$；$p(u_i)$ 为信源输出符号 u_i 的概率；v_j 为信宿接收符号，$j=1,2,\cdots,m$；$p(v_j \mid u_i)$ 为广义无扰信道的传递概率。

可见，D 的大小与信道传递概率 $p(v_j \mid u_i)$ 有关，也就是和信道的统计特性有关。

根据系统的性能要求，通常要求系统的平均失真度不大于所允许的失真 D，即：

$$\overline{D}\leqslant D$$

式中，D 为允许失真的上界，是由设计要求决定的技术指标。

这个式子就被称为保真度准则。

例 3.8　设离散信源 $U=[0,1]$ 的概率分布为均匀分布，信宿 $V=[0,1,2]$，传递概率矩阵为：

$$P(v \mid u)=\begin{bmatrix} 0.6 & 0.3 & 0.1 \\ 0.3 & 0.7 & 0 \end{bmatrix}$$，如果采用绝对失真，求平均失真度。

解：由绝对失真得到失真矩阵为：

$$d(x,y)=|x-y|$$

$$D=\begin{bmatrix} 0 & 1 & 2 \\ 1 & 0 & 1 \end{bmatrix}$$

联合概率为：

$$p(uv)=p(u)p(v\mid u)=\begin{bmatrix}0.3 & 0.15 & 0.05\\0.15 & 0.35 & 0\end{bmatrix}$$

平均失真为：

$$\begin{aligned}\overline{D}&=\sum_{i=1}^{n}\sum_{j=1}^{m}p(u_iv_j)d(u_i,v_j)\\&=0\times0.3+1\times0.15+2\times0.05+1\times0.15+0\times0.35+1\times0\\&=0.4\end{aligned}$$

3.5.3 离散信源的信息率失真函数

离散信源的概率分布是离散的，在信源给定，又定义了失真函数以后，总希望在满足一定失真的情况下，使信源传输给信宿所需要的信息传输率 R 尽可能地小。接收端获得的平均信息量可用平均互信息量 $I(U;V)$ 来表示，也就是信息传输率 $R=I(U;V)$ 。

由于 $\overline{D}$ 的大小和信道的统计特性有关，可以认为凡是满足保真度准则的所有信道都是满足平均失真度要求的信道。我们把这些所有满足保真度准则的信道的集合称为试验信道集合，记为 B_D ，则：

$$B_D=\{p(v_j\mid u_i);\overline{D}\leqslant D;i=1,2,\cdots,n;j=1,2,\cdots,m;\}\tag{3-31}$$

可以在试验信道集合 B_D 中寻找某一个信道使 $I(U;V)$ 取最小值，也就是使得信息传输率 $R=I(U;V)$ 最小，但仍能满足平均失真度要求的信道。也就是说，我们把保真度准则作为约束条件，找出一个最差但仍能满足平均失真度要求的信道，就可以用最低的代价满足通信的失真要求。

这个寻找最差信道的过程也就是在满足保真度准则 $\overline{D}\leqslant D$ 的条件下，寻找平均互信息量 $I(U;V)$ 最小值的过程。

由于平均互信息量 $I(U;V)$ 是 $p(u_i\mid v_j)$ 的下凸函数，所以在 B_D 中，$I(U;V)$ 的最小值一定存在。这个最小值就是在 $\overline{D}\leqslant D$ 条件下，信源必须传输的最小平均信息量，由于它是失真度 D 的函数，所以称为信息率失真函数 $R(D)$ ，或率失真函数。即：

$$R(D)=\min_{p(v_j\mid u_i)\in B_D}\{I(U;V);\overline{D}\leqslant D\}\tag{3-32}$$

式中，B_D 为所有满足保真度准则的试验信道的集合；率失真函数的单位为 nat/symbol 或 bit/symbol。

3.5.4 连续信源的信息率失真函数

对于连续信源，根据其信源概率分布的概率密度函数，可以定义连续信源的平均失真度为：

$$\overline{D}=E[d(u,v)]=\iint_{-\infty}^{+\infty}p(u)p(v\mid u)\mathrm{d}(u,v)\mathrm{d}u\mathrm{d}v\tag{3-33}$$

式中，$d(u,v)$ 为连续信源失真函数；$p(u)$ 为连续信源的概率密度函数；$p(v\mid u)$ 为信道的传递概率密度。

根据连续信源平均失真度的定义，我们可以求得平均互信息

$$I(U;V)=h(V)-h(V\mid U),$$

则连续信源的信息率失真函数定义为：

$$R(D)=\inf_{p(v|u)\in B_D}\{I(U;V);\overline{D}\leqslant D\} \tag{3-34}$$

式中，B_D 为满足保真度准则的所有广义无扰信道集合；inf 为下确界。

信息率失真函数是在信源固定，满足保真度准则的条件下所需要的信息传输率的最小值，它反映了满足一定失真度条件下信源可以压缩的程度，也就是满足一定失真度条件下，传递信源信息所需的最小平均信息量。$R(D)$ 是信源特性的参量，信源一旦确定就不会改变。$R(D)$ 与试验信道无关，不同的信源 $R(D)$ 不同。

计算一般信源的信息率失真函数是很困难的，往往需要借助于计算机。常用迭代算法来计算。不过在某些特殊情况下，可以推导出计算 $R(D)$ 的简捷方法。

如采用汉明失真时，可以证明平均失真度等于信道的平均错误概率，即：

$$\overline{D}=P_E \tag{3-35}$$

可以计算出率失真函数为：

$$R(D)=\min\{I(U;V)\}=H(U)-H(D)-D\log(n-1) \tag{3-36}$$

例 3.9　二元对称信源 $\begin{bmatrix}U\\P\end{bmatrix}=\begin{bmatrix}0, & 1\\ \omega, & 1-\omega\end{bmatrix}$，其中 $\omega\leqslant 0.5$。信宿 $V=[0,1]$，采用汉明失真，求 $0<D<\omega$ 的率失真函数 $R(D)$。

解：由汉明失真，所以有

$$R(D)=\min\{I(U;V)\}=H(U)-H(D)-D\log(n-1)$$

这里 $n=2$，则：

$$\begin{aligned}R(D)&=H(U)-H(D)\\&=H(\omega)-H(D)\\&=-\omega\log\omega-(1-\omega)\log(1-\omega)+D\log D+(1-D)\log(1-D)\end{aligned}$$

根据条件 $\omega\leqslant 0.5$ 和 $0<D<\omega$，可以画出率失真函数 $R(D)$ 随 D 变化的曲线(图 3-9)。

3.5.5　保真度准则下的信源编码定理(香农第三定理)

保真度准则下的信源编码定理(香农第三定理)也称为限失真信源编码定理。

设 $R(D)$ 为离散无记忆信源的率失真函数，R 为信源的信息传输率。对于任意指定的失真度 D，当信息率 $R>R(D)$，只要信源序列长度足够长，一定存在一种编码方法，其译码失真小于或等于 $D+\varepsilon$，其中 ε 为任意小的正数；反之，若 $R<R(D)$，则无论采用什么样的编码方法，其译码失真必大于 D。

如果是二元信源，对于任意小的 $\varepsilon>0$，每一个信源符号的平均码长 $\overline{K}$ 满足如下公式：

$$R(D)\leqslant\overline{K}\leqslant R(D)+\varepsilon \tag{3-37}$$

限失真信源编码定理指出，在失真限度内使信息率任意接近 $R(D)$ 的编码方法存在；然而，若信息率小于 $R(D)$，平均失真一定会超过失真限度 D。

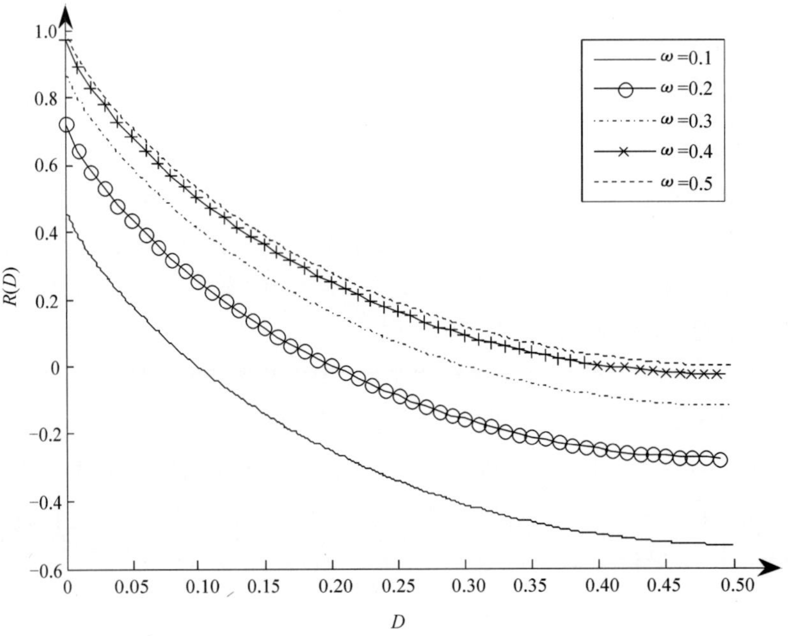

图 3-9　失真函数 $R(D)$ 随 D 变化的曲线

对于连续平稳无记忆信源，虽然无法进行无失真编码，但在限失真情况下，有与该定理一样的编码定理。该定理说明最佳编码是存在的，但对于如何进行编码却一无所知，因而就不能像无失真编码那样从证明过程中引出概率匹配的编码方法，一般只能从优化的思路去求最佳编码。

这个定理证明了，在允许失真 D 确定后，总存在一种编码方法，使信息传输率 R 大于 $R(D)$ 且可任意接近 $R(D)$，而平均失真小于允许失真 D。反之，若 $R < R(D)$，那么该编码的平均失真将大于 D。如果用二进制符号进行编码，在允许一定失真 D 的情况下，平均每个信源符号所需的二元码符号的下限值就是信源的 $R(D)$，即信源最小可达的信息传输率是信源的 $R(D)$。

由此可见，信息率失真函数 $R(D)$ 确实是在允许失真度为 D 的情况下信源信息压缩的下限值。当信源给定后，无失真信源压缩的极限值是信源熵 $H(U)$；有失真信源压缩的极限值是信息率失真函数 $R(D)$。在给定失真度 D 后，一般有 $R(D) < H(U)$。

香农第三定理仍然是一个存在性定理，并没有给出如何找出满足条件的压缩编码的方法。在实际应用中，由于符合实际信源的率失真函数的计算相当困难，使得理论的应用受到了限制。

最优量化器的设计

对于连续信源的量化是限失真信源编码的重要应用，最典型的是矢量量化编码。我们来看看对均值为 0、方差为 1 的高斯随机变量的 8 级量化，这个结果由 Max 于 1960 年给出。由最小均方误差最小化，可以得到表 3-15 列出的最优量化及 Huffman 编码。

表 3-15　均值为 0、方差为 1 的高斯随机变量的最优量化及 Huffman 编码

量化级	x_k	$\tilde{x}_k$	p_k	Huffman 编码
1	−1.748	−2.152	0.04	0010
2	−1.050	−1.344	0.107	011
3	−0.5	−0.756	0.162	010
4	0	−0.245	0.191	10
5	0.5	0.245	0.191	11
6	1.050	0.756	0.162	001
7	1.748	1.344	0.107	0000
8	∞	2.152	0.04	0011

注：x_k 为随机变量；$\tilde{x}_k$ 为量化值；p_k 为 x_k 的概率。

从表 3-15 中可以得到：

(1)失真度 $D=0.0345$，也就是−14.62dB。

(2)这个最优 8 级量化器的比特率 $R=3$bit/sample。

(3)表中 Huffman 编码的平均码长 $R_H=2.88$bit/sample，而理论极限为 $H(X)=2.82$bit/sample。

需要注意的是，限失真信源编码定理只是一个存在性定理。至于如何寻找最佳压缩编码方法，定理中并没有给出答案。在实际应用中，该定理主要存在以下两大类问题。

(1)第一类问题是，符合实际信源 $R(D)$ 函数的计算相当困难。首先，需要对实际信源的统计特性有确切的数学描述。其次，需要对符合主客观实际的失真给予正确的度量，否则不能求得符合主客观实际的 $R(D)$ 函数。例如，通常采用均方误差来表示信源的平均失真度。但对于图像信源来说，均方误差较小的编码方法，人们视觉感到失真较大。所以，人们仍采用主观观察来评价编码方法的好坏。因此，如何定义符合主客观实际情况的失真测度就是件较困难的事。最后，即便对实际信源有了确切的数学描述，又有符合主客观实际情况的失真测度，但信息率失真函数 $R(D)$ 的计算还是比较困难的。

(2)第二类问题是，即便求得了符合实际的信息率失真函数，还需研究采用何种实用的最佳编码方法才能达到 $R(D)$。

目前，这两方面工作都有进展。尤其是对实际信源的各种压缩方法，如对语音信号、电视信号和遥感图像等信源的各种压缩方法有了较大进展。相信随着数据压缩技术的发展，限失真编码理论中存在的问题将会得到解决。

习题 3

3.1　将下表所列的某六进制信源进行二进制编码，试问：

(1)这些码中哪些是唯一可译码？

(2)求出所有唯一可译码的平均码长和编译效率。

消息	概率	C_1	C_2	C_3	C_4	C_5	C_6
u_1	1/2	000	0	0	0	1	01
u_2	1/4	001	01	10	10	000	001
u_3	1/16	010	011	110	1101	001	100
u_4	1/16	011	0111	1110	1100	010	101
u_5	1/16	100	01111	11110	1001	110	110
u_6	1/16	101	011111	111110	1111	110	111

3.2 给定信源概率分布为{0.32,0.22,0.18,0.16,0.08,0.04},求 Huffman 编码的平均码长和编码效率。

3.3 已知信源的各个消息分别为字母 A、B、C、D,现用二进制码元对消息字母作信源编码,A:(x_0,y_0),B:(x_0,y_1),C:(x_1,y_0),D:(x_1,y_1),每个二进制码元的传输时间为 5ms。计算:

(1)若各个字母以等概率出现,计算在无扰离散信道上的平均信息传输速率;

(2)若各个字母的出现概率分别为 $p(A)=1/5$、$p(B)=1/4$、$p(C)=1/4$、$p(D)=3/10$,计算在无扰离散信道上的平均信息传输速率;

(3) 若字母消息改用四进制码元作信源编码,码元幅度分别为 0V、1V、2V、3V,码元的传输时间为 10ms。重新计算(1)和(2)两种情况下的平均信息传输速率。

3.4 一信源的符号集为 $A=\{a,b,c\}$,发出的符号串为"*bccacbcccccccccccaccca*",使用 LZW 算法对这个序列进行编码,求编码词典和传送序列。

3.5　设信源 $\begin{bmatrix} S \\ P(s) \end{bmatrix} = \begin{bmatrix} s_1 & s_2 & \cdots & s_6 \\ p_1 & p_2 & \cdots & p_6 \end{bmatrix}$,将此信源编码为 r 元唯一可译变长码(即码符号集 $X=\{1,2,\cdots,r\}$),其对应的码长为 $(l_1,l_2,\cdots,l_6)=(1,1,2,3,2,3)$,求 r 值的下限。

3.6　由符号集$\{0,1\}$组成的二阶马尔可夫链,其转移概率为:$p(0\mid 00)=0.8$,$p(0\mid 11)=0.2$,$p(1\mid 00)=0.2$,$p(1\mid 11)=0.8$,$p(0\mid 01)=0.5$,$p(0\mid 10)=0.5$,$p(1\mid 01)=0.5$,$p(1\mid 10)=0.5$。画出状态图,并计算各状态的稳态概率。

3.7　有一个一阶平稳马尔可夫链 $X_1,X_2,\cdots,X_r,\cdots$,各 X_r取值于集合 $A=\{a_1,a_2,a_3\}$,已知起始概率 $P(X_r)$为 $p_1=1/2$,$p_2=p_3=1/4$,转移概率如下表所示。

i	j		
	1	2	3
1	1/2	1/4	1/4
2	2/3	0	1/3
3	2/3	1/3	0

(1)求 (X_1,X_2,X_3) 的联合熵和平均符号熵;

(2)求这个链的极限平均符号熵;

(3)求 a_1、a_2、a_3的稳态概率。

3.8　某二元信源 $\begin{bmatrix} X \\ P(X) \end{bmatrix} = \begin{bmatrix} 0 & 1 \\ 1/2 & 1/2 \end{bmatrix}$，其失真矩阵为 $\boldsymbol{D} = \begin{bmatrix} a & 0 \\ & \cdots & \\ 0 & a \end{bmatrix}$，求这信源的 $D_{\max}$ 和 $D_{\min}$，以及 $R(D)$ 函数。

3.9　一个四元对称信源 $\begin{bmatrix} X \\ P(X) \end{bmatrix} = \begin{bmatrix} 0 & 1 & 2 & 3 \\ 1/4 & 1/4 & 1/4 & 1/4 \end{bmatrix}$，接收符号 $Y=\{0,1,2,3\}$，其失真矩阵为 $\boldsymbol{D} = \begin{bmatrix} 0 & 1 & 1 & 1 \\ 1 & 0 & 1 & 1 \\ 1 & 1 & 0 & 1 \\ 1 & 1 & 1 & 0 \end{bmatrix}$，求 $D_{\max}$ 和 $D_{\min}$，以及信源的 $R(D)$ 函数，并画出其曲线（取 4～5 个点）。

3.10　已知二元信源{0,1}，其 $p_0=1/4$，$p_1=3/4$，试对序列“11111100”编算术码，并计算此序列的平均码长。

第 4 章　纠错码之线性分组码

香农第二定理(有噪信道编码定理)指出,在有噪声的信道中,只要信息传输率 R 不大于信道容量 C,总是存在一种信道编码和译码方法,使信息传输的错误率任意小。根据这个定理,对特定信道寻找最优信道编码成为了提高通信系统可靠性的有效途径。信道编码一直是信息论领域的热点研究方向,近年来不断涌现出新的信道编码,如卷积码、Turbo 码、LDPC 码、Polar 码等,性能越来越接近理论极限。

4.1　信道编码基本概念

信道编码也被称为纠错码,纠错的过程,就是在通信系统的发送端给需要被传输的消息流增加可控的冗余位,然后在接收端通过检测这些冗余位的状态来消除信道中的干扰(噪声影响),从而恢复原始消息流。

编码的构造是根据一定的编码规则(编码算法),对要传输的信息生成相应的冗余位。具体来说,编码器将 k 位的信息,按照一定的编码规则,产生一个 n 位($n>k$)码字输出,其中有 r[①] 位的冗余位。其原理图如图 4-1 所示。

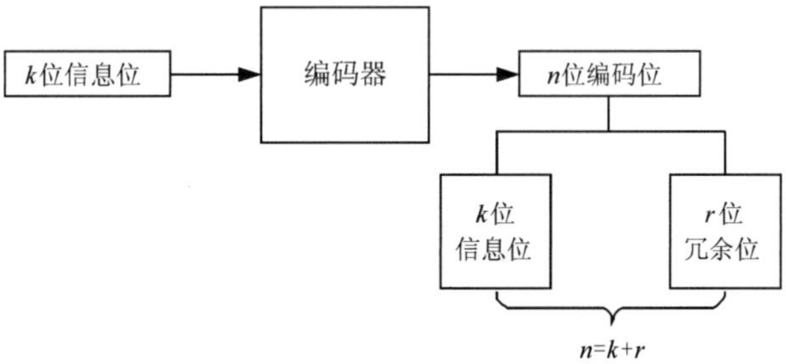

图 4-1　信道编码的构造

4.1.1　信道编码的分类

按照不同的原则,我们可以对信道编码进行分类。

① $r=n-k$。n 指码长;k 指信息位长度;r 指冗余位长度。

1. 检错码、纠错码和纠删码

如果构造的码只能够检测出错误传输位而不能纠正错误，则称为检错码；如果既能够检出错误又能够自动纠正错误，则称为纠错码；纠删码；则指不仅具备识别错码和纠正错码的功能，而且当错码超过纠正范围时，还可把无法纠错的信息删除。

2. 分组码和卷积码

如果每组码字的 r 位冗余位只与当前输入的 k 位信息位有关，而与之前输入的信息位及相应的码无关，这样的码字集合就称为分组码。

如果每组码字的 r 位冗余位不仅与当前输入的 k 位信息位有关，且与之前输入的 L 个信息位分组有关，这样的码字集合就称为卷积码。

3. 线性码和非线性码

如果冗余位是信息位的线性组合，则称纠错码为线性码；如果冗余位不是信息位的线性组合，则称纠错码为非线性码。

4. 循环码和非循环码

如果每组码字循环移位后形成的新码仍属于码集合，称为循环码；如果码字循环移位后形成的新码不再是码集合中的元素，称为非循环码。

5. 二元码和多元码

如果一组码中每一位元素的取值只有两种可能，称为二元码；若有多种可能则称为多元码。目前的通信系统多为二进制数字系统，所以本章中如果没有特别指出，那么一般的纠错码是指二元码。

上述分类只是从不同角度对码的某一特性进行区分，当然还有其他的分类方法。某一信道码可以既是二元码，又是线性分组码，还具有循环性。

4.1.2 4 种常见的差错控制方式

通信系统传输时，待传信息的差错控制方式大致分为 4 类：前向纠错（forward error correction，FEC）、反馈重发（automatic repeat queuing，ARQ）、混合纠错（hybird error correction，HEC）和信息反馈（information repeat request，IRQ）等。通信系统工作时，同一种信道编码可以分别应用在 4 种不同的差错控制方式，也可以根据差错控制方式的不同选择不同编码类型。4 种差错控制方式如图 4-2 所示。

一个好的信道编码应该具备以下特性：

首先，应该具备较强的纠错能力。纠错码的纠错能力指的是它的每个码字能够纠正的错误个数。

其次，要能够快速而且有效率地对信息位进行编码，而且存在相应的译码算法能够快速

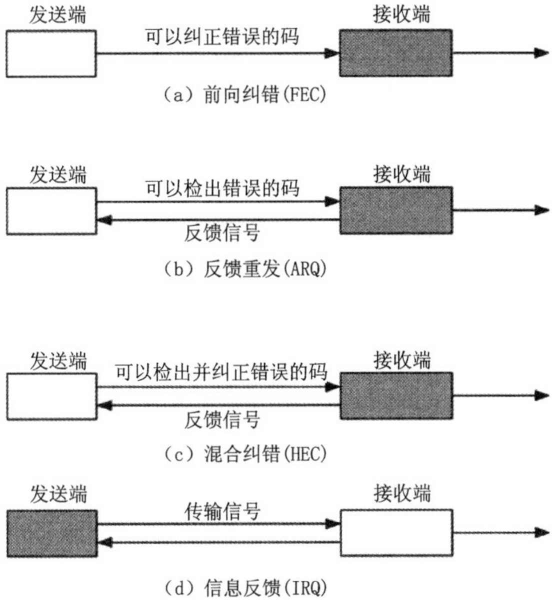

图 4-2　4 种差错控制方式示意图(灰色框表示在此端进行信息校验)

而有效率地进行译码。

最后,在这样的前提下,当然还希望纠错码通过信道进行传输时,单位时间内的信息传输率(比特率)能够达到最大,或者说,希望码的冗余开销尽可能地小。

1. 前向纠错(FEC)

前向纠错(FEC)是最传统的差错控制方式,这时收发之间是单向通信,接收端收到信号后,译码器根据译码规则可自动纠正传输中存在的错误位。在前向纠错方式下,信道编码设计时必须考虑最差信道条件。因此,这种纠错方式的优点是系统比较简单;缺点是当信道条件较差时,编码和译码复杂度会大大增加,因此不适合复杂的通信网络。

2. 反馈重发(ARQ)

反馈重发(ARQ)是指当接收端收到信息后有一路反馈信道能够对信源进行控制。该方式的优点为,在编码冗余度确定的前提下,纠错码的检错能力比纠错能力要高得多,利用反馈重发的方式可以使系统获得极低的误码率。该方式的缺点在于系统复杂度高,且当信道干扰严重时会因频繁重发而影响信号传输的连续性和实时性。

3. 混合纠错(HEC)

混合纠错(HEC)在一定程度上结合了 FEC 和 ARQ 的特征。接收端收到码序列后,首先检验错误情况,若在纠错码纠错能力之内,则自动进行纠错;若超出了码的纠错能力,但在其检错范围内,便会要求发送端重发信息。它避免了 FEC 方式不适合复杂信道的缺点,又避免了 ARQ 信息连贯性差的缺点,因而在实际中应用广泛。

4. 信息反馈(IRQ)

信息反馈(IRQ),又称回程校验方式,是指接收端把接收的信号原封不动地回传给发送端,由发送端比较数据是否有错,并把传错的信息再次传送,直到接收端收到正确的信息为止。

4.2 线性分组码的构造

在纠错码中,最基本的一类就是分组码。

4.2.1 分组码

1. 分组码的定义

分组码:一些定长码字的集合构成分组码。所以分组码是等长码。通常分组码用 (n,k) 码来表示,其中,k 为编码前信息字的长度(位数),n 为编码后码字的长度。

分组码集合的大小取决于用来编码的信息字的集合大小,或者说取决于信息字的长度。

对于一个 q 元的 (n,k) 码来说,如果信息字的每一位都是从 q 元域中取出,那么这个 (n,k) 码的码字集合的大小为:

$$M = q^k \tag{4-1}$$

分组码可以用矢量来表示。如一个 (n,k) 码的码字可以表示为矢量 $\boldsymbol{c} = [c_0 c_1 \cdots c_{n-1}]$,码字对应的信息字可以表示为矢量 $\boldsymbol{m} = [m_0 m_1 \cdots m_{k-1}]$。

例 4.1 一个(6,3)线性分组码,其信息字可以表示为 $\boldsymbol{m} = [m_0 m_1 m_2]$,其码字可以表示为 $\boldsymbol{c} = [c_0 c_1 c_2 c_3 c_4 c_5]$,信息元和码元之间的关系如下:

$$\begin{aligned}
c_0 &= m_0 \\
c_1 &= m_1 \\
c_2 &= m_2 \\
c_3 &= m_0 + m_1 \\
c_4 &= m_0 + m_1 + m_2 \\
c_5 &= m_0 + m_2
\end{aligned}$$

求出这个纠错码的码字集合 C 中所有的码字。

解:从编码方式可以看出,在码字中,前三位就是信息字,而后三位是由信息字的各位组合而成,为冗余位。

信息字的长度是 3 位,编码后码字的长度是 6 位。因为是二元码,信息字的每一位都是从二元域中取出的,即集合{0,1}的元素。因此 $q = 2$ 。所以,码字集合的大小 $M = q^k = 2^3 = 8$,也就是 3 位长的信息字一共有 8 个,所以集合中有 8 个码字,分别对应于 8 个信息字(表 4-1)。

表 4-1　信息字和码字对应表

信息字 **m**	码字 **c**
000	000000
001	001011
010	010110
011	011101
100	100111
101	101100
110	110001
111	111010

2. 汉明距离和汉明重量

分组码需要考虑的参数主要有 2 个，码字的汉明重量、码字的汉明距离。

汉明重量 $w(c)$：码字 **c** 中非零元素的个数。

汉明距离 $d_H(c_1, c_2)$：两个码字 $\boldsymbol{c}_1$ 和 $\boldsymbol{c}_2$ 在相同位置上的不同元素的个数。

例如，对于例 4.1 中的一个码字 $\boldsymbol{c} = [001011]$，其汉明重量 $w(\boldsymbol{c}) = 3$ 。如果任选两个码字 $\boldsymbol{c}_1 = [101100]$ 和 $\boldsymbol{c}_2 = [110001]$，它们之间的汉明距离 $d_H(\boldsymbol{c}_1, \boldsymbol{c}_2) = 4$ 。

对于一个码字集合 C 来说，任意两个码字之间都有汉明距离，那么就存在一个最小汉明距离 d^* ，也就是这个集合中任意两个码字的汉明距离的最小值。例如，例 4.1 中(6,3)码的最小汉明距离为 3。如果一个 (n,k) 码的最小汉明距离是 d^* ，那么这个码可以表示为一个 (n,k,d^*) 码。

类似的，在码字集合 C 中，也存在一个最小的汉明重量 w^* ，也就是这个集合中所有非零码字汉明重量的最小值。

3. 域和伽罗华域

组成分组码的元素是取自 q 元域的，如例 4.1 中的(6,3)二元码，其元素就是取自二元域 $\{0,1\}$。下面介绍域的概念。

域(field)：由一系列元素 A 以及其上定义的两种运算(加法运算和乘法运算)所构成的集合。域满足如下特性：

(1)封闭性。如果 $a,b \in A$ ，那么 $a + b \in A$ ，而且 $a \cdot b \in A$ 。

(2)对加法运算和乘法运算的结合律。如果 $a,b,c \in A$ ，那么 $a + b + c = (a + b) + c = a + (b + c)$，而且 $a \cdot b \cdot c = (a \cdot b) \cdot c = a \cdot (b \cdot c)$。

(3)单位元。集合 A 包含：

- 元素 0。加法单位元，对所有集合元素满足 $a + 0 = 0 + a = a$；

• 元素 1。乘法单位元,对所有集合元素满足 $a \cdot 1 = 1 \cdot a = a$。

(4)加法逆。对于所有集合元素 a,存在元素 b 满足 $b = -a \rightarrow a + b = 0$。

(5)乘法逆。对于所有非零的集合元素 a,存在元素 b 满足 $b = a^{-1} \rightarrow a \cdot b = 1$。

(6)加法交换律。$a + b = b + a$。

(7)分配律。$a \cdot (b + c) = a \cdot b + a \cdot c, (a + b) \cdot c = a \cdot c + b \cdot c$。

如二元伽罗华域(Galois Field)GF(2),包含 2 个元素,A={0,1}。GF(2)上的加法运算和乘法运算定义如下:

$$0 + 0 = 0;$$
$$1 + 1 = 0;$$
$$0 + 1 = 1 + 0 = 1;$$
$$0 \times 1 = 1 \times 0 = 0 \times 0 = 0;$$
$$1 \times 1 = 1$$

其中的加法运算就是异或运算$\oplus$;乘法运算就是与运算。

一个分组码定义在某个域上,意味着构成这个分组码的码字的每个符号都是从这个域中取出的域元素。这章我们重点讨论的是定义在二元伽罗华域 GF(2)上的分组码。

4.2.2 线性分组码的构造

1. 线性分组码的定义

线性分组码:线性分组码的码字的线性组合仍然是这个集合中的码字,换句话说,线性分组码的码字之间满足叠加原理。线性分组码有如下性质:

(1)码集合中的两个码字的和仍然是码集合中的码字,$\boldsymbol{c}_1 + \boldsymbol{c}_2 = \boldsymbol{c}_3$。

(2)码集合中包含全零码字。

这里我们把一个线性分组码的码集合中的码字称为合法码字(也称为许用码字),和它对应的就是非法码字,非法码字表示同样长度但是不在码集合中的码字。

注意,如果两个码字的和是另外一个码字,那么这两个码字的差也会是一个合法码字。如 $\boldsymbol{c}_1 + \boldsymbol{c}_2 = \boldsymbol{c}_3$,那么 $\boldsymbol{c}_3 - \boldsymbol{c}_1 = \boldsymbol{c}_2$。

定理 4.1:线性分组码的最小汉明距离就是这个码字集合中非零码字的最小汉明重量,即:

$$d^* = w^* 。$$

直观证明:对于任意两个码字 $\boldsymbol{c}_1$ 和 $\boldsymbol{c}_2$,根据定义,最小距离指两个码字 $\boldsymbol{c}_1$ 和 $\boldsymbol{c}_2$ 在相同位置上的不同元素的个数,再根据线性分组码的叠加性,有:

$$d_H(\boldsymbol{c}_1, \boldsymbol{c}_2) = w(\boldsymbol{c}_1 - \boldsymbol{c}_2) = w(\boldsymbol{c}_3) \tag{4-2}$$

式中,$\boldsymbol{c}_3$ 为码字集合中另一个合法码字。

而:

$$w(\boldsymbol{c}_3) = d_H(\boldsymbol{c}_3, 0) \tag{4-3}$$

所以线性分组码的非零码字的最小汉明重量就反映了码的最小汉明距离,即:

$$d^* = w^* \tag{4-4}$$

例如，对于码长 $n=4$ 的线性分组码 $C=\{0000,1010,0101,1111\}$，可以验证上面的性质。可以求得任意两个码字的和为 $0000+0000=0000$，$0000+1010=1010$，$0000+0101=0101$，$0000+1111=1111$，$1010+1010=0000$，$1010+0101=1111$，$1010+1111=0101$，$0101+0101=0000$，$0101+1111=1010$，$1111+1111=0000$。

由上可见，所有的和都仍然是 C 中的合法码字，而且 C 中包含全零码字。显然，这个码字集合的最小汉明重量 $w^*=2$。而其中任意两个码字之间的汉明距离为：

$$d_H(0000,1010)=2, d_H(0000,0101)=2, d_H(0000,1111)=4,$$

$$d_H(0101,1010)=4, d_H(1010,1111)=2, d_H(0101,1111)=2$$

可见，这个线性分组码的最小汉明距离 $d^*=2=w^*$。

2. 线性分组码的生成矩阵

线性分组码可以用矢量空间来表示。下面先来定义矢量空间。

1)矢量空间

矢量空间就是这样一种结构，它是由一系列矢量和标量的集合，以及在这个空间上定义的两种运算构成，两种运算是矢量加法和标量乘法，它们一起构成一个矢量空间。

空间包含矢量集合 A^n，其中的矢量为 $\boldsymbol{a}=(a_0,a_1,\cdots,a_{n-1})$，其中的元素 $a_i\in A=\{0,1\}$。矢量空间上定义的两种运算为：

(1)矢量加法，$\boldsymbol{a},\boldsymbol{b}\in A^n$，有：

$$\boldsymbol{a}+\boldsymbol{b}=[(a_0+b_0),(a_1+b_1),\cdots,(a_{n-1}+b_{n-1})] \tag{4-5}$$

(2)标量乘法，$\boldsymbol{a}\in A^n$，二元标量 $b\in A=\{0,1\}$，有：

$$b\cdot\boldsymbol{a}=\boldsymbol{a}\cdot b=(ba_0,ba_1,\cdots,ba_{n-1}) \tag{4-6}$$

2)生成矩阵

定义了矢量空间，我们就可以在矢量空间里描述线性分组码。一个 (n,k) 线性分组码 C 就对应于一个矢量空间，其中的码字可以表示为矢量 $\boldsymbol{c}=[c_0c_1\cdots c_{n-1}]$，码字对应的信息字可以表示为矢量 $\boldsymbol{m}=[m_0m_1\cdots m_{k-1}]$，则它们之间的对应关系可以表示为：

$$\boldsymbol{c}=\boldsymbol{mG} \tag{4-7}$$

式中，$\boldsymbol{G}$ 就是这个线性分组码的生成矩阵，为 k 行 n 列的矩阵。

如果把 $\boldsymbol{G}$ 的每一行看作一个 n 个元素的矢量 $\boldsymbol{g}_i$，那么式(4-7)可以表示为：

$$\boldsymbol{c}=\boldsymbol{mG}_{k\times n}=\boldsymbol{m}\begin{bmatrix}\boldsymbol{g}_0\\ \boldsymbol{g}_1\\ \vdots\\ \boldsymbol{g}_{k-1}\end{bmatrix}=m_0\boldsymbol{g}_0+m_1\boldsymbol{g}_1+\cdots m_{k-1}\boldsymbol{g}_{k-1} \tag{4-8}$$

式中，行矢量 $\boldsymbol{g}_i$ 是线性独立的，它们被称为矢量空间 C 的基矢量。

一个矢量空间的维度就是用来描述这个矢量空间的基矢量的个数。在这里，这个矢量空间是由生成矩阵 $\boldsymbol{G}$ 定义的，它的每一行就是一个基矢量，所以这个矢量空间的维度就是 k。

如果我们给出一个生成矩阵 $\boldsymbol{G}$，就可以找出这个线性分组码的码字集合。

例 4.2 一个(5,2)线性分组码的生成矩阵为 $\boldsymbol{G}=\begin{bmatrix}1 & 0 & 1 & 1 & 1\\ 0 & 1 & 1 & 0 & 1\end{bmatrix}$，求出这个码字集合中的所有码字。

解：(5,2)码的 $k=2$，信息字 $\boldsymbol{m}=[m_0 m_1]$，在二元域上有 4 种信息字。根据 $\boldsymbol{c}=\boldsymbol{mG}$，可以求出其所有对应的码字如表 4-2 所示。

表 4-2 (5,2)线性分组码对应的码字

$m_0 m_1$	$c_0 c_1 c_2 c_3 c_4$
00	00000
01	01101
10	10111
11	11010

当给定一个线性分组码的码字集合以后，也可以求出其生成矩阵。如对于例 4.1 中的(6,3)线性分组码，其信息字和码字如表 4-3 所示。

表 4-3 (6,3)线性分组码对应的信息字和码字

信息字 $[m_0 m_1 m_2]$	码字 $[c_0 c_1 c_2 c_3 c_4 c_5]$
000	000000
001	001011
010	010110
011	011101
100	100111
101	101100
110	110001
111	111010

根据关系 $\boldsymbol{c}=\boldsymbol{mG}$ 可以知道，生成矩阵 $\boldsymbol{G}$ 的每一行分别为某个汉明重量为 1 的信息字所对应的码字。所以要确定这个码的生成矩阵 $\boldsymbol{G}$，我们找出单位重量的信息字所对应的码字就可以了。从表 4-3 可知：

$$\boldsymbol{m}=[100]\rightarrow\boldsymbol{c}=[100111]$$

$$\boldsymbol{m}=[010]\rightarrow\boldsymbol{c}=[010110]$$

$$\boldsymbol{m}=[001]\rightarrow\boldsymbol{c}=[001011]$$

所以这个(6,3)码的生成矩阵 $\boldsymbol{G}$ 为：

$$\boldsymbol{G}=\begin{bmatrix}1&0&0&1&1&1\\0&1&0&1&1&0\\0&0&1&0&1&1\end{bmatrix}$$

3. 线性等价码

两个 q 元的线性分组码，如果其中一个码通过以下一种或多种变换能够变成另外一个码，那么这两个码称为等价码：

(1)用非零标量乘以码字；

(2)码字中的元素位置互换。

定理 4.2　GF(q)上的两个(n, k)线性分组码的生成矩阵，如果一个生成矩阵可以通过以下一系列的运算变成另一个生成矩阵，那么这两个生成矩阵可用以下方式生成等价的线性分组码：

(1)行的互换；

(2)用非零标量乘以某行；

(3)某行的标量倍与另一行相加；

(4)列的互换；

(5)用非零标量乘以某列。

例如，给定一个(7,4)线性分组码的生成矩阵：

$$\boldsymbol{G}=\begin{bmatrix}1&0&0&0&1&0&1\\0&1&0&0&1&1&1\\0&0&1&0&1&1&0\\0&0&0&1&0&1&1\end{bmatrix}\tag{4-9}$$

我们可以得到它的所有码字如表 4-4 所示。

表 4-4　(7,4)线性分组码对应的码字

m	***c***
0000	0000000
0001	0001011
0010	0010110
0011	0011101
0100	0100111
0101	0101100
0110	0110001
0111	0111010

续表 4-4

m	c
1000	1000101
1001	1001110
1010	1010011
1011	1011000
1100	1100010
1101	1101001
1110	1110100
1111	1111111

下面来求它的一个等价码。

把它的生成矩阵 $\boldsymbol{G}$ 的第二行与第四行相加代替原来的第二行；用第一、三、四行的和来取代第一行；我们得到一个新的生成矩阵：

$$\boldsymbol{G}_1=\begin{bmatrix}1&0&1&1&0&0&0\\0&1&0&1&1&0&0\\0&0&1&0&1&1&0\\0&0&0&1&0&1&1\end{bmatrix}$$

从定理 4.2 可知，$\boldsymbol{G}_1$ 所生成的码字和 $\boldsymbol{G}$ 矩阵所生成的码字是等价码。我们可以得到 $\boldsymbol{G}_1$ 所生成的码表如表 4-5 所示。

表 4-5　新的生成矩阵 $\boldsymbol{G}_1$ 对应的码字

m	c
0000	0000000
0001	0001011
0010	0010110
0011	0011101
0100	0101100
0101	0100111
0110	0111010
0111	0110001
1000	1011000

续表 4-5

m	c
1001	1010011
1010	1001110
1011	1000101
1100	1110100
1101	1111111
1110	1100010
1111	1101001

对比这两个等价码的码字，我们可以发现，这两个码字集合是相同的，但集合中每个信息字和码字的对应关系是不同的。

4. 系统型线性分组码

当采用线性分组码进行编码和译码时，我们期望它能是一个系统码。所谓的系统码就是其码矢量中包含有完整的信息矢量，码矢量形式为：

$$\boldsymbol{c} = [m_0 m_1 \cdots m_{k-1} c_0 c_1 \cdots c_{r-1}] \tag{4-10}$$

系统码形式的码字在译码时很方便，只要进行检错纠错，就可以直接得到码字中的信息矢量。

根据信息矢量和码矢量的关系可知，系统码的生成矩阵是这样的形式：

$$\boldsymbol{G} = [\boldsymbol{I}_{k\times k} \mid \boldsymbol{P}_{k\times r}] \tag{4-11}$$

式中，$\boldsymbol{I}$ 是一个 $k \times k$ 的单位矩阵；$\boldsymbol{P}$ 被称为校验位生成矩阵，因为它与信息矢量的乘积构成了码字的校验位。

在式(4-9)中的生成矩阵 $\boldsymbol{G}$ 就是一个系统码生成矩阵。

5. 线性分组码的校验矩阵

对于线性分组码的系统码生成矩阵 $\boldsymbol{G}$，我们定义一个相应的校验矩阵：

$$\boldsymbol{H} = [-\boldsymbol{P}^{\mathrm{T}} \mid \boldsymbol{I}_{r\times r}] \tag{4-12}$$

式中，$\boldsymbol{P}^{\mathrm{T}}$ 就是上面的校验位生成矩阵 $\boldsymbol{P}$ 的转置。

定理 4.3　奇偶校验定理：对于一个线性分组码，它的合法码字 $\boldsymbol{c}$ 和校验矩阵 $\boldsymbol{H}$ 之间有这样的关系：

$$\boldsymbol{cH}^{\mathrm{T}} = \boldsymbol{mGH}^{\mathrm{T}} \equiv \boldsymbol{0} \tag{4-13}$$

奇偶校验定理指出了一种区分合法码字(是码字集合中的码字，也就是说可以由 $\boldsymbol{G}$ 矩阵和某个信息字 $\boldsymbol{m}$ 相乘得到)和非法码字的直观方法：合法码字满足 $\boldsymbol{cH}^{\mathrm{T}} = \boldsymbol{0}$，而非法码字不满足这个条件。

例如，在式(4-9)中的生成矩阵 $\boldsymbol{G}$ 为：

$$\boldsymbol{G}=\begin{bmatrix}1&0&0&0&1&0&1\\0&1&0&0&1&1&1\\0&0&1&0&1&1&0\\0&0&0&1&0&1&1\end{bmatrix}$$

根据矩阵 $\boldsymbol{H}$ 的生成方法，我们可以定义这个码的校验矩阵 $\boldsymbol{H}$ 为：

$$\boldsymbol{H}=\begin{bmatrix}1&1&1&0&1&0&0\\0&1&1&1&0&1&0\\1&1&0&1&0&0&1\end{bmatrix}$$

对于合法码字，如 $\boldsymbol{c}_1=[0011101]$，可以得到 $\boldsymbol{c}_1\boldsymbol{H}^{\mathrm{T}}=[000]=\boldsymbol{0}$，奇偶校验定理成立。而对于非法码字，如 $\boldsymbol{c}_2=[0011111]$，可以得到 $\boldsymbol{c}_2\boldsymbol{H}^{\mathrm{T}}=[010]\neq\boldsymbol{0}$。

从奇偶校验定理可以知道，如果一个二元码字 $\boldsymbol{c}$ 是合法码字，那么有 $\boldsymbol{cH}^{\mathrm{T}}=\boldsymbol{0}$，从矩阵乘法的规则来说，也就意味着合法码字 $\boldsymbol{c}$ 里面比特 1 的位置所对应的 $\boldsymbol{H}^{\mathrm{T}}$ 矩阵的行的和为 $\boldsymbol{0}$，或者说，合法码字 $\boldsymbol{c}$ 里面比特 1 的位置所对应的 $\boldsymbol{H}$ 矩阵列的和为 $\boldsymbol{0}$。我们知道，线性分组码存在一个最小重量的码字 $\boldsymbol{c}_1$，由 $\boldsymbol{c}_1\boldsymbol{H}^{\mathrm{T}}=\boldsymbol{0}$ 意味着最小数目的 H 矩阵列的和为 $\boldsymbol{0}$。另外，前面已经证明了线性分组码的最小汉明距离等于其最小汉明重量，这样就把最小汉明距离和 H 矩阵中和为零的列数联系起来了。我们可以得到这样的结论：一个线性分组码的最小距离等于其 $\boldsymbol{H}$ 矩阵中和为零的列的最小数目。

例如，前面式(4-9)的码表中，我们可以得到码字之间的最小汉明距离为 3。再看其 $\boldsymbol{H}$ 矩阵：

$$\boldsymbol{H}=\begin{bmatrix}1&1&1&0&1&0&0\\0&1&1&1&0&1&0\\1&1&0&1&0&0&1\end{bmatrix}$$

其中第 4、6、7 列的和为 0，可以看到和为 0 的列的最小数目为 3。可见这个码的最小汉明距离等于其 $\boldsymbol{H}$ 矩阵中和为 0 的列的最小数目。

非系统码的校验矩阵

前文我们讨论了如何求一个系统码的校验矩阵，那么，对于非系统码，怎么求 $\boldsymbol{H}$ 矩阵呢？从前面可以看出，设计校验矩阵的目标是区分合法码字和非法码字，合法码字满足 $\boldsymbol{cH}^{\mathrm{T}}=\boldsymbol{0}$，其实质是因为 $\boldsymbol{GH}^{\mathrm{T}}=\boldsymbol{0}$。

前面我们学习了等价码的概念，一个非系统码生成矩阵可以通过行列变换的方式变成系统码生成矩阵，那么，我们可以根据系统码的 H 矩阵逆向行列变换来保证 $\boldsymbol{GH}^{\mathrm{T}}=\boldsymbol{0}$ 始终成立，这样就可以求出非系统码的 H 矩阵。对于给定的非系统码的生成矩阵 $\boldsymbol{G}$，求它的校验矩阵 $\boldsymbol{H}$ 的方法如下：

(1) 如果可以对 $\boldsymbol{G}$ 进行行变换(行交换，行加减)得到系统码的生成矩阵 $\boldsymbol{G}_1$，并得到相应的校验矩阵 $\boldsymbol{H}_1$，那么 $\boldsymbol{H}_1$ 也是原来 $\boldsymbol{G}$ 矩阵所对应的校验矩阵；

(2) 如果可以对 $\boldsymbol{G}$ 进行列交换得到系统码的生成矩阵 $\boldsymbol{G}_2$，并得到相应的校验矩阵 $\boldsymbol{H}_2$，那么对 $\boldsymbol{H}_2$ 的对应列按照 $\boldsymbol{G}$ 的列交换逆序进行交换，得到的新矩阵就是原来 $\boldsymbol{G}$ 矩阵所对应的校验矩阵。

例如，要求非系统码生成矩阵 $\boldsymbol{G}$ 对应的校验矩阵 $\boldsymbol{H}$，

$$\boldsymbol{G}=\begin{bmatrix}1&0&1&0&0\\1&0&0&1&1\\0&1&0&1&0\end{bmatrix}$$

对 $\boldsymbol{G}$ 进行行变换(用 r_2 表示第二行，以此类推)，

$$r_2-r_1\Rightarrow r_2$$

$$r_1-r_2\Rightarrow r_1$$

r_2 和 r_3 互换

得到一个系统码生成矩阵 $\boldsymbol{G}_1$：

$$\boldsymbol{G}_1=\begin{bmatrix}1&0&0&1&1\\0&1&0&1&0\\0&0&1&1&1\end{bmatrix}$$

对于这个系统码的生成矩阵 $\boldsymbol{G}_1$，可以方便地求出其校验矩阵 $\boldsymbol{H}_1$ 为：

$$\boldsymbol{H}_1=\begin{bmatrix}1&1&1&1&0\\1&0&1&0&1\end{bmatrix}$$

根据上面的方法，$\boldsymbol{H}_1$ 也是非系统码 $\boldsymbol{G}$ 的校验矩阵 $\boldsymbol{H}$，即有 $\boldsymbol{H}=\boldsymbol{H}_1$。可以验证，$\boldsymbol{G}\boldsymbol{H}^{\mathrm{T}}=\boldsymbol{0}$ 成立。

例 4.3　一个定义在 GF(2)上的(7,3)线性分组码，$k=3,r=4,n=7$。假设待编码的信息元表示为 $[m_0m_1m_2]$，冗余元 $[r_0r_1r_2r_3]$ 与信息元的关系如下：

$$\begin{cases}r_0=m_0+m_2\\r_1=m_0+m_1+m_2\\r_2=m_0+m_1\\r_3=m_1+m_2\end{cases}$$

若最终生成的码字按照下列顺序排列 $[m_0m_1m_2r_0r_1r_2r_3]$，写出码的一致校验矩阵和生成矩阵，并写出此(7,3)码全部码字。

解：对于此(7,3)线性分组码，其信息元表示为 $[m_0m_1m_2]$，其码字可以表示为 $[c_0c_1c_2c_3c_4c_5c_6]$，对应题目中的信息元、冗余元排列顺序 $[m_0m_1m_2r_0r_1r_2r_3]$ 及相互关系，可以得到：

$$\begin{cases}c_3=c_0+c_2\\c_4=c_0+c_1+c_2\\c_5=c_0+c_1\\c_6=c_1+c_2\end{cases}$$

这个方程确定了由信息元得到冗余元的规则，被称为校验方程，或一致校验方程。这样的编码方法也被称为一致校验编码。

由于在 GF(2)上减法运算和加法运算的结果一致，一致校验方程可以整理为：

$$\begin{cases} c_0 + c_2 + c_3 = 0 \\ c_0 + c_1 + c_2 + c_4 = 0 \\ c_0 + c_1 + c_5 = 0 \\ c_1 + c_2 + c_6 = 0 \end{cases} \tag{4-14}$$

把一致校验方程用矩阵形式来表示，可得：

$$\begin{bmatrix} 1 & 0 & 1 & 1 & 0 & 0 & 0 \\ 1 & 1 & 1 & 0 & 1 & 0 & 0 \\ 1 & 1 & 0 & 0 & 0 & 1 & 0 \\ 0 & 1 & 1 & 0 & 0 & 0 & 1 \end{bmatrix} \begin{bmatrix} c_6 \\ c_5 \\ c_4 \\ c_3 \\ c_2 \\ c_1 \\ c_0 \end{bmatrix} = \begin{bmatrix} 0 \\ 0 \\ 0 \\ 0 \end{bmatrix} = \mathbf{0}^{\mathrm{T}}$$

其中 $H = \begin{bmatrix} 1 & 0 & 1 & 1 & 0 & 0 & 0 \\ 1 & 1 & 1 & 0 & 1 & 0 & 0 \\ 1 & 1 & 0 & 0 & 0 & 1 & 0 \\ 0 & 1 & 1 & 0 & 0 & 0 & 1 \end{bmatrix}$ 就是校验矩阵。这样，式(4-14)可以写成：

$$H \cdot \boldsymbol{c}^{\mathrm{T}} = \mathbf{0}^{\mathrm{T}}$$

或者：

$$\boldsymbol{c}H^{\mathrm{T}} = 0$$

再看看信息元和码字之间的关系。由信息字 $[m_0 m_1 m_2]$、码字 $[c_0 c_1 c_2 c_3 c_4 c_5 c_6]$，以及给出的信息元、冗余元排列顺序 $[m_0 m_1 m_2 r_0 r_1 r_2 r_3]$，得到：

$$\begin{cases} c_0 = m_0 \\ c_1 = m_1 \\ c_2 = m_2 \\ c_3 = m_0 + m_2 \\ c_4 = m_0 + m_1 + m_2 \\ c_5 = m_0 + m_1 \\ c_6 = m_1 + m_2 \end{cases}$$

可以写成：

$$\begin{bmatrix} c_0 \\ c_1 \\ c_2 \\ c_3 \\ c_4 \\ c_5 \\ c_6 \end{bmatrix} = \begin{bmatrix} 1 & 0 & 0 \\ 0 & 1 & 0 \\ 0 & 0 & 1 \\ 1 & 0 & 1 \\ 1 & 1 & 1 \\ 1 & 1 & 0 \\ 0 & 1 & 1 \end{bmatrix} \begin{bmatrix} m_0 \\ m_1 \\ m_2 \end{bmatrix}$$

或者：

$$[c_0c_1c_2c_3c_4c_5c_6]=[m_0m_1m_2]\begin{bmatrix}1&0&0&1&1&1&0\\0&1&0&0&1&1&1\\0&0&1&1&1&0&1\end{bmatrix}$$

得到生成矩阵为：

$$G=\begin{bmatrix}1&0&0&1&1&1&0\\0&1&0&0&1&1&1\\0&0&1&1&1&0&1\end{bmatrix}\quad \boldsymbol{c}=\boldsymbol{m}\cdot G$$

由生成矩阵可以得到其所有的码字，表 4-6 列出了消息字及对应的码字：

表 4-6　消息字及对应的码字

信息序列	000	001	010	011	100	101	110	111
码序列	0000000	0011101	0100111	0111010	1001110	1010011	1101001	1110100

可以看出，校验矩阵 H 和生成矩阵 G 满足奇偶校验定理：

$$\begin{aligned}\boldsymbol{H}\cdot\boldsymbol{G}^{\mathrm{T}}&=\boldsymbol{0}^{\mathrm{T}}\\ \boldsymbol{G}^{\mathrm{T}}\cdot\boldsymbol{H}&=\boldsymbol{0}\end{aligned}\tag{4-15}$$

本节我们讨论了线性分组码的编码方法，用生成矩阵来编码，用信息字与生成矩阵的乘积构造码字。那么这样构造出来的这个纠错码的性能如何呢？

4.3　线性分组码的译码

检错和纠错：对于一个给定的线性分组码，检错就是检测接收到的码字是合法码字还是非法码字；而纠错就是当检测到非法的码字时，能够确定非法码字中错误发生的比特位置和错误值，从而可以纠正这个错误，得到正确的码字。对接收码字的检错和纠错统称译码。一个线性分组码的检错、纠错能力与这个码的最小汉明距离有关。

4.3.1　最大似然译码原理

在上一章讨论译码规则对传输错误概率的影响时讲过，当输入符号为等概率分布时，最大似然译码准则等价于最大后验概率译码准则，能得到最小的平均错误概率。

假设接收端接收到的码字矢量是 $\boldsymbol{v}$，我们要判断不同的合法码字 $\boldsymbol{c}_1$ 和 $\boldsymbol{c}_2$ 哪一个更有可能是发送方所发送的合法码字 $\boldsymbol{c}$。

$d_H(\boldsymbol{v},\boldsymbol{c}_1)$ 表示 $\boldsymbol{v}$ 和 $\boldsymbol{c}_1$ 之间的汉明距离。如果发送端真实发送的码字是 $\boldsymbol{c}_1$，那么传输过程中发生的错误个数就是 $t_1=d_H(\boldsymbol{v},\boldsymbol{c}_1)$；同样，如果发送端真实发送的码字是 $\boldsymbol{c}_2$，那么传输过程中发生的错误个数就是 $t_2=d_H(\boldsymbol{v},\boldsymbol{c}_2)$。

从直观上说，和 $\boldsymbol{v}$ 的联合概率最大的那个合法码字，最有可能是真实的发送码字。用 $p(\boldsymbol{v},\boldsymbol{c}_1)$ 和 $p(\boldsymbol{v},\boldsymbol{c}_2)$ 表示联合概率，那么当 $p(\boldsymbol{v},\boldsymbol{c}_1)>p(\boldsymbol{v},\boldsymbol{c}_2)$ 时我们应该将 $\boldsymbol{v}$ 译码为 $\boldsymbol{c}_1$。

设 c_1 是正确的译码结果，则：

$$\frac{p(\boldsymbol{v},\boldsymbol{c}_1)}{p(\boldsymbol{v},\boldsymbol{c}_2)} > 1 \tag{4-16}$$

或者表示为对数似然形式：

$$\ln[p(\boldsymbol{v},\boldsymbol{c}_1)] - \ln[p(\boldsymbol{v},\boldsymbol{c}_2)] > 0 \tag{4-17}$$

对于传输错误相互独立的 BSC 信道，其联合概率为：

$$p_{v,c_j} = p_{v|c_j} \cdot p_{c_j} \quad 其中\ j \in \{1,2\} \tag{4-18}$$

式中，$p_{v|c_j}$ 为条件概率，是指在发送 $\boldsymbol{c}_j$ 的条件下接收到 $\boldsymbol{v}$ 的概率，也就是发生错误个数为 $t_j(j \in \{1,2\})$ 的概率。

$$p_{v|c_j} = \Pr(t_j) = \Pr[d_H(\boldsymbol{v},\boldsymbol{c}_j)] = p^{t_j}\,(1-p)^{n-t_j} \tag{4-19}$$

代入式(4-17)，整理得到：

$$(t_1 - t_2)\ln\left(\frac{p}{1-p}\right) > \ln\left(\frac{p_{c_2}}{p_{c_1}}\right) \tag{4-20}$$

如前所述，我们讨论的是最大似然译码准则，也就是输入符号等概率分布的情况，所以式(4-20)的右边为 0。假设 BSC 信道的错误传递概率 $p < 0.5$ ，那么 $\ln\left(\frac{p}{1-p}\right) < 0$ ，则有：

$$t_1 < t_2$$

这个结论说明，在输入符号等概率分布，并且 BSC 信道的错误传递概率 $p < 0.5$ 的情况下，如果 $\boldsymbol{c}_1$ 是正确的译码结果，那么它与 $\boldsymbol{v}$ 的汉明距离就最小。

所以，根据最大似然原理来译码，就是在接收端对接收到的矢量 $\boldsymbol{v}$ 进行译码时，应译为与它汉明距离最小的合法码字。

4.3.2 译码策略

完备译码策略：对于给定的接收码字 $\boldsymbol{v}$ ，在包含所有的合法码字的码字集合中找一个码字 $\boldsymbol{c}$ ，它和 $\boldsymbol{v}$ 的汉明距离最小，就认为译码结果就是 $\boldsymbol{c}$ 。

有限距离译码策略：不仅仅考虑到接收码字和合法码字之间的汉明距离，而且还考虑到这个码的纠错能力 t。

如果接收码字 $\boldsymbol{v}$ 和合法码字 $\boldsymbol{c}$ 之间的汉明距离小于或等于这个码的纠错能力，即：

$$d_H(\boldsymbol{v},\boldsymbol{c}) \leqslant t \tag{4-21}$$

则采用与完备译码策略同样的方式来译码；否则，就认为发生的错误超出了这个码的译码能力范围，宣告译码失败。

译码技术

具体到线性分组码，通常采用的译码技术有 2 种：标准阵列译码和伴随式译码。

4.3.3 标准阵列译码

标准阵列译码方法就是查表法。把所有长度为 n 的码字(合法码字和非法码字，共 2^n 个)按一定的规则放在一个表里，这个表被称为标准阵列。标准阵列的第一行排列所有的合法码字，其中全零码字放在第一个；标准阵列的第一列按汉明重量从小到大的顺序列出所有可能的错误矢量码字。这样，标准阵列的其他位置的码字就是它所在的列的第一行的合法码字与第一列的错误图样的和。

这样，当接收到一个码字时，就可以到标准阵列里面查找这个码字，得到的码字所在列的第一行就是纠错得到的合法码字，所在行的第一列就是发生的错误图样。

标准阵列里面的每一行被称为一个陪集，陪集的第一个码字被称为陪集首，可以看出，陪集首（标准阵列的第一列）就是这个陪集的错误图样。

关于译码策略，如果采用完备译码策略，那么标准阵列应该列出所有长度为 n 的码字；如果采用有限距离译码策略，则标准阵列的陪集首应该只列出汉明重量小于或等于这个码的纠错能力 t 的错误图样。

例 4.4　(6,2)重复码的码矢量形式为：
构造这个(6,2)重复码的标准阵列。

$$\boldsymbol{c}=[m_0 m_1 m_0 m_1 m_0 m_1]$$

解：按照标准阵列的定义，这个(6,2)重复码的标准阵列构造如表 4-7 所示。

表 4-7　(6,2)重复码的标准阵列

000000	010101	101010	111111
000001	010100	101011	111110
000010	010111	101000	111101
000100	010001	101110	111011
001000	011101	100010	110111
010000	000101	111010	101111
100000	110101	001010	011111
000011	010110	101001	111100
000110	010011	101100	111001
001100	011001	100110	110011
011000	001101	110010	100111
110000	100101	011010	001111
001001	011100	100011	110110
010010	000111	111000	101101
100100	110001	001110	011011
100001	110100	001011	011110

如果采用这种(6,2)重复码进行通信，如果接收到的码字是 011001，那么显然这是一个非法码字。要进行译码，在标准阵列中查找这个码字，得到的陪集为{001100，011001，100110，

110011},接收码字在第二列,所以译码结果为标准阵列第一行的第二个码字 010101,发生的错误为这个陪集的陪集首 001100,也就是说,传输码字的第三位和第四位发生了错误。

例 4.5 设(7,3)系统线性分组码的生成矩阵为:

$$G=\begin{bmatrix}1&0&0&1&1&1&0\\0&1&0&0&1&1&1\\0&0&1&1&1&0&1\end{bmatrix}$$

构造该码的标准阵列译码表。

解:首先写出该码的校验矩阵:

$$H=\begin{bmatrix}1&0&1&1&0&0&0\\1&1&1&0&1&0&0\\1&1&0&0&0&1&0\\0&1&1&0&0&0&1\end{bmatrix}$$

伴随式有 $2^{n-k}=2^4=16$ 个,标准阵列应该有 16 行。阵列的第一列按汉明重量为 0,1,2,… 的顺序安排错误图样,可以写出该码的标准阵列译码表如表 4-8 所示。

表 4-8　(7,3)系统线性分组码的标准阵列译码表

伴随式	000000	0011101	0100111	0111010	1001110	1010011	1101001	1110100
0000	0000000	0011101	0100111	0111010	1001110	1010011	1101001	1110100
1110	1000000	1011101	1100111	1111010	0001110	0010011	0101001	0110100
0111	0100000	0111101	0000111	0011010	1101110	1110011	1001001	1010100
1101	0010000	0001101	0110111	0101010	1011110	1000011	1111001	1100100
1000	0001000	0010101	0101111	0110010	1000110	1011011	1100001	1111100
0100	0000100	0011001	0100011	0111110	1001010	1010111	1101101	1110000
0010	0000010	0011111	0100101	0111000	1001100	1010001	1101011	1110110
0001	0000001	0011100	0100110	0111011	1001111	1010010	1101000	1110101
1001	1100000	1111101	1011111	1011010	0101110	0110011	0001001	0010100
0011	1010000	1001101	1110111	1101010	0111110	0000011	0111001	0100100
0110	1001000	1010101	1101111	1110010	0000110	0011011	0100001	0111100
1010	1000100	1011001	1100011	1111110	0001010	0010111	0101101	0110000
1100	1000010	1011111	1100101	1111000	0001100	0010001	0101011	0110110
1111	1000001	1011100	1100110	1111011	0001111	0010010	0101000	0110101
0101	0100010	0111111	0000101	0011000	1101100	1110001	1001011	1010110
1011	1100010	1111111	1000101	1011000	0101100	0110001	0001011	0010110

若只取表中前两列，可以得到伴随式和错误图样的关系，称为简化译码表。

4.3.4　伴随式译码

前面我们定义了与线性分组码的生成矩阵 $\boldsymbol{G}$ 相对应的校验矩阵 $\boldsymbol{H}$，$\boldsymbol{H}$ 满足奇偶校验定理：

$$cH^{\mathrm{T}} \equiv \mathbf{0} \tag{4-22}$$

由此，我们可以定义一个伴随式算子 $\boldsymbol{s}$ ：

$$\boldsymbol{s} = [s_0 s_1 \cdots s_{r-1}] = \boldsymbol{v}H^{\mathrm{T}} \tag{4-23}$$

式中，$\boldsymbol{v}$ 为接收方接收到的码字。

由于接收码字可以看成发送方发送的合法码字 $\boldsymbol{c}$ 与传输过程中产生的错误图样 $\boldsymbol{e}$ 的叠加，根据奇偶校验定理有：

$$\boldsymbol{s} = \boldsymbol{v}\boldsymbol{H}^{\mathrm{T}} = (\boldsymbol{c} + \boldsymbol{e})\boldsymbol{H}^{\mathrm{T}} = \boldsymbol{e}\boldsymbol{H}^{\mathrm{T}} \tag{4-24}$$

由此可见，当且仅当错误图样 $\boldsymbol{e}$ 为 $\mathbf{0}$ 或者为合法码字时，伴随式 $\boldsymbol{s}$ 才会为 $\mathbf{0}$。考虑到在错误图样 $\boldsymbol{e}$ 为合法码字的情况下我们是无法检测到错误的存在的，所以当伴随式 $\boldsymbol{s}$ 为 $\mathbf{0}$ 时，可以认为接收码字合法，没有错误发生；而当伴随式 $\boldsymbol{s}$ 不为 $\mathbf{0}$ 时，认为接收码字中存在错误，错误图样为 $\boldsymbol{e}$ 。如果能把这个错误 $\boldsymbol{e}$ 找出来，就可以实现纠错译码了。

由式(4-24)可知，接收码字 $\boldsymbol{v}$ 的伴随式 $\boldsymbol{s}$ 与其中的错误图样 $\boldsymbol{e}$ 之间存在对应关系。如果我们事先把所有可能的错误图样 $\boldsymbol{e}$ 所对应的伴随式 $\boldsymbol{s} = \boldsymbol{e}H^{\mathrm{T}}$ 都求出并列成一个伴随式表格，那么对于某个接收码字 $\boldsymbol{v}$ ，就可以求出其伴随式 $\boldsymbol{s} = \boldsymbol{v}H^{\mathrm{T}}$ ，并在伴随式表格中查找相应的伴随式 $\boldsymbol{s}$ ，这个伴随式所对应的错误图样 $\boldsymbol{e}$ 应该就是 $\boldsymbol{v}$ 中存在的错误，对其进行纠错，就可以得到原始发送码字 $\boldsymbol{c} = \boldsymbol{v} - \boldsymbol{e}$ 。这样的译码方法就是伴随式译码。

关于译码策略，如果采用完备译码策略，那么伴随式表格中应该列出所有长度为 n 的错误图样及其对应的伴随式；如果采用有限距离译码策略，则伴随式表格中只列出汉明重量小于或等于这个码的纠错能力 t 的错误图样及其对应的伴随式。

例 4.6　已知(7,3)线性分组码的生成矩阵和校验矩阵分别为：

$$\boldsymbol{G} = \begin{bmatrix} 1 & 0 & 0 & 1 & 1 & 1 & 0 \\ 0 & 1 & 0 & 0 & 1 & 1 & 1 \\ 0 & 0 & 1 & 1 & 1 & 0 & 1 \end{bmatrix}$$

$$\boldsymbol{H} = \begin{bmatrix} 1 & 0 & 1 & 1 & 0 & 0 & 0 \\ 1 & 1 & 1 & 0 & 1 & 0 & 0 \\ 1 & 1 & 0 & 0 & 0 & 1 & 0 \\ 0 & 1 & 1 & 0 & 0 & 0 & 1 \end{bmatrix}$$

若接收到码字[1110011]，请译码。

解：通过生成矩阵生成所有码字，可以得到码字的最小汉明重量为 4，即其最小汉明距离为 4，可见这个码能纠正 1bit 错误。写出其伴随式表格，其中包含所有 1bit 的错误图样及其对应的伴随式(表 4-9)。

表 4-9 (7,3)线性分组码的伴随式表

$\boldsymbol{e}$	$\boldsymbol{s}$
0000001	0001
0000010	0010
0000100	0100
0001000	1000
0010000	1101
0100000	0111
1000000	1110

计算接收码字的伴随式：

$$\boldsymbol{s} = \boldsymbol{v}\boldsymbol{H}^{\mathrm{T}} = [1110011]\begin{bmatrix} 1 & 1 & 1 & 0 \\ 0 & 1 & 1 & 1 \\ 1 & 1 & 0 & 1 \\ 1 & 0 & 0 & 0 \\ 0 & 1 & 0 & 0 \\ 0 & 0 & 1 & 0 \\ 0 & 0 & 0 & 1 \end{bmatrix} = [0111]$$

发现伴随式 $\boldsymbol{s}$ 非零，说明传输有错误。查找伴随式表格，得到 $\boldsymbol{e} = [0100000]$，所以实际发送的码字为 $\boldsymbol{c} = \boldsymbol{v} - \boldsymbol{e} = [1010011]$，根据生成矩阵，得到消息字为 $\boldsymbol{m} = [101]$。

4.4 汉明码

4.4.1 标准汉明码

汉明码是一种经典的应用广泛的线性分组码。它是能够纠正单个错误的线性分组码，其校验位得到了充分利用，而且容易通过简单的电路实现。如果码字的冗余长度为 r，当 $r \geqslant 3$ 时都存在相应的汉明码。所有汉明码的最小距离都是 3。

汉明码的码字长度 n 和其冗余长度 r 之间满足关系：

$$n = 2^r - 1, \quad r \geqslant 3 \tag{4-25}$$

例如，当 $r = 3$ 时，$n = 2^r - 1 = 7$，有 $k = n - r = 4$，这就是码长最小的汉明码——(7,4)汉明码。

汉明码的码率为：

$$R = \frac{k}{n} = \frac{2^r - r - 1}{2^r - 1} \tag{4-26}$$

根据汉明码的码长与冗余比特之间的关系，可以很方便地构造系统汉明码。

首先构造校验矩阵 $\boldsymbol{H}$。由于 $\boldsymbol{H}$ 的形式为：

$$\boldsymbol{H} = [I \mid -\boldsymbol{P}^{\mathrm{T}}] \tag{4-27}$$

$\boldsymbol{H}$ 矩阵为 $r \times n$ 的矩阵，它的每一列可以看成是一个长度为 $r$bit 的矢量，而除了全零矢量以外的所有 $r$bit 长矢量的个数为 $(2^r - 1)$，正好是汉明码的码字长度 n，所以把所有非零的 $r$bit 长矢量排列起来，其中单位矩阵放在前面，就可以构成汉明码的校验矩阵 $\boldsymbol{H}$。根据 $\boldsymbol{H}$ 矩阵就可以构造其生成矩阵 $\boldsymbol{G}$ 了。

例 4.7　构造一个系统的(7,4)汉明码的生成矩阵。

解：先构造校验矩阵 $\boldsymbol{H}$。如前所述，(7,4)汉明码的 $r = 3$，排列所有 3bit 的矢量，把单位矩阵放在前面，可以得到：

$$\boldsymbol{H} = \begin{bmatrix} 1 & 0 & 0 & 1 & 1 & 0 & 1 \\ 0 & 1 & 0 & 1 & 0 & 1 & 1 \\ 0 & 0 & 1 & 0 & 1 & 1 & 1 \end{bmatrix}$$

根据 $\boldsymbol{H}$ 矩阵，可以构造其生成矩阵 $\boldsymbol{G}$ 如下：

$$\boldsymbol{G} = \begin{bmatrix} 1 & 1 & 0 & 1 & 0 & 0 & 0 \\ 1 & 0 & 1 & 0 & 1 & 0 & 0 \\ 0 & 1 & 1 & 0 & 0 & 1 & 0 \\ 1 & 1 & 1 & 0 & 0 & 0 & 1 \end{bmatrix}$$

可以验证，这个码的最小汉明距离是 3。

例 4.8　构造冗余长度 $r = 4$ 的系统汉明码的校验矩阵。

解：根据式(4-27)给出的汉明码构造方法，可以构造校验矩阵 $\boldsymbol{H}$ 如下：

$$\boldsymbol{H} = \begin{bmatrix} 1 & 0 & 0 & 0 & 1 & 1 & 0 & 1 & 1 & 0 & 1 & 0 & 1 & 0 & 1 \\ 0 & 1 & 0 & 0 & 1 & 0 & 1 & 1 & 0 & 1 & 1 & 0 & 0 & 1 & 1 \\ 0 & 0 & 1 & 0 & 0 & 1 & 1 & 1 & 0 & 0 & 0 & 1 & 1 & 1 & 1 \\ 0 & 0 & 0 & 1 & 0 & 0 & 0 & 0 & 1 & 1 & 1 & 1 & 1 & 1 & 1 \end{bmatrix}$$

例 4.9　给定(7,4)汉明码的生成矩阵 $\boldsymbol{G}$ 和校验矩阵 $\boldsymbol{H}$ 如例 4.7 所示。用伴随式译码方法对接收到的码字 $\boldsymbol{v} = (1101111)$ 进行译码。

解：汉明码是纠单个错误码，纠错能力 $t = 1$。采用有限距离译码策略，我们构造伴随式表格时只列出所有的单比特错误(表 4-10)。

表 4-10　(7,4)汉明码的构造伴随式表

$\boldsymbol{e}$	$\boldsymbol{s} = \boldsymbol{e}H^{\mathrm{T}}$
1000000	100
0100000	010
0010000	001
0001000	110

续表 4-10

e	$s = eH^{T}$
0000100	101
0000010	011
0000001	111

计算接收码字的伴随式：

$$s = vH^T = (1101111)H^T = (001)$$

查表得到 $e = (0010000)$，也就是接收码字的第三位发生了错误。纠正这个错误得到译码结果：

$$c = v - e = (1111111)$$

4.4.2 扩展汉明码

汉明码只能纠正单比特错误的局限可以通过扩展汉明码和截短汉明码来改善。对汉明码的每个码字再增加1位对所有码元进行校验的校验位，则得校验元为$(r+1)$，码长为 $n = 2^r$，而信息元仍为 k 的线性码，称为扩展汉明码。

设汉明码的码字为 $c=[c_0c_1\cdots c_{n-1}]$，可以增加1位校验位得到扩展码字：

$$c=[c'_0 | c] \tag{4-28}$$

代入 $c'_0 = \sum_{i=0}^{n-1} c_i$，这样就会有：

$$c'_0 = \begin{cases} 0, & \text{当 } w_H(\bar{c}) \text{ 为偶数} \\ 1, & \text{当 } w_H(\bar{c}) \text{ 为奇数} \end{cases} \tag{4-29}$$

扩展汉明码的最小码距为4，能够同时纠正1位错误并检测出2位错误，抗干扰能力增强。

扩展汉明码的生成矩阵就是在原生成矩阵的左边增加1列：

$$G' = \begin{bmatrix} \sum_{j=0}^{n-1} g_{0,j} & g_{0,0} & g_{0,1} & \cdots & g_{0,n-1} \\ \sum_{j=0}^{n-1} g_{1,j} & g_{1,0} & g_{1,1} & \cdots & g_{1,n-1} \\ \vdots & \vdots & \vdots & \ddots & \vdots \\ \sum_{j=0}^{n-1} g_{k-1,j} & g_{k-1,0} & g_{k-1,1} & \cdots & g_{k-1,n-1} \end{bmatrix} \tag{4-30}$$

相应的，其校验矩阵为：

$$\boldsymbol{H}' = \begin{bmatrix} 1 & 1 & 1 & \cdots & 1 \\ 0 & & & & \\ \vdots & & H & & \\ 0 & & & & \end{bmatrix} \tag{4-31}$$

扩展汉明码的错误图样为：

$$\boldsymbol{e}' = [e'_0 e_0 e_1 \cdots e_{n-1}] = [e'_0 \mid \boldsymbol{e}] \tag{4-32}$$

相应的伴随式可以计算得到：

$$\boldsymbol{s}' = \boldsymbol{e}' H'^{\mathrm{T}} = [e'_0 \mid \boldsymbol{e}] \begin{bmatrix} 1 & 0 & \cdots & 0 \\ 1 & & & 0 \\ \vdots & & & H^{\mathrm{T}} \\ 1 & & & \end{bmatrix} = \left[\sum_{i=0}^{n} e_i \mid \boldsymbol{e}H^{\mathrm{T}}\right] = [s'_0 \mid \boldsymbol{s}] \tag{4-33}$$

对于伴随式，我们可以得到如下结论：

(1) $s'_0 = 0$，没有错误发生；

(2) $s'_0 = 1, \bar{s} \neq 0$ (意味着 $w_H(\boldsymbol{e}) = 1$，但 $e'_0 = 0$)，说明在 $\boldsymbol{c}$ 中发生了单比特错误，我们可以纠正它；

(3) $s'_0 = 1, \bar{s} = 0$ (意味着 $w_H(\boldsymbol{e}) = 1$，而且 $e'_0 = 1$)，说明校验位出错，不需要纠正；

(4) $s'_0 = 0, \bar{s} \neq 0$ (意味着 $w_H(\boldsymbol{e}) = 2$)，说明在 $\boldsymbol{c}$ 中发生了不可纠正的错误。

4.5　线性分组码的纠错性能

衡量一个线性分组码的纠错性能，要看通过信道传输的数据经过这个码的编码和译码以后，其错误率能降低多少。所以，这里先定义信道中错误率的概念。

(1) **信道的原始错误率**：通过信道传输的数据在没有进行纠错编码和译码的情况下，原本的错误发生率。原始错误率与信道的噪声影响有关。定义为：

错误率＝一个分组中的平均错误个数 / 分组长度

如果在信息的发送端和接收端分别进行纠错编码和译码，根据这个纠错码的纠错能力，将能够纠正一部分在信道传输中发生的错误，从而降低信道的错误率。

(2) **不可恢复的错误率**：经过译码纠错以后，仍然存在的错误率。

当传输的数据经过纠错编码和译码之后，能够纠正在这种码纠错能力范围内的所有错误，但并不能纠正其纠错能力范围之外的错误，也就是说，不是传输中发生的所有错误都能被纠正。因此，当经过纠错编码译码之后，数据仍然存在一定的错误率，这就被称为不可恢复的错误率。

(3) **不可检测的错误率**：码字错误变成合法码字而无法被检测或纠错造成的错误率。

由于 $\boldsymbol{v} = \boldsymbol{c} + \boldsymbol{e}$，如果 $\boldsymbol{e} \in C$，那么 $\boldsymbol{v} \in C$。在这种情况下，发生的码字错误 $\boldsymbol{e}$ 是一个合法码字，这个错误将使得接收码字 $\boldsymbol{v}$ 不会变成非法码字，而会变成另外一个合法码字。那么接收方就不会认为接收到了错误码字，因而不会对它进行纠错。因此这样的错误就被称为不可检测的错误。

4.5.1 线性分组码的纠错能力与最小距离的关系

最大似然译码原理把一个线性分组码的检错纠错能力和这个码的最小汉明距离联系起来了。根据这个原理,可以得到一个线性分组码的检错纠错能力与这个码的最小距离之间有3种关系。

(1)一个线性分组码可以检测最多 t 个错误当且仅当 $d_{\min} \geqslant t+1$ 时,其关系如图 4-3 所示。

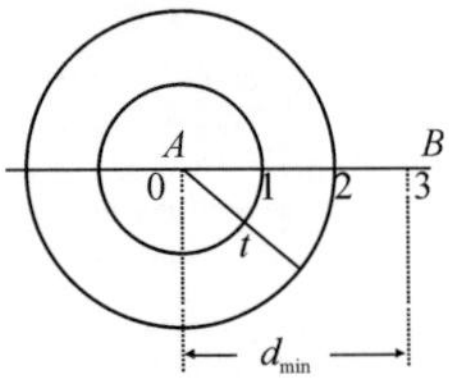

图 4-3 线性分组码的检测能力与最小距离之间的关系 1

(2)一个线性分组码可以纠正最多 t 个错误当且仅当 $d_{\min} \geqslant 2t+1$ 时,其关系如图 4-4 所示。

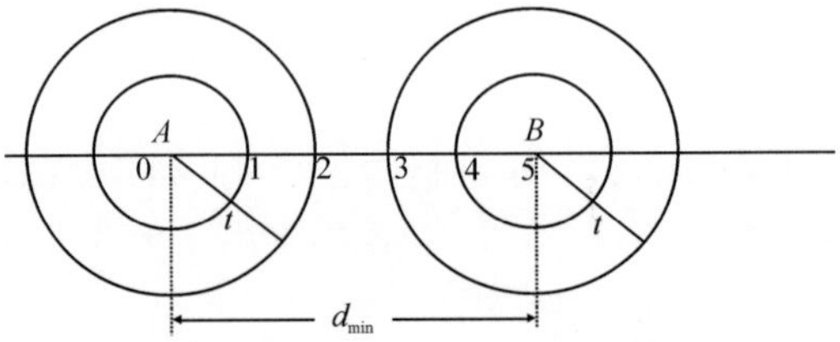

图 4-4 线性分组码的纠错能力与最小距离之间的关系 2

(3)一个线性分组码可以纠正最多 t_c 个错误,同时检测最多 t_d 个错误($t_d > t_c$),当且仅当 $d_{\min} > 2t_c + 1$ 而且 $d_{\min} \geqslant t_c + t_d + 1$ 时,其关系如图 4-5 所示。

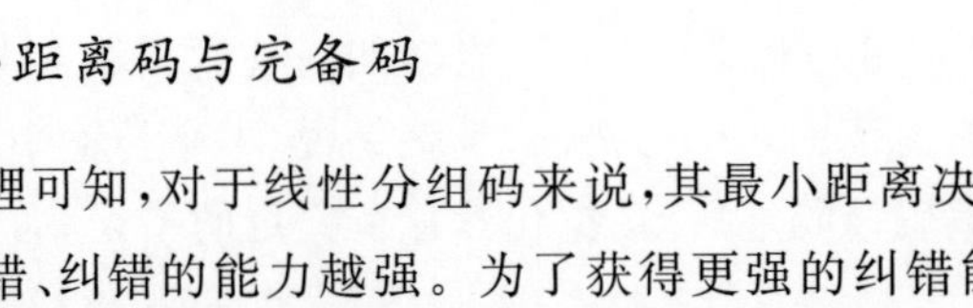

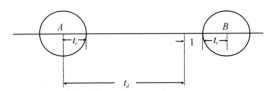

图 4-5 线性分组码的纠错能力与最小距离之间的关系 3

4.5.2 极大最小距离码与完备码

由最大似然译码原理可知,对于线性分组码来说,其最小距离决定了它的检错和纠错能力,最小距离越大,其检错、纠错的能力越强。为了获得更强的纠错能力,我们需要更大的最小距离的码。一个线性分组码的最小距离与它的冗余位数 r 有关。

一个 (n,k) 线性分组码的最小汉明距离(也就是其非零码字的最小汉明重量)一定满足以下条件:

$$d^* \leqslant n-k+1 \tag{4-34}$$

这就是 Singliton 界(Singliton bound)。其中,使得上面等式成立的线性分组码就被称为极大最小距离码(maximized distance code,MDC)。

当给定 n、k 时,根据 Singliton 界,这个码的最小距离是有限的,显然我们希望构造的码是 MDC 码,这样能够在保持 n 和 k 的情况下,得到一个最小距离值极大的码,也就是检错、纠错能力最强的码。

汉明空间

为了研究错误率,引入半径为 t 的汉明空间的概念。与一个码字的汉明距离小于或等于 t 的所有矢量的集合,就被称为这个码字的半径为 t 的汉明空间。可以计算出这个汉明空间中所有矢量的个数,也就是这个汉明空间的容量:

$$\xi(n,t)=\sum_{j=0}^{t}\binom{n}{j} \tag{4-35}$$

且:

$$\binom{n}{j}=\frac{n!}{(n-j)!j!} \tag{4-36}$$

例如,对于码长 $n=4$ 的二元码的某一个码字,其半径为 2 的汉明空间的容量为:

$$\xi(4,2)=\sum_{j=0}^{2}\binom{4}{j}=\binom{4}{0}+\binom{4}{1}+\binom{4}{2}=11$$

为了不失一般性,我们看看全零码字 $\boldsymbol{u}=(0000)$ 的汉明空间。与这个码字的汉明距离小于或等于 2 的矢量有:

- 与 $\boldsymbol{u}$ 的汉明距离为 2 的矢量:0011,1001,1010,1100,0110,0101;
- 与 $\boldsymbol{u}$ 的汉明距离为 1 的矢量:0001,0010,0100,1000;
- 与 $\boldsymbol{u}$ 的汉明距离为 0 的矢量:0000。

可见,这个汉明空间中与 $\boldsymbol{u}$ 的汉明距离小于或等于 2 的矢量的个数为 $(6+4+1=)11$ 个,与上面计算出来的汉明空间的容量值一致。

对于一个二元的 (n,k) 线性分组码,如果它的纠错能力为 t,说明在每个合法码字的半径为 t 的汉明空间内的所有矢量都能被唯一地译码出来,或者说,每个矢量都至少有一个唯一的伴随式与之对应,而二元的 (n,k) 线性分组码的伴随式的个数为 2^{n-k},因此有:

$$2^{n-k}\geqslant\sum_{i=0}^{t}\binom{n}{i} \tag{4-37}$$

这个结论被称为汉明限。使得上式中的等号成立的线性分组码被称为完备码(perfect code)。

我们可以用矢量空间中的码字分布来直观理解完备码的概念。一个 (n,k) 线性分组码的所有 2^n 个可能接收到的矢量分布在围绕 2^k 个合法码字的汉明空间中,这些汉明空间的半径为纠错能力 t,这些汉明空间都是不相交的,每一个接收矢量都落在这些空间中之一。需要注意的是,完备码不一定是纠错能力最强的码。

4.5.3　BSC 信道的错误概率

在二元对称信道模型(BSC 信道)下,我们假定任意比特的错误概率独立于其他比特的错误概率。一个码长为 n 的线性分组码在错误传递概率为 p 的 BSC 信道中传输，正好发生 t 个错误的概率为：

$$\Pr(t;p,n)=\binom{n}{t}p^{t}(1-p)^{n-t} \tag{4-38}$$

这样，纠错码的性能就可以用错误概率来衡量。由式(4-38)可知，码长为 n 的线性分组码在传输中发生小于或等于 t 个错误的概率为：

$$\Pr(\leqslant t)=\sum_{j=0}^{t}\Pr(j;p,n)=\sum_{j=0}^{t}\binom{n}{j}p^{j}(1-p)^{n-j} \tag{4-39}$$

如果这个线性分组码的纠错能力为 t，也就是它最多可以纠正 t 个错误，那么从式(4-39)可知，这个码在传输中发生大于 t 个错误的概率，即不可恢复的错误率为：

$$\Pr(>t)=1-\Pr(\leqslant t) \tag{4-40}$$

这个线性分组码的长度为 n 的码字发生的平均错误个数为：

$$\bar{t}=\sum_{j=0}^{n}j\binom{n}{j}p^{j}(1-p)^{n-j}=np \tag{4-41}$$

错误个数的方差为：

$$\sigma_t^2=E[(t-\bar{t})^2]=\sum_{j=0}^{n}(j-\bar{t})^2\binom{n}{j}p^{j}(1-p)^{n-j}=np(1-p) \tag{4-42}$$

例 4.10 已知 BSC 信道的错误传递概率 $p=10^{-7}$。设未编码的 10bit 长的码字在信道中传输，发送端的比特率为 10^7 bit。

(1)未编码时，接收 1 个码字发生错误的概率是多少？

(2)如果给未编码的码字增加 1 个奇偶校验位，则 1 个码字的长度变成了 11bit。这里采用偶校验，它可以检测单比特的错误。这时接收 1 个码字发生错误的概率是多少？

解：发射的比特率为 10^7 bit，码字长为 10bit，可见码字的传输速率为10^6 word/s。

(1)未编码时，可以认为这个码的纠错能力 $t=0$，那么接收 1 个码字发生错误的概率为：

$$\Pr(>0)=1-\Pr(\leqslant 0)=1-\binom{10}{0}p^{0}(1-p)^{10}=10^{-6}$$

考虑到码字的传输速率为10^6 word/s，则 $10^{-6}\times 10^{6}=1$ (word/s)，也就是说，每秒将有 1 个码字发生错误，这种错误是不可恢复的错误。

(2)在每个码字增加 1 个奇偶校验比特后，1 个码字的长度变成了 11bit。奇偶校验编码可以检测单比特的错误，如果检测到错误后就请求发送端重新传输这个码字，并且忽略这样造成的速率延迟，那么我们可以认为这种编码的纠错能力 $t=1$。这时，纠错译码之后的不可恢复错误率为：

$$\begin{aligned}\Pr(>1)&=1-\Pr(\leqslant 1)\\&=1-\binom{11}{0}p^{0}(1-p)^{11}-\binom{11}{1}p^{1}(1-p)^{10}\\&=110p^{2}\\&=11\times 10^{-13}\end{aligned}$$

这时，因为新的码字的传输速率为$10^7/11$word/s，则：

$$(11\times 10^{-13})\times(10^7/11)=10^{-6}\ (\text{word/s})$$

也就是说，平均每10^6s，即平均每 11.6 天才会发生 1 个不可恢复的码字错误！从这个例子我们可以看到，简单的奇偶校验编码就能大大降低传输错误率。

例 4.11　对于给定的码长 n（$n\in\{7,15,31,63,127,255\}$）和 BSC 信道的错误传递概率 p（$p\in\{0.1,0.01,10^{-3},10^{-4},10^{-5}\}$），根据公式 $t_{3\sigma}=\bar{t}+3\sigma_t$ 计算它们的 3σ 错误范围。

解：根据上面的公式，可以得到 3σ 错误范围如表 4-11 所示。

表 4-11　根据码长 n 和错误传递概率 p 计算出 3σ 错误范围

p	n					
	7	15	31	63	127	255
0.1	3.081	4.986	8.111	13.444	22.842	39.872
0.01	0.86	1.306	1.972	2.999	4.634	7.317
10^{-3}	0.258	0.382	0.559	0.816	1.196	1.769
10^{-4}	0.080	0.118	0.17	0.244	0.351	0.505
10^{-5}	0.025	0.037	0.053	0.076	0.108	0.154

从表 4-1 中可以发现，一方面，对于给定的 n，当 p 改变了 4 个数量级的时候，3σ 错误范围只变化了 2 个数量级；另一方面，对于给定的 p，当 n 改变 1 个数量级的时候，3σ 错误范围也变化了 1 个数量级。

习题 4

4.1　$C=\{0000,1100,0011,1111\}$是不是线性码？求它的最小距离。

4.2　采用(23,12,7)的二元码，通过比特错误率(bit error)$p=0.01$ 的 BSC 信道传输，求码字的错误率(word error)。

4.3　设一个(8,4)系统码的码字可以写为 $\boldsymbol{c}=(c_8c_7c_6c_5c_4c_3c_2c_1)$，消息字可以写为 $\boldsymbol{m}=(m_4m_3m_2m_1)$，该码的一致监督方程为：

$$\begin{cases}c_1=m_4+m_3+m_2\\ c_2=m_3+m_2+m_1\\ c_3=m_4+m_2+m_1\\ c_4=m_4+m_3+m_1\end{cases}$$

求该码的生成矩阵 $\boldsymbol{G}$ 和校验矩阵 $\boldsymbol{H}$。

4.4　设二元(6,3)码的生成矩阵为：

$$\boldsymbol{G}=\begin{bmatrix}1&0&0&0&1&1\\0&1&0&0&0&1\\0&0&1&1&1&0\end{bmatrix}$$

试给出其一致校验矩阵。

4.5　设二元(7,4)码的生成矩阵为：

$$\boldsymbol{G}=\begin{bmatrix}1&0&0&0&1&1&1\\0&1&0&0&1&0&1\\0&0&1&0&0&1&1\\0&0&0&1&1&1&0\end{bmatrix}$$

(1)求该码的所有码字；

(2)求一致校验矩阵；

(3)若接收码字为 $R=(1100001)$，试进行译码。

4.6　下列码字代表 8 个字符：

0000000　1000111　0101011　0011101

1101100　1011010　0110110　1110001

找出其最小汉明距离 d^*，并说明该组码字的检错能力和纠错能力。

4.7　设有一离散信道，其信道传递矩阵为 $\begin{bmatrix}\frac{1}{2}&\frac{1}{3}&\frac{1}{6}\\\frac{1}{6}&\frac{1}{2}&\frac{1}{3}\\\frac{1}{3}&\frac{1}{6}&\frac{1}{2}\end{bmatrix}$，并设 $P(x_1)=1/2,P(x_2)=$

$P(x_3)=1/4$，试分别按最小错误概率准则与最大似然译码准则确定译码规则，并计算相应的平均错误概率。

4.8　若一个码集的最小距离为 $d_{\min}=11$，试确定该组码字的检错和纠错能力。

4.9　下表给出了一个系统型线性分组码的码表。

000000
011100
101010
110110
110001
101101
011011
000111

(1)求这个码的码率；

(2)写出其系统形式的生成矩阵和校验矩阵；

(3)求最小汉明距离；

(4)求它的纠错能力和检错能力；

(5)若接收矢量 $\boldsymbol{r}=(101011)$，求伴随式矢量，并纠错。

4.10　二元线性分组码的系统型生成矩阵为：

$$\boldsymbol{G}=\begin{bmatrix}1&1&0&1&1&0&0&1&1&0&1&0&0\\1&0&1&1&0&1&0&1&0&1&0&1&0\\1&1&1&0&0&0&1&1&1&1&0&0&1\end{bmatrix}$$

(1)求校验矩阵 $\boldsymbol{H}$，并写出校验方程；

(2)求其最小汉明距离。

4.11　二元线性分组码的生成矩阵为：

$$\boldsymbol{G}=\begin{bmatrix}1&1&0&0&1&1&1&0\\0&0&1&1&1&1&0&1\end{bmatrix}$$

(1)写出校验矩阵 $\boldsymbol{H}$；

(2)求码率和最小汉明距离；

(3)若译码器的输入错误率为 10^{-3}，估计译码器的输出错误率。

4.12　已知(15,11)系统汉明码的校验位生成矩阵：

$$\boldsymbol{P}=\begin{bmatrix}0&0&1&1\\0&1&0&1\\1&0&0&1\\0&1&1&0\\1&0&1&0\\1&1&0&0\\0&1&1&1\\1&1&1&0\\1&1&0&1\\1&0&1&1\\1&1&1&1\end{bmatrix}$$

(1)构造其校验矩阵 $\boldsymbol{H}$；

(2)写出错误图样的伴随式表格；

(3)用伴随式译码方法译码接收矢量 $\boldsymbol{r}=(011111001011011)$。

4.13　已知 BSC 信道的随机错误概率为 $p=10^{-3}$，采用一种 $n=15$、$k=11$、$d_{\min}=3$ 的线性分组码进行纠错。当此码分别采用以下方式时，求总的传输速率和译码后的分组错误率(block error probability)：

(1)FEC 模式；

(2)重发纠错(ARQ)模式。

4.14　在一个 AWGN 信道上采用 FEC 方式传输，要求的比特错误率 $p_{be}<10^{-4}$，使用最小发射功率。可供选择的线性分组码如下表所示。

n	k	d_{min}
31	26	3
31	21	5
31	16	7

(1)当要求最小发射功率时，选择最优码组；

(2)对于给定 p_{be}，计算与未编码传输相比较的编码增益。

第 5 章　循环码

我们上一章学习了线性分组码的概念，在线性分组码里有一类特殊的码字被称为循环码。作为代数编码的重要代表，循环码是线性分组码的一个子类。它是于 1957 年被普兰奇(Prange)提出的。

循环码，顾名思义，在码字集合中的每一个合法码字，当对它进行循环移位以后所得到的码字仍然在这个码字集合里面，且仍然是一个合法码字。这一类的线性分组码就被称为循环码。

例 5.1　对于(7,3)线性分组码，其校验矩阵和生成矩阵分别为：

$$\boldsymbol{H}=\begin{bmatrix}1&0&1&1&0&0&0\\1&1&1&0&1&0&0\\1&1&0&0&0&1&0\\0&1&1&0&0&0&1\end{bmatrix}$$

$$\boldsymbol{G}=\begin{bmatrix}1&0&0&1&1&1&0\\0&1&0&0&1&1&1\\0&0&1&1&1&0&1\end{bmatrix}$$

由 $\boldsymbol{c}=\boldsymbol{m}\cdot\boldsymbol{G}$ 得：

信息位	校验位
0 0 0	0 0 0 0
0 0 1	1 1 0 1
0 1 0	0 1 1 1
0 1 1	1 0 1 0
1 0 0	1 1 1 0
1 0 1	0 0 1 1
1 1 0	1 0 0 1
1 1 1	0 1 0 0

由两组码字循环构成的循环码如图 5-1 所示。

从图 5-1 可以看到，(7,3)线性分组码的合法码字共构成了两组码字循环。

因此，作为一个循环码，首先要满足线性分组码的两个条件：①它包含一个全零码字；②任意两个码字的线性组合仍然是一个合法码字。

循环码的检错和纠错能力强，不但可以纠正随机错误，而且可以用于纠正突发错误。并

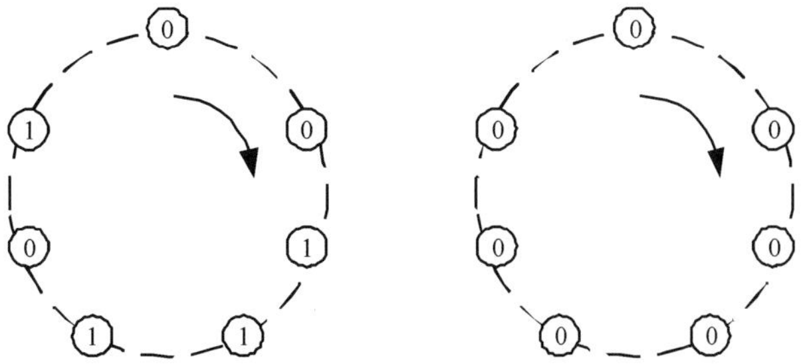

图 5-1　两组码字循环构成的循环码

且,循环码可以用代数方法来构造和分析,它的码字循环特性使得易于用硬件实现编码和译码,速度快。目前在实际差错控制系统中所使用的线性分组码几乎都是循环码。

5.1　循环码的表示

5.1.1　循环码的概念

循环码的概念可以用整数的例子来说明。例如把任意一个整数对 5 取模,得到的余数一定是在集合{0,1,2,3,4}中,而且随着整数的增加,结果余数是循环出现的。这就是取模运算的循环特性。

对于线性分组码 C 中的一个码字 $\boldsymbol{c}=[c_0c_1\cdots c_{n-1}]$,其循环移位为 $\boldsymbol{c}'$:

$$\boldsymbol{c}=[c_0c_1\cdots c_{n-1}] \quad \Rightarrow \quad \boldsymbol{c}'=[c_{n-1}c_0\cdots c_{n-2}]$$

循环码就是这样一类特殊的线性分组码,其中每一个码字的循环移位仍然是一个合法码字。也就是对于 $\boldsymbol{c}\in C$,其循环移位 $\boldsymbol{c}'\in C$。

下面是一个(6,2)循环码的例子。

例 5.2　(6,2)重复码 $C=\{[000000],[010101],[101010],[111111]\}$ 是一个循环码,因为首先它满足线性分组码的条件,而且其中任一个码字的循环移位仍然是集合中的一个合法码字。

由于循环码是线性分组码,所以上一章学习的所有编码和译码技术都仍然适用于循环码,例如用矢量表示码字,用生成矩阵来编码,用伴随式译码,等等。不过由于实际中用到的循环码的码长较长,如果用矩阵运算来进行编码译码会非常耗时。然而循环码的循环特性使得我们可以用多项式的方法来描述它,这样能够得到相对简洁的表示方法,而且其编码和译码算法的表示也比较简洁。

5.1.2　循环码的多项式表示

1. 比特位置算子

首先定义一个比特位置算子 x,这个算子的作用是表示其对应的比特在码字中的位置,如在第 j 位上的比特就可以乘以 x^j 来表示它的位置。比特位置算子满足两种运算:加法运算

(结合律)和乘法运算。

(1)加法运算：

$$ax^j + bx^j = (a+b)x^j$$

(2) 乘法运算：

$$(ax^j)\cdot(bx^k) = (a\cdot b)x^{j+k}$$

用比特位置算子来表示一个码字

对于码矢量 $\boldsymbol{c}=[c_0c_1\cdots c_{n-1}]$，其多项式表达为：

$$c(x) = c_0x^0 + c_1x^1 + \cdots + c_{n-1}x^{n-1} = \sum_{j=0}^{n-1} c_jx^j \tag{5-1}$$

例如，对于 $\boldsymbol{c}=[1011000]$，其码多项式为：

$$c(x) = 1 + x^2 + x^3$$

一个码字可以由一个多项式来唯一表达。多项式同时表示了码字中每个元素的值和位置。例如，一个八元域中的码字 $\boldsymbol{c}=[207735]$，可以用多项式表示为：

$$c(x) = 2 + 7x^2 + 7x^3 + 3x^4 + 5x^5$$

以例 5.1 的(7,3)循环码为例(任取一码字)：

信息位	校验位
0 0 0	0 0 0 0
0 0 1	1 1 0 1
0 1 0	0 1 1 1
0 1 1	1 0 1 0
1 0 0	1 1 1 0
1 0 1	0 0 1 1
1 1 0	1 0 0 1
1 1 1	0 1 0 0

$$1110100 \leftrightarrow 1 + x + x^2 + x^4$$

移 1 位⇩

$$0111010 \leftrightarrow x + x^2 + x^3 + x^5 = x(1 + x + x^2 + x^4)$$

移 2 位⇩

$$0011101 \leftrightarrow x^2 + x^3 + x^4 + x^6 = x^2(1 + x + x^2 + x^4)$$

移 3 位⇩

$$1001110 \leftrightarrow 1 + x^3 + x^4 + x^5 = x^3(1 + x + x^2 + x^4) = x^3 + x^4 + x^5 + x^7$$

2. 码多项式的秩

当码的循环移位特性用比特位置算子表示后，存在一个明显的问题，比如右移 3 位，和码组中的任何一个码矢量对应的多项式都不一致了。这明显不符合循环码的特性。因此，引入多项式的秩这一概念。

对于码多项式 $c(x)$，可以定义它的秩 $\deg[c(x)]$。码多项式的秩就是码多项式中系数不为零的最高幂次。例如，对于 $\boldsymbol{c}=[1011000]$，其秩为：

$$\deg[c(x)]=\deg(1+x^2+x^3)=3 \tag{5-2}$$

显然，对于码长为 n 的循环码，其非零系数的最高幂次为$(n-1)$，即：

$$\deg[c(x)]\leqslant n-1 \tag{5-3}$$

再结合其线性分组码属性，还存在如下关系：

$$\left.\begin{array}{l}\deg[g(x)]=r=n-k\\ \deg[m(x)]\leqslant k-1\end{array}\right\}\quad\Rightarrow\quad \deg[c(x)]\leqslant n-1 \tag{5-4}$$

式中，$m(x)$ 为信息多项式；$g(x)$ 为生成多项式。

显然，对于例 5.1 中的(7,3)循环码，$\deg[c(x)]\leqslant n-1=6$，因此要求：$x^7=1$，即 $x^7+1=0$。如果一个多项式的最高幂次超过了码集中码多项式的秩，我们就需要把它对 (x^7+1) 取模。

对于上面 3 次移位结果，可重新表示如下：

$$\begin{aligned}
&1110100\leftrightarrow 1+x+x^2+x^4\\
&0111010\leftrightarrow x+x^2+x^3+x^5=x(1+x+x^2+x^4)\\
&0011101\leftrightarrow x^2+x^3+x^4+x^6=x^2(1+x+x^2+x^4)\\
&1001110\leftrightarrow 1+x^3+x^4+x^5\equiv x^3(1+x+x^2+x^4)\bmod(x^7+1)\\
&0100111\leftrightarrow x+x^4+x^5+x^6\equiv x^4(1+x+x^2+x^4)\bmod(x^7+1)\\
&1010011\leftrightarrow 1+x^2+x^5+x^6\equiv x^5(1+x+x^2+x^4)\bmod(x^7+1)\\
&1101001\leftrightarrow 1+x+x^3+x^6\equiv x^6(1+x+x^2+x^4)\bmod(x^7+1)\\
&1110100\leftrightarrow 1+x+x^2+x^4\equiv x^7(1+x+x^2+x^4)\bmod(x^7+1)
\end{aligned}$$

结论：循环码中的非零码字，总可以由其他非零码子与移位算子相乘得到，若乘积的阶数大于秩，还需对 (x^n+1) 取模。多项式的取模运算可以通过多项式长除法得到。

3. 多项式的长除法

任何一个多项式 $f(x)$ 都可以表示成这样的形式：

$$f(x)=q(x)g(x)+\rho(x)\quad \text{其中 } \deg[\rho(x)]<\deg[g(x)] \tag{5-5}$$

得到的 $q(x)$ 就是商式，$\rho(x)$ 就是余式，可以写成：

$$\rho(x)=f(x)/g(x) \tag{5-6}$$

式中，/表示取模运算。

由除法运算可知，余式的秩一定是小于除式的秩。即 $\deg[\rho(x)]<\deg[g(x)]$。

多项式的取模运算可以通过做多项式长除法得到。我们通过下面的例题了解长除法。

例 5.3 计算定义在 GF(2)上的多项式除法 $(x^4+x^3+1)/(x^3+x+1)$。

解:利用长除法对余式计算如下:

$$
\begin{array}{r}
x+1 \\
x^3+x+1 \,\big)\, \overline{x^4+x^3+1} \\
\underline{x^4+x^2+x} \\
x^3+x^2+x+1 \\
\underline{x^3+x+1} \\
x^2 \rightarrow r(x)
\end{array}
$$

从多项式的长除法表达,可以得到以下结论:

如果有两个多项式 $f_1(x)$ 和 $f_2(x)$,分别可以表示为:

$$f_1(x)=q_1(x)g(x)+\rho_1(x)$$

$$f_2(x)=q_2(x)g(x)+\rho_2(x)$$

那么以下结论是成立的:

$$
\begin{aligned}
&[f_1(x)+f_2(x)]/g(x)=\rho_1(x)+\rho_2(x) \\
&[f_1(x)\cdot f_2(x)]/g(x)=[\rho_1(x)\cdot\rho_2(x)]/g(x)
\end{aligned}
\tag{5-7}
$$

需要注意的是,乘法运算的结果还要对 $g(x)$ 再次取模,才能保证结果的秩小于 $g(x)$ 的秩。

5.1.3 多项式数学结构与多项式的分解

1. 多项式数学结构:群、环和域

循环码的多项式构成了一种称为环的数学结构。环是一种周期性的数学结构,如前所述,把任意一个整数对 5 取模,得到的余数一定是在集合 $\{0,1,2,3,4\}$ 中,而且随着整数的增加,得到余数的结果是周期性出现的。多项式也同样存在这样的特性。把一系列的多项式对某一个多项式 $p(x)$ 取模,得到的余式多项式也会周期性地出现,这样的周期性的余式多项式集合就可以被称为一个环。为了更好地理解循环码的多项式表示方法,我们来补充学习一些必要的数学概念。这些概念包括群、环和域的定义和基本定理。

1)群(Group)

假设非空集合 G,在 G 上定义的一种运算“ $*$ ”[①]。如果该运算满足下列性质,则称集合 G 为群(group):

(1)封闭性。任取集合 G 中的元素 a 和 b,若 $a*b=c$ 也是集合中的元素,则称运算满足封闭性。

(2)结合律。任取集合 G 中的元素 a、b、c,若满足 $(a*b)*c=a*(b*c)$,则称运算满足结合律。

(3)G 中存在一个恒等元 e,对于任取集合 G 中的元素 a,存在 a 的逆元素 a^{-1},满足 $a^{-1}\in G$:

① 符号“ $*$ ”定义了 G 上的一种代数运算,可以是普通的加法运算,也可以是其他运算。

$$a * a^{-1} = e \tag{5-8}$$

不难验证，整数全体在普通加法运算下构成了群，元素 0 是群中的恒等元。

如果群中的元素还满足交换律，即任取集合 G 中的元素 a 、b，满足 $a * b = b * a$，则称群为可交换群或阿贝尔群。

需要注意的是：

(1)群中的恒等元是唯一的，每个元素的逆元素也是唯一的。

(2)群中元素的个数称为群的阶。

2)环(ring)

假设 R 为非空集合，并在 R 上定义了加法 $(+)$ 和乘法 $(\times)$ 两种代数运算，如果满足以下条件，则称 R 为环(ring)。

(1)在加法运算下构成了群，且是阿贝尔群。

(2)对乘法满足封闭性。即任取集合 R 中的元素 a 和 b，则 $a \times b = c$ 也是集合中的元素。

(3)满足乘法结合律。即任取集合 R 中的元素 a 、b 、c，则 $(a \times b) \times c = a \times (b \times c)$ 。

(4)分配律成立。即任取集合 R 中的元素 a 、b 、c，则 $a \times (b + c) = a \times b + a \times c$，$(b + c) \times a = b \times a + c \times a$ 。

由上述条件可知，环 R 上定义了两种运算，但在乘法运算下，不要求 R 中有恒等元(单位元)，所以也就不要求 R 中的元素有乘法逆元。如果环中有恒等元(单位元)存在，则称该环为有单位元的环。如果 R 在乘法运算下满足交换律，则称 R 为可交换环。例如全体整数在普通加法和乘法下构成环。

3)域(Field)

域是存在单位元素且非零元素存在逆元素的环。在普通代数中，称全体有理数的集合为有理数域，全体复数的集合称为复数域。如果域 F 中元素的数目是无限的，称为无限域，反之如果域 F 只包含有限个元素，则称其为有限域。有限域中元素的个数称为有限域的阶。有限域在密码编码学中得到了广泛的应用。每个有限域的阶必为素数的幂，即有限域的阶可表示为 p^n (p 是素数、n 是正整数)，这样的有限域通常称为 Galois 域(Galois fields，伽罗华域)，记为 GF(p^n)。

我们仅讨论二进制编码理论中所涉及的二元得到伽罗华域 GF(2)上的多项式。即这些多项式的系数取自 GF(2)，而由这些多项式对 $p(x)$ 取模后的余式多项式构成的环可以被称为“环 GF(2)$F[x]/p(x)$”。其中，

(1)GF(2)表示多项式的系数是从二元伽罗华域中取出的。

(2)$[x]$表示这是一个多项式的集合。

(3) $/p(x)$ 表示这些多项式是由对 $p(x)$ 取模运算得到的余式多项式构成的。

在取模运算中，如果我们把被除式换成任意多项式，结果就成为了一个多项式环。那么一个特定的多项式环里面会包含哪些多项式？

(1)考虑定义在 GF(2)上的环 $F[x]/(x^2 + x + 1)$ 。

在环 GF(2) $F[x]/p(x)$ 中，包含的多项式都是 $/p(x)$ 的余式，所以其秩一定会低于 $p(x)$ 的秩。这个多项式环包含的元素(多项式)的秩应该低于被除式($x^2 + x + 1$)的秩，所以

这些元素最高为一次多项式，这样的多项式可以写成 $ax+b$ 的形式，其中 $a, b\in \mathrm{GF}(2)$，所以这个多项式环中共有 $q^n = 2^2 = 4$ 种元素，为 $\{0, 1, x, x+1\}$。下面写出其加法表(表 5-1)和乘法表(表 5-2)。

表 5-1 加法运算表 1

$/p(x)=x^2+x+1$				
$+$	0	1	x	$x+1$
0	0	1	x	$x+1$
1	1	0	$x+1$	x
x	x	$x+1$	0	1
$x+1$	$x+1$	x	1	0

表 5-2 乘法运算表 1

$/p(x)=x^2+x+1$				
$\times$	0	1	x	$x+1$
0	0	0	0	0
1	0	1	x	$x+1$
x	0	x	$x+1$	1
$x+1$	0	$x+1$	1	x

加法表和乘法表都是通过二元域的加法运算和乘法运算得到的。其中乘法表的结果是将多项式相乘以后再对 $p(x)$ 取模，或者也可以从式(5-7)得出。

(2)考虑定义在 GF(2)上的环 $F[x]/(x^2+1)$。

同理，这个多项式环包含的元素为 $\{0, 1, x, x+1\}$。其加法表和乘法表如表 5-3、表 5-4所示。

表 5-3 加法运算表 2

$/p(x)=x^2+1$				
$+$	0	1	x	$x+1$
0	0	1	x	$x+1$
1	1	0	$x+1$	x
x	x	$x+1$	0	1
$x+1$	$x+1$	x	1	0

表 5-4　乘法运算表 2

$/p(x) = x^2 + 1$				
×	0	1	x	$x+1$
0	0	0	0	0
1	0	1	x	$x+1$
x	0	x	1	1
$x+1$	0	$x+1$	$x+1$	0

由上可见，这两个环包含的多项式集合是相同的，加法表也是相同的，然而乘法表却有差别。

2. 多项式的分解

如果域 $F[x]$ 中的多项式可以表示为 $f(x) = a(x) \times b(x)$，其中 $a(x)$、$b(x)$ 都是域 $F[x]$ 中的多项式，而且 $a(x)$ 和 $b(x)$ 的秩都小于 $f(x)$ 的秩，那么就称 $f(x)$ 在 $F[x]$ 上是可约的，也就是可分解的；反之，则称 $f(x)$ 不可约。

如果一个多项式在域 $F[x]$ 上是首一的，而且不可约，就可以把它称为域 $F[x]$ 上的素多项式。

定理 5.1

(1)在 GF(q)域上，多项式 $f(x)$ 有线性因子 $(x-a)$ 的充要条件是 $f(a)=0$，其中 a 是 GF(q) 的一个域元素。

(2)二阶或三阶多项式 $f(x)$ 在 GF(q) 上不可约的充要条件：对于所有 $a \in \text{GF}(q)$，都有 $f(a) \neq 0$。

(3)在任意域上，都成立 $x^n - 1 = (x-1)(x^{n-1} + x^{n-2} + \cdots + x + 1)$。其中第二个因式有可能还可以进一步分解。

下面的例题就是根据以上的分解定理来进行多项式的分解。

例 5.4　在 GF(2)上对($x^7 - 1$)进行因式分解。

解：

第一步　根据定理 4.1 的(3)，可以得到：

$$x^7 - 1 = (x-1)(x^6 + x^5 + x^4 + x^3 + x^2 + x^1 + 1)$$

下面继续对第二个因式进行分解。

第二步　设 $f_1(x) = x^6 + x^5 + x^4 + x^3 + x^2 + x^1 + 1$。

GF(2)的域元素只有 0 和 1，$f_1(0) = 1$，　$f_1(1) = 1$，可见 $f_1(x)$ 不存在线性因式。

第三步　对于二阶因式 $ax^2 + bx + c$，(a,b,c) 可能的取值为(1,0,0)、(1,0,1)、(1,1,0)、(1,1,1)，分别对应于多项式 x^2、 x^2+1、 x^2+x、 x^2+x+1。用 $f_1(x)$ 分别对这些因式做长除法，发现它们都不能整除，所以它们都不是 $f_1(x)$ 的因式。

第四步　尝试三阶因式 $ax^3 + bx^2 + cx + d$，根据 (a,b,c,d) 可能的取值对应的多项式去

除 $f_1(x)$，发现 x^3+x+1 可以整除 $f_1(x)$，所以它是 $f_1(x)$ 的一个因式，经过长除法，得到的商是另一个因式 x^3+x^2+1。

第五步　对得到的因式 x^3+x+1 和 x^3+x^2+1，将域元素 0 和 1 分别代入，发现结果非零。根据定理 5.1 的(2)，它们都是不可约的。

最终，我们得到了(x^7-1)在 GF(2)上的分解结果：

$$x^7-1=(x-1)(x^3+x^2+1)(x^3+x+1)$$

需要注意的是，由于在 GF (2) 中加法和减法等价，所以分解(x^7+1)的结果和分解(x^7-1)的结果相同。

3. R_n 域上码字的循环移位

从前面的讨论，我们进一步可以得到以下几个推论：

(1) $x^n=1[\mathrm{mod}(x^n-1)]$。因此，任何多项式对 (x^n-1) 取模，都可以用这样的方式来化简：用 1 取代 x^n，用 x 取代 x^{n+1}，以此类推。

(2) 对于取模运算 $[\mathrm{mod}(x^n-1)]$ 来说，任何多项式乘以 x 就对应于这个码字的一次循环右移。

设 $c(x)=c_0+c_1x+\cdots+c_{n-1}x^{n-1}$，而这个码字的一次循环右移得到的码字为 $c'(x)=c_{n-1}+c_0x+\cdots+c_{n-2}x^{n-1}$。它们之间的关系为：

$$c'(x)=xc(x)-c_{n-1}(x^n-1) \tag{5-9}$$

用长除法计算 $xc(x)\mathrm{mod}(x^n-1)$

$$\begin{array}{r|l}
 & \hfill c_{n-1} \\
\cline{2-2}
x^n-1 & c_{n-1}x^n+c_{n-2}x^{n-1}+\cdots+c_0x \\
 & c_{n-1}x^n \hfill -c_{n-1} \\
\cline{2-2}
 & c_{n-2}x^{n-1}+c_{n-3}x^{n-2}+\cdots+c_0x+c_{n-1}
\end{array}$$

得到如下结论：

$$xc(x)\mathrm{mod}\ (x^n-1)\equiv c'(x) \tag{5-10}$$

也就是说，对于取模运算 $[\mathrm{mod}\ (x^n-1)]$ 来说，$c(x)$ 乘以 x 就对应于这个码字的 1 次循环右移。可见，通过对 (x^n-1) 取模，就可以用乘法运算来表达码字的循环移位，这给使用移位寄存器实现循环码的编码和译码带来了很大的方便。下面我们把对 (x^n-1) 取模得到的域称为 R_n 域。在 R_n 域中的多项式的秩都低于 n。也就是说，R_n 域中的多项式可以表示的码字长度最长为 n。

5.2　循环码的编码

循环码是线性分组码的一种，所以我们可以用生成矩阵来构造循环码。然而由于循环码码字具有特殊的循环结构，因此用生成多项式来构造循环码是更一般的途径。(n,k) 循环码完全可以由它的生成多项式确定。若 $g(x)$ 是一个 $(n-k)$ 次多项式，且由 $g(x)$ 可以生成一个 (n,k) 循环码，则 $g(x)$ 称为该循环码的生成多项式。

5.2.1　循环码的生成多项式编码方法

1. 构造 (n,k) 循环码的生成多项式

定理 5.2　循环码的生成多项式

设 C 是 R_n 域中一个非零的 (n,k) 循环码。

(1)存在一个秩最低且唯一的首一多项式 $g(x)$，称为循环码的生成多项式。

(2)循环码 C 中的码字就是 $g(x)$ 和所有秩小于或等于 $(k-1)$ 的多项式的乘积。

(3) $g(x)$ 是 (x^n-1) 的一个因式。

根据定理 5.2，$g(x)$ 是一个首一多项式，它应该是如下形式：

$$g(x)=1+g_1x+g_2x^2+\cdots+g_{n-k-1}x^{n-k-1}+x^{n-k} \tag{5-11}$$

这个定理指出了一种简单的构造循环码的方法，就是通过一个生成多项式 $g(x)$ 来实现。所有码多项式都是 $g(x)$ 的倍式，即：

$$v(x)=i(x)g(x) \tag{5-12}$$

且所有小于 n 次的 $g(x)$ 的倍式都是码多项式。也就是说由 $g(x)$ 完全可以确定一个 (n,k) 循环码。

需要注意的是，定理 5.2 指出，$g(x)$ 是 (x^n-1) 的一个因式，所以我们可以通过分解 (x^n-1) 的方法来寻找码长为 n 的循环码的生成多项式 $g(x)$。下面的例题就是具体的方法。

例 5.5　构造码长 $n=7$ 的二元循环码。

解：根据定理，要构造码长为 7 的循环码，首先应该对(x^7-1)进行因式分解，然后选取其中的因式作为生成多项式，就可以构造码长为 7 的循环码。前面例题中已经分解过(x^7-1)。

$$x^7-1=(x-1)(x^3+x^2+1)(x^3+x+1)$$

由于在 GF (2) 上的加法和减法等价，所以分解 (x^7+1) 的结果与分解 (x^7-1) 的结果相同。

$$x^7+1=(1+x)(1+x^2+x^3)(1+x+x^3)$$

经过组合，可以看出 (x^7-1) 有如下因式：

(1)一次因式(1 个)，$x+1$ 。

(2)三次因式(2 个)，$1+x^2+x^3$，$1+x+x^3$ 。

(3)四次因式(2 个)，$\begin{cases}(1+x)(1+x^2+x^3)=1+x+x^2+x^4\ ,\\(1+x)(1+x+x^3)=1+x^2+x^3+x^4\ 。\end{cases}$

(4)六次因式(1 个)，$(1+x^2+x^3)(1+x+x^3)=1+x+x^2+x^3+x^4+x^5+x^6$ 。

若以 $(n-k)$ 次因式作为生成多项式，构造出所有的码长为 7 的循环码，那么分别选择上面的因式作为生成多项式，可以构造的循环码种类有：

(1) $n-k=1$，　$k=6\Rightarrow$ 生成 1 种(7,6)循环码；

(2) $n-k=3$，　$k=4\Rightarrow$ 生成 2 种(7,4)循环码；

(3) $n-k=4$， $k=3 \Rightarrow$ 生成 2 种(7,3)循环码；

(4) $n-k=6$， $k=1 \Rightarrow$ 生成 1 种(7,1)循环码。

例如，要构造一个(7,4)循环码，即 $k=4$，则 $r=n-k=3$，所以应该选择秩为 3 的多项式作为生成多项式 $g(x)$，如上述的有 2 种，分别为：

$$g_1(x)=1+x^2+x^3$$

$$g_2(x)=1+x+x^3$$

找到生成多项式 $g(x)$ 以后，根据生成多项式就可以进行循环码的编码了。

2. 利用生成多项式进行编码

如前所述，一个循环码的码多项式 $c(x)$ 可以由其生成多项式的倍式得到：

$$c(x)=i(x)\cdot g(x) \tag{5-13}$$

与线性分组码的生成矩阵相比，这里采用了生成多项式 $g(x)$，每一个循环码多项式 $c(x)$ 都是一个消息多项式 $i(x)$ 和生成多项式 $g(x)$ 的乘积。由于每一个码字的长度为 n，可以推出，它们的秩之间存在如下关系：

$$\begin{aligned}&\deg[c(x)]\leqslant n-1\\&\deg[g(x)]=r \quad 其中\ r=n-k\\&\deg[i(x)]\leqslant k-1\end{aligned} \tag{5-14}$$

例 5.6 给定一个二元循环码的生成多项式 $g(x)=1+x^2+x^3$，要生成码长 $n=7$ 的循环码。用生成多项式的方法来生成循环码的码字集合。

解：用生成多项式方法 $c(x)=i(x)\cdot g(x)$，列出所有可能的消息字及其对应的多项式，然后生成码多项式。

由于 $g(x)=1+x^2+x^3$，可见 $r=\deg[g(x)]=3$，又已知 $n=7$，可以得到消息码字长度 $k=n-r=4$。可见这是一个(7,4)循环码。

设消息多项式为：

$$i(x)=i_0+i_1x+i_2x^2+i_3x^3$$

则编码后的码多项式为：

$$c(x)=i(x)\cdot g(x)=(i_0+i_1x+i_2x^2+i_3x^3)(1+x^2+x^3)$$

如果消息字 $\boldsymbol{i}=(0110) \Leftrightarrow i(x)=x+x^2$，则：

$$c(x)=i(x)g(x)=(x+x^2)(1+x^2+x^3)=x+x^2+x^3+x^5$$

$$\Updownarrow$$

$$\boldsymbol{c}=(0111010)$$

同理可以生成全部 16 个消息多项式 $i(x)$ 所对应的 16 个码多项式 $c(x)$，写成矢量的形式列表如下(表 5-5)：

表 5-5　矢量的形式列表

信息位	码字	信息位	码字	信息位	码字	信息位	码字
0001	0001011	0011	0011101	0000	0000000	1101	1111111
0010	0010110	0110	0111010				
0100	0101100	1100	1110100				
1000	1011000	1111	1101001				
0111	0110001	1001	1010011				
1110	1100010	0101	0100111				
1011	1000101	1010	1001110				
循环组 1		循环组 2		循环组 3		循环组 4	

5.2.2　循环码的生成矩阵编码方法

(n,k) 循环码作为一种线性分组码,也可以由其生成矩阵构成。因为 (n,k) 循环码是 n 维线性空间一个具有循环特性的 k 维的子空间,故 (n,k) 循环码的生成矩阵可用码空间中任一组 k 个线性无关的码字构成,即 k 个线性无关的码字构成 (n,k) 循环码的基底,基底不唯一。

如何得到 k 个线性无关的码字?

方法:当循环码的生成多项式 $g(x)$ 给定为:

$$g(x) = g_0 + g_1 x + g_2 x^2 + \cdots + g_{n-k-1} x^{n-k-1} + g_{n-k} x^{n-k}$$

$$g_0 = g_{n-k} = 1$$

可以取 $g(x)$ 本身加上移位 $(k-1)$ 次所得到的 $(k-1)$ 个码字作为 k 个基底,即 $g(x)$, $xg(x)$, $\cdots$, $x^{k-1}g(x)$ 构成基底 。

$$\begin{aligned} g(x) &= g_0 + g_1 x + g_2 x^2 + \cdots + g_{n-k} x^{n-k} \\ xg(x) &= g_0 x + g_1 x^2 + g_2 x^3 + \cdots + g_{n-k} x^{n-k+1} \\ x^2 g(x) &= g_0 x^2 + g_1 x^3 + g_2 x^4 + \cdots + g_{n-k} x^{n-k+2} \\ &\vdots \\ x^{k-1} g(x) &= g_0 x^{k-1} + g_1 x^k + g_2 x^{k+1} + \cdots + g_{n-k} x^{n-1} \end{aligned} \tag{5-15}$$

各码多项式对应的码矢量为:

$$\left.\begin{aligned} g(x) &\leftrightarrow (g_0, g_1, \cdots g_{n-k}, 0, 0, \cdots, 0) \\ xg(x) &\leftrightarrow (0, g_0, g_1, \cdots, g_{n-k}, 0, \cdots, 0) \\ &\vdots \\ x^{k-1} g(x) &\leftrightarrow (0, 0, \cdots, 0, g_0, g_1, \cdots, g_{n-k} \end{aligned}\right\} k \text{ 个} \tag{5-16}$$

这 k 个矢量是线性无关的,且由 $g(x)$ 循环移位得到,故都是码字,由它们构成一个 $k \times n$ 的矩阵,它们就是循环码的生成矩阵。

$$G_{k\times n}=\begin{bmatrix} g_0 & g_1 & \cdots & g_{n-k-1} & g_{n-k} & 0 & 0 & \cdots & 0 \\ 0 & g_0 & g_1 & \cdots & g_{n-k-1} & g_{n-k} & 0 & \cdots & 0 \\ 0 & 0 & g_0 & g_1 & \cdots & g_{n-k-1} & g_{n-k} & \cdots & 0 \\ \vdots & \vdots & \vdots & \vdots & & \vdots & \vdots & \cdots & \vdots \\ 0 & 0 & 0 & 0 & & 0 & g_0 & \cdots & g_{n-k} \end{bmatrix} \tag{5-17}$$

其中第一行的行向量为：

$$\boldsymbol{g}=[\underbrace{g_0 \quad g_1 \quad \cdots \quad g_{n-k-1} \quad g}_{n-k+1=r+1}{}_{n-1} \quad \underbrace{0 \quad 0 \quad \cdots \quad 0}_{k-1=n-(n-k+1)}]$$

显然，$\boldsymbol{G}$ 的每一行都是 $g(x)$ 系数的一个循环移位。

例 5.7 (7,4)循环码：$g(x)=1+x+x^3$，$k=4$，求其生成矩阵。

解：首先写出 $g(x)=1+x+x^3$，$k=4$ 对应的码矢量。

$$g(x)\leftrightarrow(1101000)$$

$$xg(x)\leftrightarrow(0110100)$$

$$x^2g(x)\leftrightarrow(0011010)$$

$$x^3g(x)\leftrightarrow(0001101)$$

其对应的生成矩阵为：

$$\boldsymbol{G}=\begin{bmatrix}1101000\\0110100\\0011010\\0001101\end{bmatrix}$$

当一个循环码的生成矩阵确定后，其编码规则为：

$$\boldsymbol{v}=\boldsymbol{u}\cdot\boldsymbol{G}$$

式中，$\boldsymbol{v}$ 为码矢量；$\boldsymbol{u}$ 为信息矢量。

例如：

$$\boldsymbol{u}=(1010)\rightarrow\boldsymbol{v}=(1010)\begin{bmatrix}1101000\\0110100\\0011010\\0001101\end{bmatrix}=(1110010)$$

例 5.8 (7,4)系统汉明码的生成矩阵 $\boldsymbol{G}$ 和奇偶校验矩阵 $\boldsymbol{H}$ 如下，构造所有的码字并判断它是不是一个循环码。

$$\boldsymbol{G}=\begin{bmatrix}1&0&0&0&1&0&1\\0&1&0&0&1&1&1\\0&0&1&0&1&1&0\\0&0&0&1&0&1&1\end{bmatrix}$$

$$\boldsymbol{H}=\begin{bmatrix}1&1&1&0&1&0&0\\0&1&1&1&0&1&0\\1&1&0&1&0&0&1\end{bmatrix}$$

解:从上一章我们知道,生成系统汉明码的一般方法是,首先生成其奇偶校验矩阵 $\boldsymbol{H}$,然后根据生成矩阵 $\boldsymbol{G}$ 和奇偶校验矩阵 $\boldsymbol{H}$ 之间的关系,生成相应的 $\boldsymbol{G}$ 矩阵,然后就可以构造出所有的码字了。这里根据给出的 $\boldsymbol{G}$ 矩阵,由:

$$\boldsymbol{c}=\boldsymbol{mG} \quad 其中\ \boldsymbol{m}=(0000),(0001),\cdots,(1111) \tag{5-18}$$

可以生成所有码字。把码字分组列出,如表 5-6 所示。

表 5-6　生成码字分组列出

0000000	1111111	1011000	1110100
		0110001	1101001
		1100010	1010011
		1000101	0100111
		0001011	1001110
		0010110	0011101
		0101100	0111010

生成的 16 个码字可以被分成 4 组:全 0 码字、全 1 码字,以及由 1011000 循环移位 6 次得到的所有 7 个码字和由 1110100 循环移位得到的所有 7 个码字。

从表 5-7 中可以看出,这个(7,4)系统汉明码的码字集合满足循环码的两个条件:

(1)包含全 0 码字;

(2)对其中的任何一个码字进行循环移位得到的码字都还在这个码字集合中。

综上所述,用经典方法生成的这个(7,4)系统汉明码是循环码。

例 5.9　非系统循环码给出生成矩阵如下:

$$\boldsymbol{G}' = \begin{bmatrix} 1 & 0 & 1 & 1 & 0 & 0 & 0 \\ 0 & 1 & 0 & 1 & 1 & 0 & 0 \\ 0 & 0 & 1 & 0 & 1 & 1 & 0 \\ 0 & 0 & 0 & 1 & 0 & 1 & 1 \end{bmatrix}$$

可以看出,这个矩阵的行是由行矢量 $\boldsymbol{g}=[1011000]$进行循环移位得到的,显然这是一个循环码的生成矩阵,我们生成它的所有码字,可以得到如上表同样的码字集合。实际上,矩阵 $\boldsymbol{G}'$ 可以从例题 5.1 的矩阵 $\boldsymbol{G}$ 通过线性行列变换得到,它是(7,4)汉明码的循环码生成矩阵形式。

可以看到这个(7,4)循环码的码字集合和上面例题里面(7,4)汉明码的码字集合是完全相同的。如果我们用上面例题中的生成多项式 $g(x)=1+x^2+x^3$ 来构造生成矩阵 $\boldsymbol{G}$,会得到和上面例题中完全一致的生成矩阵。可见(7,4)汉明码确实就是一种循环码,它也可以用生成多项式的方法很方便地构造出来。

5.2.3　系统循环码的编码

上一章提到,在所有的等价码中,系统型的码字是最便于译码的。系统码是这样一类编码结果，其消息字作为一个整体被直接嵌入码字中，这样在接收端只要经过纠错，去除冗余部分，就可以直接得到消息字了。现在来讨论系统循环码的编码方法。

1. 系统循环码的生成多项式

如果希望让消息字出现在系统码的高次幂部分，那么系统循环码可以这样得到：

$$c(x) = x^r m(x) + x^r m(x)/g(x) \tag{5-19}$$

$x^r m(x)$ 保证了消息字经过 r 次移位出现在系统码的高次幂部分，而后面的 $x^r m(x)/g(x)$ 是 $x^r m(x)$ 对 $g(x)$ 取模的余式，由于在 GF(2)中加法和减法一致，这里相当于将余式部分减去，这样得到的 $c(x)$ 就可以除尽 $g(x)$ 了，即满足：

$$c(x)/g(x) = 0 \tag{5-20}$$

或者可以把生成的码字 $c(x)$ 写成这样的形式：

$$c(x) = i(x)g(x) \tag{5-21}$$

由上可见，这是一个由生成多项式生成的循环码的合法码字。

在式(5-18)生成的码字 $\boldsymbol{c}$ 中，消息字 $\boldsymbol{m}$ 就出现在码的高次幂部分，可见这是一个系统型的码字。这样我们用式(5-18)就生成了系统循环码。式(5-18)也可以写成下面的形式：

$$c(x) = x^r m(x) + d(x) \tag{5-22}$$

式中，$d(x) = x^r m(x)/g(x)$ 是生成的码字中除了消息字以外的部分，被称为校验比特，或校验多项式。

例 5.10　给定(7,4)系统循环码的生成多项式 $g(x) = 1 + x + x^3$，求消息字 $\boldsymbol{u} = (1010)$ 对应的系统码的码字，并求出该生成多项式所产生的全部系统循环码。

解：由 $\boldsymbol{u} = (1010)$，则消息多项式为 $u(x) = 1 + x^2$。

由 $n = 7$，$k = 4$ 得 $r = 3$，则：

$$x^r m(x) = x^3(1 + x^2) = x^3 + x^5$$

应用长除法，得到：

$$d(x) = x^r m(x)/g(x) = (x^3 + x^5)/(1 + x + x^3) = x^2$$

所以系统码多项式为：

$$c(x) = d(x) + x^r m(x) = x^2 + x^3 + x^5$$

对应的系统码字为：

$$\boldsymbol{c} = (0011010)$$

可以看到生成码字中包含了完整的消息字。其系统循环码的码表如表 5-7 所示。

表 5-7　由生成多项式 $g(x)=1+x+x^3$ 构成的(7,4)系统循环码码表

信息位	码位	码多项式
(0000)	0000000	$0 = 0 \cdot g(x)$
(1000)	1101000	$1 + x + x^3 = 1 \cdot g(x)$
(0100)	0110100	$x + x^2 + x^4 = x \cdot g(x)$

续表 5-7

信息位	码位	码多项式
(1100)	1 0 1 1 1 0 0	$1+x^2+x^3+x^4=(1+x)\cdot g(x)$
(0010)	1 1 1 0 0 1 0	$1+x+x^2+x^5=(1+x^2)\cdot g(x)$
(1010)	0 0 1 1 0 1 0	$x^2+x^3+x^5=x^2\cdot g(x)$
(0110)	1 0 0 0 1 1 0	$1+x^4+x^5=(1+x+x^2)\cdot g(x)$
(1110)	0 1 0 1 1 1 0	$x+x^3+x^4+x^5=(x+x^2)\cdot g(x)$
(0001)	1 0 1 0 0 0 1	$1+x^2+x^6=(1+x+x^3)\cdot g(x)$
(1001)	0 1 1 1 0 0 1	$1+x^2+x^3+x^6=(x+x^3)\cdot g(x)$
(0101)	1 1 0 0 1 0 1	$1+x+x^4+x^6=(1+x^3)\cdot g(x)$
(1101)	0 0 0 1 1 0 1	$x^3+x^4+x^6=x^3\cdot g(x)$
(0011)	0 1 0 0 0 1 1	$x+x^5+x^6=(x+x^2+x^3)\cdot g(x)$
(1011)	1 0 0 1 0 1 1	$1+x^3+x^5+x^6=(1+x+x^2+x^3)\cdot g(x)$
(0111)	0 0 1 0 1 1 1	$x^2+x^4+x^5+x^6=(x^2+x^3)\cdot g(x)$
(1111)	1 1 1 1 1 1 1	$1+x+x^2+x^3+x^4+x^5+x^6=(1+x^2+x^5)\cdot g(x)$

2. 系统循环码的生成矩阵

从第 4 章可以知道，对于系统码来说，它的生成矩阵里面有 1 个单位矩阵。系统循环码的生成矩阵的求法，可以有以下两种方法。

(1)前面已经通过生成多项式系数矢量循环移位的排列得到了循环码的生成矩阵 $\boldsymbol{G}$，对这个矩阵作初等行列变换，将其变为 $[\boldsymbol{P}_{k\times(n-k)},\boldsymbol{I}_k]$ 的形式，就是系统形式的生成矩阵(单位矩阵在后，信息位在尾部)。

$$\boldsymbol{G}=\begin{bmatrix} p_{0,0} & p_{0,1} & \cdots & p_{0,n-k-1} & 1 & 0 & \cdots & 0 \\ p_{1,0} & p_{1,1} & \cdots & p_{1,n-k-1} & 0 & 1 & \vdots & 0 \\ & & \vdots & & & & & \\ p_{k-1,0} & p_{k-1,1} & \cdots & p_{k-1,n-k-1} & 0 & 0 & \cdots & 1 \end{bmatrix}=[\boldsymbol{P}_{k\times(n-k)},\boldsymbol{I}_k] \tag{5-23}$$

例 5.11　(7,4)系统循环码的生成多项式为 $g(x)=1+x+x^3$，求此码系统形式的生成矩阵。

解：

$$\boldsymbol{G}=\begin{bmatrix} 1101000 \\ 0110100 \\ 0011010 \\ 0001101 \end{bmatrix} \xrightarrow[r_4+r_1]{r_3+r_1} \begin{bmatrix} 1101000 \\ 0110100 \\ 1110010 \\ 1100101 \end{bmatrix} \xrightarrow{r_4+r_2} \begin{bmatrix} 1101000 \\ 0110100 \\ 1110010 \\ 1010001 \end{bmatrix}$$

其中对 $\boldsymbol{G}$ 进行了行变换操作，如 r_3+r_1 表示第三行和第一行的对应位作模 2 和。

(2)也可以将生成单位矢量的消息字的系统循环码字,作为生成矩阵的基底,排列起来就得到系统循环码的生成矩阵。

将 $g(x)$ 除 $x^{n-k}, x^{n-k} \cdot x, \cdots, x^{n-k} \cdot x^{k-1}$ 的余式记为 $p_0(x), p_1(x), \cdots, p_{k-1}(x)$,由余式对应的矢量作行矢量构成的 $k \times (n-k)$ 的分块矩阵 $\boldsymbol{P}$ 联合 $k \times k$ 的单位矩阵 $\boldsymbol{I}$ 就构成系统形式的生成矩阵。

例 5.12 给定(7,4)循环码的生成多项式 $g(x) = 1 + x + x^3$,求系统形式的生成矩阵。

解:

$$x^3 = g(x) + (1 + x) \qquad p_0(x) = 1 + x$$

$$x^3 \cdot x = xg(x) + (x + x^2) \qquad p_1(x) = x + x^2$$

$$x^3 \cdot x^2 = (x^2 + 1)g(x) + (1 + x + x^2) \qquad p_2(x) = 1 + x + x^2$$

$$x^3 \cdot x^3 = (x^3 + x + 1)g(x) + (1 + x^2) \qquad p_3(x) = 1 + x^2$$

将 $\boldsymbol{P}$ 矩阵后面放上单位矩阵,得到系统码的生成矩阵为:

$$\boldsymbol{G} = \begin{bmatrix} 110\,1000 \\ 011\,0100 \\ 111\,0010 \\ 101\,0001 \end{bmatrix}$$

5.2.4 CRC 码

CRC 码(cyclical redundancy check,循环冗余校验码)就是一种系统循环码,被广泛应用于测控、数据存储、数据通信等领域。CRC 码有多种标准,如常用来传送 6bit 字符串的 CRC-12,用来传送 8bit 字符串的美国 CRC-16 标准和欧洲的 CRC-CCITT 标准,以及 CRC - 32 标准等。CRC 码的主要特点是,它的检错能力很强,很容易被硬件实现,而且它的开销很小,应用范围非常广。

不同标准的 CRC 码指定了不同的生成多项式,如表 5-8 所示。

表 5-8 不同标准的 CRC 码指定不同的生成多项式

CRC 码标准	生成多项式
CRC-8	$x^8 + x^2 + x + 1$
CRC-10	$x^{10} + x^9 + x^5 + x^4 + x^2 + 1$
CRC-12	$x^{12} + x^{11} + x^3 + x^2 + 1$
CRC-16	$x^{16} + x^{15} + x^2 + 1$
CRC-CCITT	$x^{16} + x^{12} + x^5 + 1$
CRC-32	$x^{32} + x^{26} + x^{23} + x^{22} + x^{16} + x^{12} + x^{11} + x^{10} + x^8 + x^7 + x^5 + x^4 + x^2 + x + 1$

利用这些生成多项式，就可以用上面介绍的系统码构造方法构造相应的 CRC 码了。

对于一个码长为 n、信息码元为 k 位的 CRC 循环码(n,k)，其构成形式如图 5-2 所示。

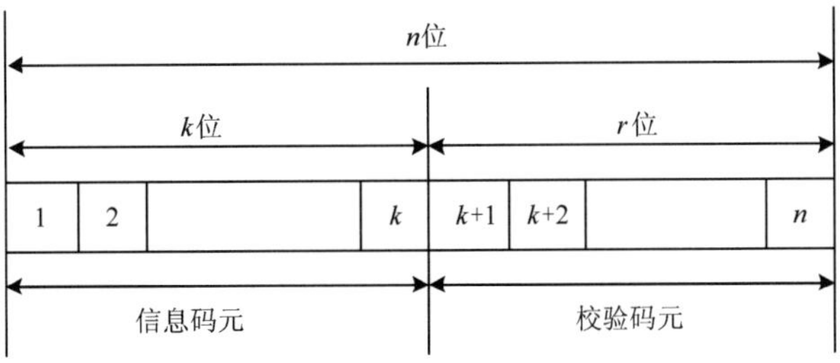

图 5-2　CRC 循环码(n,k)构成

1. CRC 码的编码

CRC 码的编码步骤依照前述的系统码构造方法表述如下：

(1)若生成多项式 $g(x)$ 的秩为 r，消息帧为 m 位，其多项式为 $m(x)$，则在原帧后面添加 r 个 0，即循环左移 r 位，帧成为 $m+r$ 位，相应多项式成为 $x^r m(x)$。

(2)将 $x^r m(x)$ 对 $g(x)$ 取模，得余式 $r(x)$，即：

$$r(x) = x^r m(x)/g(x)\text{。}$$

(3)用模 2 减法(即模 2 加法)从对应于 $x^r m(x)$ 的位串中减去(加上)余式 $r(x)$，结果即要传送的带校验和的帧多项式 $c(x)$。即：

$$c(x) = x^r m(x) + r(x) = x^r m(x) + x^r m(x)/g(x) \tag{5-24}$$

例 5.13　设待编码的信息码元为 1101011011，即 $m(x) = x^9 + x^8 + x^6 + x^4 + x^3 + x + 1$，$k=10$。

(1)已知 $g(x) = x^4 + x + 1$，则系数形成的位串为 10011，其秩为 $r = 4$。

(2)将 $m(x)$ 左移 r 位，得到 $x^r m(x) = x^4 m(x)$，即在原帧后面添加 4 个 0，得到 11010110110000。

(3)求余式 $r(x) = x^r m(x)/g(x)$，即用 11010110110000 模 2 除以 10011，得到商数为 1100001010，余数为 1110，即余式为 $r(x) = x^3 + x^2 + x$。

(4)得到 CRC 编码结果为 $c(x) = x^r m(x) + r(x)$：11010110111110。

2. CRC 码的接收方校验方案

在接收端，根据需求的不同，CRC 码有不同的校验方案。

方案一：直接用接收到的序列多项式对生成多项式 $g(x)$ 取模，如果余式 $r(x) = 0$，则证明传输正确，没有错误发生；否则有错误。

方案二：提取接收到序列的信息码元(即码字中的高位消息字部分)，重复发送方的操作[左移得到 $x^r m(x)$，再对 $g(x)$ 取模]，如果余式 $r(x)$ 和接收到的余式(即码字中的低位校验码部分)相同，则证明传输正确，没有错误发生；否则有错误。

在 CRC 码的接收端，当出现接收错误的时候，可以选择自动重传请求（ARQ，automatic repeat request），也可以直接丢弃错误码字，具体做法取决于所选择的译码策略。

5.3 循环码的译码

5.3.1 循环码的校验多项式和校验矩阵

1. 校验多项式

由前所述，在获得 (n,k) 生成多项式的过程中，需要分解 x^n+1，可以把这个分解的过程用 $x^n+1=g(x)h(x)$ 表示。因式中，秩为 $(n-k)$ 的因式，就是所求的生成多项式 $g(x)$，而另一因式 $h(x)$ 称为校验多项式，它的秩为 k。

对于任何一个循环码的合法码字对应的多项式而言都有：

$$c(x)=m(x)g(x) \tag{5-25}$$

$$c(x)h(x)/(x^n+1)=m(x)g(x)h(x)/(x^n+1)=0 \tag{5-26}$$

所以，将 $h(x)$ 称为校验多项式。

在因式分解中，$g(x)$ 和 $h(x)$ 处于同等地位，既可以用 $g(x)$ 去生成一个循环码，也可以用 $h(x)$ 去生成一个循环码。设由 $g(x)$ 生成的码为 C，则由 $h(x)$ 生成的码就是 C 的对偶码 $C^{\perp}$。循环码 C 的对偶码 $C^{\perp}$ 的基底由 $h(x)$，$xh(x)$，…，$x^{n-k-1}h(x)$ 构成。设：

$$h(x)=h_0+h_1x+h_2x^2+\cdots+h_kx^k \tag{5-27}$$

则：

$$\left.\begin{array}{l} h(x)\leftrightarrow(h_0,h_1,\cdots,h_k,0,0,\cdots,0) \\ xh(x)\leftrightarrow(0,h_0,h_1,\cdots,h_k,0,\cdots,0) \\ \quad\vdots \\ x^{n-k-1}h(x)\leftrightarrow(0,0,\cdots,0,h_0,h_1,\cdots,h_k) \end{array}\right\}(n-k)\text{ 个} \tag{5-28}$$

将上述矢量按逆序排列作为一个$(n-k)\times n$ 矩阵的行矢量，则该矩阵就是码 C 的校验矩阵。

$$\boldsymbol{H}=\begin{bmatrix} h_k & h_{k-1} & \cdots & h_0 & 0 & 0 & \cdots & 0 \\ 0 & h_k & h_{k-1} & \cdots & h_0 & 0 & \cdots & 0 \\ & & & \ddots & & & & \\ 0 & \cdots & 0 & 0 & h_k & h_{k-1} & \cdots & h_0 \end{bmatrix}\begin{array}{l}\rightarrow x^{n-k-1}h(x) \\ \\ \\ \rightarrow \quad h(x)\end{array} \tag{5-29}$$

例 5.14 给定(7,4)循环码的生成多项式 $g(x)=1+x+x^3$，求校验多项式和校验矩阵。

解：

$$h(x)=(x^7+1)/g(x)$$

$$g(x)=1+x+x^3,\quad h(x)=1+x+x^2+x^4$$

$$\begin{array}{r} h(x)=1+x+x^2+x^4 \\ xh(x)=x+x^2+x^3+x^5 \\ x^2h(x)=x^2+x^3+x^4+x^6 \end{array} \Longrightarrow \boldsymbol{H}=\begin{bmatrix} 1 & 0 & 1 & 1 & 1 & 0 & 0 \\ 0 & 1 & 0 & 1 & 1 & 1 & 0 \\ 0 & 0 & 1 & 0 & 1 & 1 & 1 \end{bmatrix}$$

2. 系统形式的校验矩阵

获得系统形式的校验矩阵可以有两种方法：

(1)通过校验多项式的系数矢量的循环移位的排列得到循环码的校验矩阵 $\boldsymbol{H}$ 。对这个矩阵做初等行列变换，将其变为 $[\boldsymbol{I}_{n-k}, P^{\mathrm{T}}]$ 形式，即为系统形式的校验矩阵(单位矩阵在前面，校验位在尾部)。

(2)由系统形式的生成矩阵获得系统形式的校验矩阵。

$$\boldsymbol{G}=\begin{bmatrix} p_{0,0} & p_{0,1} & \cdots & p_{0,n-k-1} & 1 & 0 & \cdots & 0 \\ p_{1,0} & p_{1,1} & \cdots & p_{1,n-k-1} & 0 & 1 & \cdots & 0 \\ & & \vdots & & & & & \\ p_{k-1,0} & p_{k-1,1} & \cdots & p_{k-1,n-k-1} & 0 & 0 & \cdots & 1 \end{bmatrix} = [P_{k\times(n-k)}, \boldsymbol{I}_k] \quad (5\text{-}30)$$

$$\boldsymbol{G}=[P_{k\times n-k}, \boldsymbol{I}_k] \leftrightarrow \boldsymbol{H}=[\boldsymbol{I}_{n-k}, P^{\mathrm{T}}] \quad (5\text{-}31)$$

例 5.15 给定(7,4)循环码的生成多项式 $g(x)=1+x+x^3$，求系统形式的校验矩阵。

解：

(1)由非系统的校验矩阵经矩阵初等变换获得：

$$h(x)=(x^7+1)/g(x), \ g(x)=1+x+x^3, h(x)=1+x+x^2+x^4$$

$$\begin{aligned} h(x)&=1+x+x^2+x^4 \\ xh(x)&=x+x^2+x^3+x^5 \\ x^2h(x)&=x^2+x^3+x^4+x^6 \end{aligned} \Longrightarrow \boldsymbol{H}=\begin{bmatrix} 1&0&1&1&1&0&0 \\ 0&1&0&1&1&1&0 \\ 0&0&1&0&1&1&1 \end{bmatrix}$$

$$\boldsymbol{H}=\begin{bmatrix} 1&0&1&1&1&0&0 \\ 0&1&0&1&1&1&0 \\ 0&0&1&0&1&1&1 \end{bmatrix} \xrightarrow{r_1+r_3} \begin{bmatrix} 1&0&0&1&0&1&1 \\ 0&1&0&1&1&1&0 \\ 0&0&1&0&1&1&1 \end{bmatrix}$$

(2)由系统码的生成矩阵获得：

$$\boldsymbol{G}=\begin{bmatrix} 1&1&0&1&0&0&0 \\ 0&1&1&0&1&0&0 \\ 0&0&1&1&0&1&0 \\ 0&0&0&1&1&0&1 \end{bmatrix} \xrightarrow{r_1+r_3, r_1+r_2+r_4} \begin{bmatrix} 1&1&0&1&0&0&0 \\ 0&1&1&0&1&0&0 \\ 1&1&1&0&0&1&0 \\ 1&0&1&0&0&0&1 \end{bmatrix}$$

$$\boldsymbol{G}=\begin{bmatrix} 1&1&0&1&0&0&0 \\ 0&1&1&0&1&0&0 \\ 1&1&1&0&0&1&0 \\ 1&0&1&0&0&0&1 \end{bmatrix} \Rightarrow \boldsymbol{H}=\begin{bmatrix} 1&0&0&1&0&1&1 \\ 0&1&0&1&1&1&0 \\ 0&0&1&0&1&1&1 \end{bmatrix}$$

5.3.2 循环码的伴随式译码

译码的主要思想就是如何从接收序列中区分合法码字和非法码字，进而对非法码字进行纠正。在学习线性分组码时，译码是通过构造奇偶校验矩阵 $\boldsymbol{H}$ 并检验 $\boldsymbol{cH}^{\mathrm{T}}=\boldsymbol{0}$ 是否成立来实现的。因为合法码字是由 $\boldsymbol{c}=\boldsymbol{mG}$ 构造的，而 $\boldsymbol{GH}^{\mathrm{T}}=\boldsymbol{0}$，所以有 $\boldsymbol{cH}^{\mathrm{T}}=\boldsymbol{0}$，而非法码字则不满足这个条件。

为了实现线性分组码的译码，我们定义一个伴随式 $\boldsymbol{s}$：

$$\boldsymbol{s}=[s_0 s_1 \cdots s_{r-1}]=\boldsymbol{vH}^{\mathrm{T}}$$

当且仅当错误码字 $\boldsymbol{e}$ 为零或者为合法码字时，伴随式 $\boldsymbol{s}$ 才会为 $\boldsymbol{0}$。当伴随式 $\boldsymbol{s}$ 为 $\boldsymbol{0}$ 时，可以认为接收码字合法，没有错误发生；而当伴随式 $\boldsymbol{s}$ 不为 $\boldsymbol{0}$ 时，认为接收码字中存在错误，错误码字为 $\boldsymbol{e}$。如果能把这个错误 $\boldsymbol{e}$ 找出来，就可以实现纠错译码了。

对于循环码来说，编码是采用多项式乘法实现的，无论是系统循环码还是非系统循环码，都满足取模运算 $c(x)/g(x)=0$ 的条件，所以可以用多项式取模运算来校验合法码字，也就是检验 $c(x)/g(x)=0$ 是否成立。此式对于合法码字成立，对于非法码字则不成立。

所以我们可以定义伴随式 $s(x)=c(x)/g(x)$，然后用伴随式来检验码字的合法性。

假设在接收端接收到的码字为 $v(x)$，则一般意义上，有：

$$v(x)=c(x)+e(x) \tag{5-32}$$

式中，$c(x)$ 为发送端所发送的合法码字；$e(x)$ 为在传输过程中的噪声对码字的改变。

对 $v(x)$ 求伴随式：

$$\begin{aligned} v(x)/g(x) &= c(x)/g(x)+e(x)/g(x) \\ &= e(x)/g(x) \end{aligned} \tag{5-33}$$

类似于上一章的伴随式译码方法，这里可以建立伴随式表格，列出所有可能的 $e(x)/g(x)$ 的结果。这样由对 $v(x)$ 计算得到的伴随式就可以查表找出相应的错误多项式 $e(x)$，并用 $c(x)=v(x)-e(x)$ 进行纠错了。当然，伴随式表格的规模仍然取决于所用到的译码策略是完全译码策略还是有限距离译码策略。

总结一下，循环码伴随式译码的步骤为：

(1)根据译码策略，建立伴随式表格，列出所有可能的 $e(x)$ 及其对应的 $e(x)/g(x)$；

(2)对 $v(x)$ 求伴随式 $s(x)=v(x)/g(x)$；

(3)查表，从伴随式表格中找出对应于 $s(x)$ 的错误多项式 $e(x)$；

(4)纠错，得到 $c(x)=v(x)-e(x)$，就是译码结果。

例 5.16 已知(7,4)系统循环码的生成多项式是 $g(x)=x^3+x+1$，若接收码字为 $\boldsymbol{v}=(0110010)$，请译码。

解：由 $s(x)=e(x)/g(x)$，可列出伴随式表格如表 5-9 所示。

表 5-9 (7,4)循环码伴随式

$e(x)$	1	x	x^2	x^3	x^4	x^5	x^6
$s(x)$	1	x	x^2	$x+1$	x^2+x	x^2+x+1	x^2+1

接收码为：

$$\boldsymbol{v}=(v_6\ v_5\ v_4\ v_3\ v_2\ v_1\ v_0)=(0110010)$$

则：

$$v(x) = x^5 + x^4 + x$$

伴随式为：

$$s(x) = (x^5 + x^4 + x) \ / \ (x^3 + x + 1) = x + 1$$

查表知：

$$e(x) = x^3$$

纠错：

$$c(x) = v(x) - e(x) = x^5 + x^4 + x^3 + x$$

即：

$$\boldsymbol{c} = (0111010)$$

消息字为：

$$\boldsymbol{m} = (0111)$$

5.4　循环码的硬件实现

循环码是线性分组码的一个子类，因此循环码可以按一般线性分组码的规则，用组合逻辑电路产生校验位。但对于信息位比较长的分组，编码位数多，编码电路也会随之复杂。考虑到循环码具有循环特性，编码器可以用简单的具有反馈连接的移位寄存器实现，大大简化了编码器的复杂度。利用具有反馈连接的移位寄存器实现的循环码编码电路，实际上是多项式运算电路。为了简单起见，这里只讨论系统循环码的硬件实现方法。

5.4.1　GF(2)上的多项式除法电路

首先假定在顺序传输的过程中，首先传输的是码字的高幂次比特。

要进行系统循环码的编码，$c(x) = x^r m(x) + r(x) = x^r m(x) + x^r m(x)/g(x)$。其中第一项 $x^r m(x)$ 是消息字的循环移位，硬件上可以用移位寄存器实现；而第二项 $r(x) = x^r m(x)/g(x)$ 是进行多项式的除法运算。

当进行系统循环码的译码时，要考虑的是伴随式的计算 $s(x) = v(x)/g(x)$，这仍然是一个除法运算。可见，循环码的硬件实现的核心就是实现一个多项式除法运算电路。

从原理上来说，做除法实质上是一个累计的减法过程，而在 GF (2) 域上，系数只能是 1 或者 0，所以做减法时每个位置最多只能减一次。而且在 GF (2) 域上加法和减法一致，所以在除法电路中可以用加法器来实现减法运算，不断从被除式中减去除式然后移位，再重复这个过程，直到最后得到商和余式。

设：

$$a(x) = a_k x^k + a_{k-1} x^k - 1 + \cdots a_1 x + a_0 \qquad \text{（被除式）}$$

$$b(x) = b_r x^r + b_{r-1} x^{r-1} + \cdots + b_1 x + b_0 \qquad \text{（除式）}$$

$$a(x) = q(x) b(x) + r(x) \qquad q(x) \rightarrow \text{商}, r(x) \rightarrow \text{余}$$

根据上述原理，可以如下构造除法电路(图 5-3)实现除法运算 $a(x)/b(x)$，得出商多项式和余式多项式：

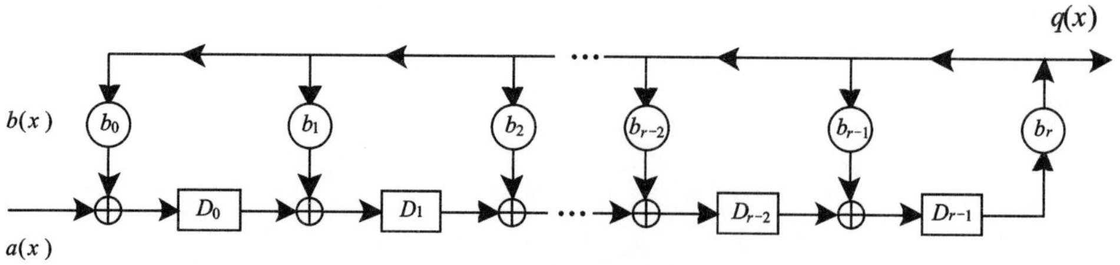

图 5-3　除法电路图

注：节点的系数 b_i 是由除式 $b(x)$ 的系数决定的。

除法电路是由 r 个存储单元 $D_0 \sim D_{r-1}$ 构成 r 级移位寄存器，再加上一系列乘法器 $b_0 \sim b_r$ 和至多 r 个模 2 加法器构成的。

除法电路的工作流程

(1)首先对系统中所有寄存器进行清零，然后将 $a(x)$ 的系数按照从高次幂到低次幂的顺序按照时序依次送入电路；

(2)经过 r 次移位后，电路开始从高位逐位输出商多项式 $q(x)$ 的系数；

(3)经过$(k+1)$次移位后，完成整个除法运算，此时余式 $r(x)$ 的各项系数就保存在存储单元 $D_0 \sim D_{r-1}$ 中。

下面用一个例题来说明除法电路的工作流程。

例 5.17　给定 $a(x)=x^4+x^3+1$，$b(x)=x^3+x+1$，用除法电路实现 $a(x)/b(x)$。

解：首先利用长除法对余式进行计算：

$$
\begin{array}{r|l}
 & x+1 \\
\hline
x^3+x+1 & x^4+x^3+1 \\
 & \underline{x^4+x^2+x} \\
 & \quad x^3+x^2+x+1 \\
 & \quad \underline{x^3+x+1} \\
 & \qquad x^2 \rightarrow r(x)
\end{array}
$$

由于 $r=\deg[b(x)]=3$，所以电路中有 3 个寄存器。该除法电路的结构如图 5-4 所示。

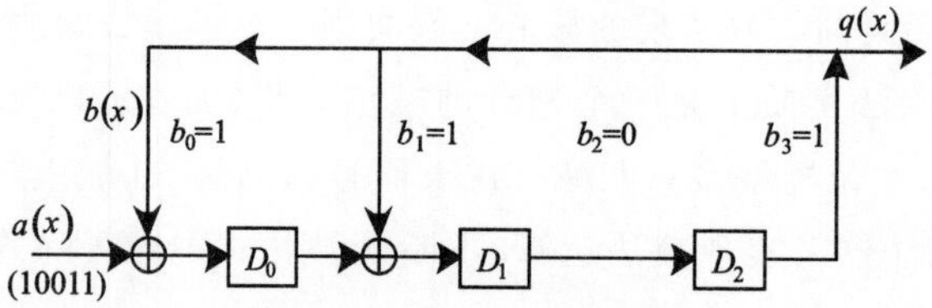

图 5-4　除法电路结构图

这个除法电路的工作节拍如表 5-10 所示。

表 5-10　除法电路的工作节拍

	节拍	输入	D_0	D_1	D_2	输出	$q(x)$
清零	0	1	0	0	0	0	
	1	1	1	0	0	0	
	2	0	1	1	0	0	
r 次	3	0	0	1	1	0	
$(r+1)$次	4	1	1	1	1	1	(x)
$(k+1)$次	5	—	0	0	1	1	(x^0)

由此可见，在$(k+1)$次移位后，得到

(1)商多项式：

$$q(x) = x + 1$$

(2)余式：

$$r(x) = x^2$$

在除法电路的基础上，就可以构造循环码的编码和译码电路了。

5.4.2　循环码的编码电路

由前面的讨论可知，系统循环码由高位的消息字部分和低位的校验字部分(余式)结合而成。其中的余式可以用除法电路得到。

编码电路由一个除法电路和开关构成，其中开关用来控制什么时候输出信息元，什么时候输出余式(也就是奇偶校验比特)，两者结合就编码出了系统循环码的码字。

1. 基于生成多项式 $g(x)$ 的编码器[$(n-k)$级编码器]

如图 5-5 所示为系统循环码的编码电路框图。

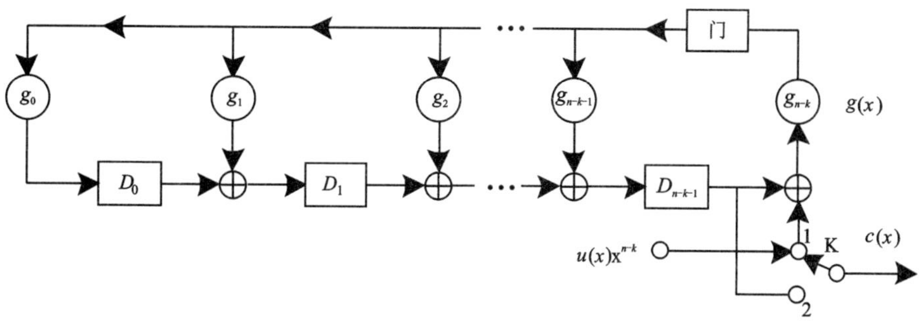

图 5-5　系统循环码的编码电路框图

编码的过程：首先，开关 K 接“1”，将信息元逐位移入寄存器中并做除法运算，同时信息元也输出为编码码字的高位部分；从$(k+1)$次开始，开关 K 接“2”，开始输出寄存器中经过除法运算得到的余式结果，作为编码码字的低位部分。

我们来举一个实际的例子：

例 5.18 (7,4)系统循环码的生成多项式为 $g(x)=1+x+x^3$，信息元为 $\boldsymbol{u}=(1011)$，构造系统循环码编码电路，并写出其工作流程。

解：

$$\boldsymbol{u}=(1011) \quad \leftrightarrow \quad u(x)=1+x^2+x^3$$

$$x^3u(x)=x^3(1+x^2+x^3)=(x^3+x^2+x+1)g(x)+1$$

$$v(x)=1+x^3g(x)=1+x^3+x^5+x^6 \quad \leftrightarrow \quad (100\ \underline{1011})$$

(7,4)系统循环码的编码电路如图 5-6 所示。

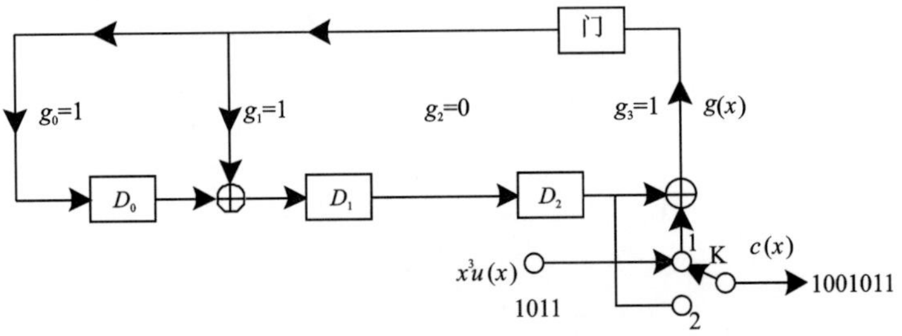

图 5-6 (7,4)系统循环码的编码电路

其工作流程如表 5-11 所示。

表 5-11 (7,4)系统循环码的工作流程

	节拍	输入	D_0	D_1	D_2	输出
门开，K→1	0	1	0	0	0	
	1	1	1	1	0	1
	2	0	1	0	1	1
	3	1	1	0	0	0
	4	—	1	0	0	1
门关，K→2	5	—	0	1	0	0
	6	—	0	0	1	0
	7	—	0	0	0	1

输出得到的就是编码码字：$\boldsymbol{c}=(1001011)$。

2. 基于校验多项式 $h(x)$ 的编码器（k 级编码器）

编码器电路的结构由校验多项式决定，生成多项式 $h(x)$ 的最高次数为 k，故编码器有 k 级移位寄存器，故称 k 级编码器(图 5-7)。

编码过程：

(1)门 1 打开，门 2 关闭，k 位消息数据 $u_0,u_1,\cdots,u_{k-1}$ 移入电路，并同时送入信道；

(2)k 位消息全部移入，门 1 关，门 2 开；

(3)以后的每次移位产生一个校验元并送入信道，直到$(n-k)$个校验元全部产生并送入

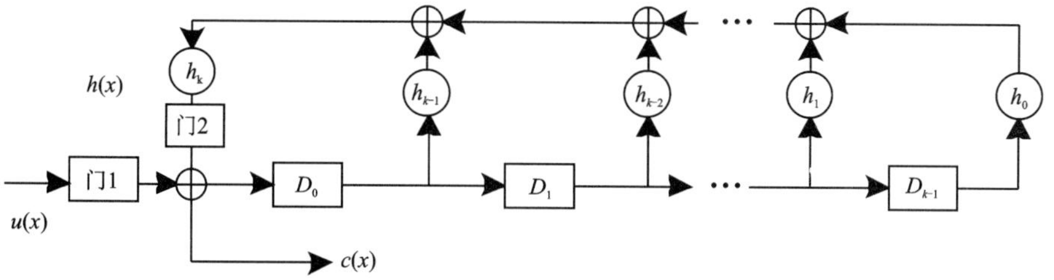

图 5-7　k 级编码器的编码电路框图

信道为止。然后门 2 关，门 1 开，准备下一组消息编码。

例 5.19　(7,4)系统循环码的生成多项式为 $g(x)=1+x+x^3$，$h(x)=1+x+x^2+x^4$，信息元为 $\boldsymbol{u}$=(1011)，构造系统循环码编码电路，并写出其工作流程。

解：(7,4)系统循环码的编码电路如图 5-8 所示。

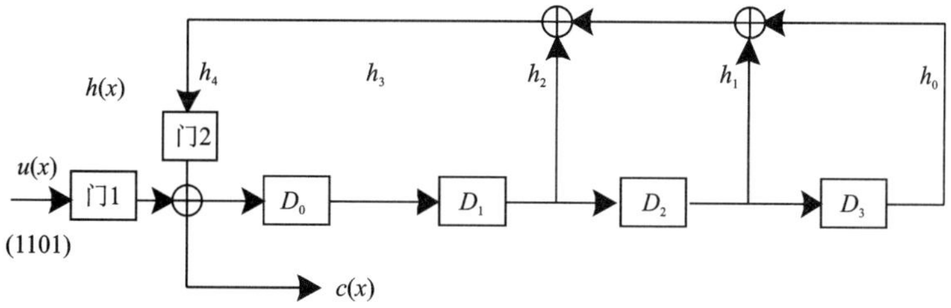

图 5-8　(7,4)系统循环码的编码电路

其工作流程如表 5-12 所示。

表 5-12　(7,4)系统循环码的工作流程

	输入	节拍	D_0	D_1	D_2	D_3	输出
门 1 开，门 2 关	1	0	0	0	0	0	
	1	1	1	0	0	0	1
	0	2	0	1	0	0	0
	1	3	1	0	1	0	1
	—	4	1	1	0	1	1
门 1 关，门 2 开	—	5	0	1	1	0	0
	—	6	0	0	1	1	0
	—	7	0	0	0	1	0

3. **两种编码器的比较**

两种编码器的比较如下：

(1)基于 $g(x)$ 的编码器为$(n-k)$级编码器，需要$(n-k)$级移存器；基于 $h(x)$ 的编码器为

k 级编码器,需要 k 级移存器。

(2)当 $n-k<k$ 时,采用$(n-k)$级编码器需要的资源少;当 $n-k>k$ 时,采用 k 级编码器需要的资源少。

5.4.3 循环码的译码电路

1.伴随式算子的硬件实现

前面讨论过,循环码的伴随式译码方法是首先求出伴随式表格,列出所有纠错能力范围内的错误模式 $e(x)$,及它们所对应的伴随式 $e(x)/g(x)$ 。

对于接收到的多项式为 $v(x)$ 的情况,求出伴随式 $s(x)=v(x)/g(x)=e(x)/g(x)$,并到伴随式表格中查找相对应的错误模式 $e(x)$,找到以后将它从 $v(x)$ 中减去就可以得到译码结果 $c(x)=v(x)-e(x)$ 。可以看出,译码的过程就是先求伴随式,然后查表。

当进行系统循环码的译码时,要考虑的是伴随式的计算 $s(x)=v(x)/g(x)$,这仍然是一个除法运算。可见,循环码的译码硬件实现的核心也是实现一个多项式除法运算电路(图 5-9)。

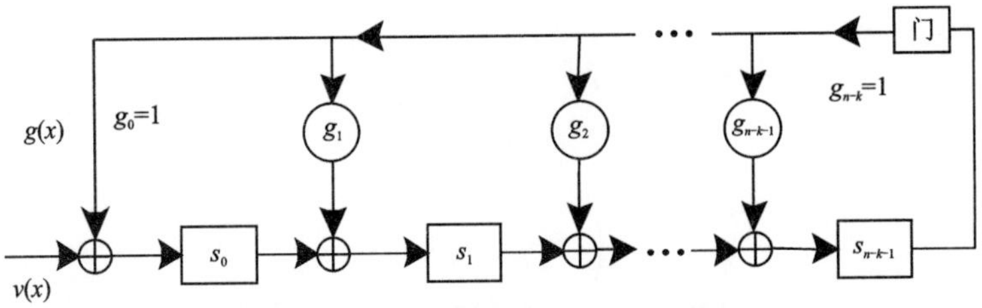

图 5-9 系统循环码的译码电路框图

这个电路与编码电路中的除法电路完全相同。其中节点的系数 g_i 是由除式 $g(x)$ 的系数决定的。除法电路是以 r 级移位寄存器 $s_0,s_1,\cdots,s_{n-k-1}$ 为核心,再加上一系列乘法器 $g_0\sim g_r$ 和 r 个模 2 加法器构成的。

由于码的循环结构,伴随式有个重要的性质,可用梅吉特定理描述。

2.梅吉特定理

在 R_n 域上,如果 $e(x)$ 的伴随式为 $s(x)=e(x)/g(x)$,而 $e(x)$ 的 l 次移位为 $e'(x)=x^l e(x)$, $e'(x)$ 的伴随式为 $s'(x)=e'(x)/g(x)$,那么:

$$s'(x)=x^l s(x)/g(x) \tag{5-34}$$

证明:

$$\begin{aligned} s'(x) &= [x^l e(x)\bmod(x^n-1)]/g(x) \\ &= [x^l s(x)]/g(x) \end{aligned}$$

梅吉特定理证明了, $e(x)$ 的循环移位的伴随式可以用 $e(x)$ 伴随式的循环移位再经过 1 个取模运算得到。

根据梅吉特定理,设 $s(x)$ 是 $v(x)$ 的伴随式,则 $v(x)$ 的循环移位 $x\cdot v(x)$ 的伴随式

$s^{(1)}(x)$ 是 $s(x)$ 在伴随式计算电路中无输入时右移一位的结果，即：

$$s^{(1)}(x) \equiv xs(x)\text{mod}[g(x)] \tag{5-35}$$

推论：用生成多项式 $g(x)$ 除 $x^i s(x)$ 所得余式 $s^{(i)}(x)$ 是 $v(x)$ 经 i 次移位后 $v^{(i)}(x)$ 的伴随式。

$$s^{(i)}(x) \equiv x^{(i)} s(x)\text{mod}[g(x)] \tag{5-36}$$

综合起来，梅吉特定理就是指把含有 $s(x)$ 的伴随式移存器的输入门断开，移位一次就得到 $v^{(1)}(x)$ 的伴随式 $s^{(1)}(x)$，移位 i 次，就得到 $v^{(i)}(x)$ 的伴随式 $s^{(i)}(x)$。

我们来看一个实际的例子，了解伴随式的计算过程和它的性质。

例 5.20　(7,4)循环码，根据生成多项式 $g(x)=1+x+x^3$，计算当 $\boldsymbol{v}=(0010110)$、$\boldsymbol{v}^{(1)}=(0001011)$ 时对应的伴随式。

解：根据生成多项式 $g(x)=1+x+x^3$，对应的除法电路如图 5-10 所示，对应的伴随式如表 5-13 所示。

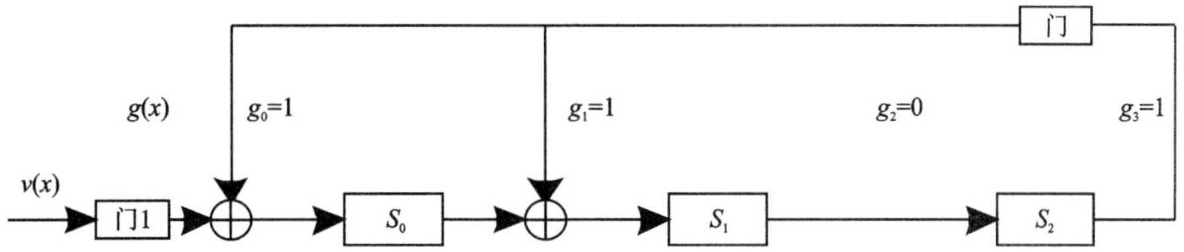

图 5-10　(7,4)循环码对应的除法电路

表 5-13　(7,4)循环码的伴随式

节拍	输入	S_0	S_1	S_2	伴随式
1	0	0	0	0	
2	1	1	0	0	
3	1	1	1	0	
4	0	0	1	1	
5	1	0	1	1	
6	0	1	1	1	
7	0	1	0	1	S
8	—	1	0	0	$S^{(1)}$
9	—	0	1	0	$S^{(2)}$

$\boldsymbol{v}=(0010110)\to\boldsymbol{S}=(101)$

$\boldsymbol{v}^{(1)}=(0001011)\to\boldsymbol{S}^{(1)}=(100)$

我们用长除法来验证一下电路的正确性：

$$
\begin{array}{rl}
 & x^2+x+1 \\
x^3+x+1 \big) & \overline{x^5+x^4+x^2} \\
 & \underline{x^5+x^3+x^2} \\
 & \quad x^4+x^3 \\
 & \quad \underline{x^4+x^2+x} \\
 & \qquad x^3+x^2+x \\
 & \qquad \underline{x^3+x+1} \\
(101) \leftrightarrow & s(x) \leftarrow x^2+1
\end{array}
$$

$$
\begin{array}{rl}
 & x^3+x^2+x+1 \\
x^3+x+1 \big) & \overline{x^6+x^5+x^3} \\
 & \underline{x^6+x^4+x^3} \\
 & \quad x^5+x^4 \\
 & \quad \underline{x^5+x^3+x^2} \\
 & \qquad x^4+x^3+x^2 \\
 & \qquad \underline{x^4+x^2+x} \\
 & \qquad\quad x^3+x \\
 & \qquad\quad \underline{x^3+x+1} \\
(100) \leftrightarrow & s^{(1)}(x) \leftarrow 1
\end{array}
$$

3.循环码的译码电路

类似于线性分组码的伴随式译码方法,循环码译码过程中也可以建立伴随式表格,列出所有可能的 $e(x)/g(x)$ 的结果。这样我们就可以根据计算得到的伴随式查表找出相应的错误多项式 $e(x)$,并用 $c(x)=v(x)-e(x)$ 进行纠错了。当然,伴随式表格的规模仍然取决于所用到的译码策略是完全译码策略还是有限距离译码策略。

循环码的伴随式译码方法是首先求出伴随式表格,列出所有纠错能力范围内的错误模式 $e(x)$,及它们所对应的伴随式 $e(x)/g(x)$ 。

对于接收到的多项式为 $v(x)$ 的情况,求出伴随式 $s(x)=v(x)/g(x)=e(x)/g(x)$,并到伴随式表格中查找相对应的错误模式 $e(x)$,找到以后将它从 $v(x)$ 中减去就可以得到译码结果 $c(x)=v(x)-e(x)$ 。可以看出,译码的过程就是先求伴随式,然后查表。而伴随式的计算就是做除法求余式的过程,所以循环码的译码电路同样可以用除法电路实现。

总结一下,循环码伴随式译码的步骤为:

(1)根据译码策略,建立伴随式表格,列出所有可能的 $e(x)$ 及其对应的 $e(x)/g(x)$;

(2)对 $v(x)$ 求伴随式 $s(x)=v(x)/g(x)$;

(3)查表,从伴随式表格中找出对应于 $s(x)$ 的错误多项式 $e(x)$;

(4)纠错,得到 $c(x)=v(x)-e(x)$,就是译码结果。

如图 5-11 所示是循环码伴随式译码电路的通用框架。

在图 5-11 的译码电路中,需要存储伴随式表格才能进行译码。在实际应用中,这种存储空间可以用电路结构的改变来进行优化,也就是梅吉特译码器。

梅吉特译码器巧妙地利用了梅吉特定理所描述的循环码伴随式的循环特性,将伴随式表格中的一部分错误模式及其伴随式通过移位的方式从另一部分错误模式得到,从而大大减少

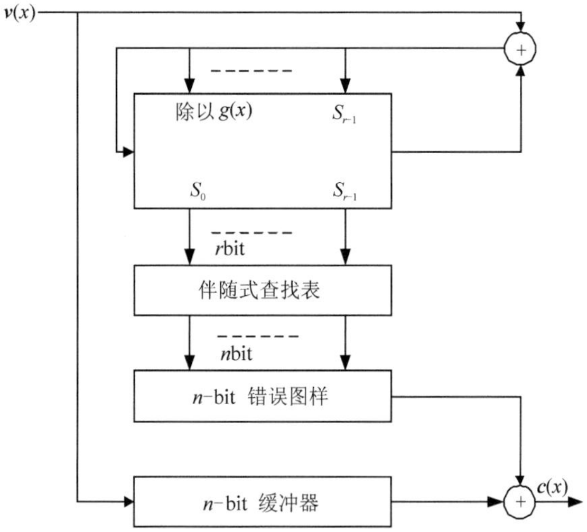

图 5-11　循环码伴随式译码电路的通用框架

了电路需要的存储空间。我们再次简单回顾一下梅吉特定理。

如果 $e(x)$ 的伴随式为 $s(x)=e(x)/g(x)$，而 $e(x)$ 的 l 次移位表示为 $e^l(x)=x^le(x)$，那么 $e(x)$ 的一次移位 $e'(x)$ 的伴随式为 $s'(x)=e'(x)/g(x)$，l 次移位的伴随式表示为 $s^l(x)=x^ls(x)/g(x)$。

梅吉特定理表明，$e(x)$ 循环移位的伴随式总可以 $e(x)$ 伴随式的循环移位再经过一个取模运算得到。这样，一旦我们有了 $e(x)$ 的伴随式 $s(x)$，所有经 $e(x)$ 循环移位的错误图样所对应的伴随式都可以直接用 $s(x)$ 经过移位和除法电路得到。所有单个位置的错误 $e(x)=x^i$ 都可以从同一个错误 $e(x)=x^0=1$ 进行循环移位得到，所以可以实现错误的逐位纠正。

例 5.21　(7,4)循环码，生成多项式为 $g(x)=1+x+x^3$，求它发生单个错误时的伴随式列表。

解：其伴随式列表如表 5-14 所示。

表 5-14　(7,4)循环码发生单个错误时的伴随式列表

错误图样		伴随式	
(0000001)	$e_6(x)=x^6$	$1+x^2$	101
(0000010)	$e_5(x)=x^5$	$1+x+x^2$	111
(0000100)	$e_4(x)=x^4$	$x+x^2$	011
(0001000)	$e_3(x)=x^3$	$1+x$	110
(0010000)	$e_2(x)=x^2$	x^2	001
(0100000)	$e_1(x)=x$	x	010
(1000000)	$e_0(x)=1$	1	100

分析其中各个伴随式之间的关系,可以验证梅吉特定理。如设:

$$e(x) = x^5$$

而:

$$s(x) = e(x)/g(x) = 1 + x + x^2$$

$e(x)$ 的一次循环移位:

$$e'(x) = xe(x) = x^6$$

由梅吉特定理,其伴随式应该为:

$$s'(x) = xs(x)/g(x) = (x^3 + x^2 + x)/g(x) = x^2 + 1$$

得到的结果与表 5-14 的计算结果一致。如 x^5 是 x 移位 5 次得到的,那么根据梅吉特定理,可以存储单个错误的伴随式,然后对其不断进行移位并取模运算就可以得到其他各位错误的伴随式了。这样接收码字的错误就可以逐位检验。

因此,一个通用的梅吉特译码器(图 5-12)包括 3 个部分:

(1)一个 n 位缓冲寄存器。

(2)组合逻辑电路。

(3)一个 r 位的伴随式计算电路。

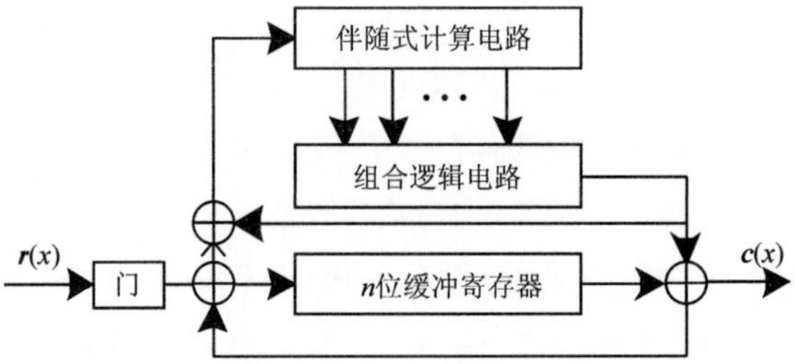

图 5-12　梅吉特通用译码器电路

接下来,我们通过一个实例说明梅吉特译码器的设计方法和译码过程。

例 5.22　(7,4)循环码,生成多项式为 $g(x)=1+x+x^3$,利用梅吉特译码器对接收序列 $\boldsymbol{v}=(1100111)$进行译码。

解:该梅吉特译码器电路如图 5-13 所示。

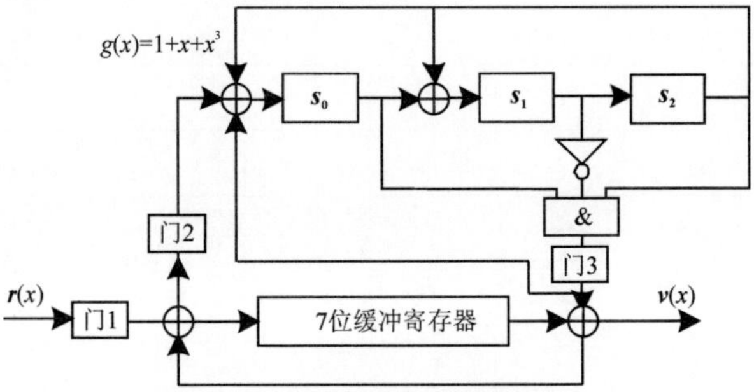

图 5-13　梅吉特译码器电路图

电路中的 3 个核心单元如下：

(1)1 个 7 位缓冲寄存器，用于缓冲输入的接收码元。

(2)组合逻辑电路。由例 5.22 所得到的单个错误图样(表 5-15)可知，最高位 x^6 出错的伴随式为 $1+x^2$ ，因此，识别最高位 x^6 是否出错，只要识别所对应的伴随式组合电路是否为 1。因此组合逻辑电路为 $s_0s_1s_2$ 对应的最小项 101。

表 5-15　(7,4)循环码的单个错误图样

错误图样		伴随式	
(0000001)	$e_6(x)=x^6$	$1+x^2$	101
(0000010)	$e_5(x)=x^5$	$1+x+x^2$	111
(0000100)	$e_4(x)=x^4$	$x+x^2$	011
(0001000)	$e_3(x)=x^3$	$1+x$	110
(0010000)	$e_2(x)=x^2$	x^2	001
(0100000)	$e_1(x)=x$	x	010
(1000000)	$e_0(x)=1$	1	100

(3)一个 r 位的伴随式计算电路 ，即除式为 $g(x)=1+x+x^3$ 的除法电路。

译码电路工作流程(表 5-16)：

(1)开始译码时，门开，移存器和伴随式计算电路清零，接收字 $r(x)$ 一方面送入 n 级缓存，另一方面送入伴随式计算电路，形成伴随式。当 n 位数据接收完后，门关，禁止输入。

(2)将伴随式输入错误图样检测电路，找出对应的错误图样。方法：当且仅当缓存器中最高位出错时，组合逻辑电路输出才为“1”，即若检测电路输出为“1”，说明缓存中最高位的数据是错误的，需要纠正。这时输出的“1”同时反馈到伴随式计算电路，对伴随式进行修正，消除该错误对伴随式的影响(修正后为高位无错对应的伴随式)。

(3)如高位无错误，组合电路输出“0”，高位无需纠正，然后，伴随式计算电路和缓存各移位一次，这是高位输出。同时，接收字第二位移到缓存最高位，而伴随式计算电路得到高位伴随式，用来检测接收字的次高位，即缓存最右一位是否有错。如有错，组合电路输出“1”与缓存输出相加，完成第二个码元的纠错，如无错，则重复上述过程，直到译完一个码字为止。

表 5-16　译码电路工作流程

节拍	输入	s_0	s_1	s_2	与门输出	缓存内容	译码输出
(门 1、2 开，门 3 关) 0		0	0	0	0		
1	1	1	0	0	0		
2	1	1	1	0	0		
3	1	1	1	1	0		

续表 5-16

节拍	输入	s_0	s_1	s_2	与门输出	缓存内容	译码输出
4	0	1	0	1	0		
5	0	1	0	0	0		
6	1	1	1	0	0		
7	1	1	1	1	0		
(门 1、2 关,门 3 开)8		1	0	1	0	1100111	1
9		0	0	0	1	1110011	0
10		0	0	0	0	0111001	1
11					0	1011100	0
12					0	0101110	0
13					0	0010111	1
14					0	1001011	1

5.5 纠突发错误码

5.5.1 突发错误

前面讨论的错误模式都是随机错误。然而,大部分实际信道如短波、散射、有线、数据存储等信道中产生的错误是突发性的。突发错误是一类常见的传输错误,在数据存储系统如在光盘或硬盘存储中,当某个分区被划伤时,其数据就很有可能出现一段突发错误,即这段数据出现密集的错误。这种错误并不是随机存在的,它不是随机错误。如果信道中所产生的错误是突发错误,或突发错误与随机错误并存,通常称这类信道为突发信道。

定义 5.1 长度为 b 的循环突发错误,是指接收码字中的错误集中在某一段连续出现,这种错误模式的长度为 b,其中第一个和最后一个错误比特是非 0 的,而中间的错误比特可以为 0,也就是如下所示的形式:

$$\cdots 000000\ \underbrace{1\cdots\cdots 1}_{b(x),\ \text{长度为}b}\ 00000\cdots$$

这样的错误模式就称为长度为 b 的突发错误。注意这种突发错误模式的位置可以是这个错误模式的循环移位,也就是:

$$e(x) = x^l b(x) \tag{5-37}$$

的形式,也可以是码字的首尾,所以被称为循环突发。

5.5.2 纠突发错误码

前面讨论的一般循环码纠正随机错误的能力很强,然而对于纠突发错误来说效果不大。人们希望能设计出专门的纠突发错误码,它纠突发错误的能力要比纠随机错误强。如果一个码被设计为可以纠正长度为 b 的突发错误，那么对于每一种长度 $\leqslant b$ 的突发错误，它都应该有独特的伴随式。换句话说，对于不同的突发错误，其伴随式是不同的。这样才保证能够纠正这些突发错误。

如果一个线性码能够纠正长度为 b 或更短的突发错误，但不能纠正长度为 $b+1$ 的所有突发错误，则称此码是一个纠 b 长突发错误码，即该码的纠错能力为 b。

5.5.3　法尔码(fire codes)

法尔码是最早也是最大的一类用分析方法构造出来的纠单个突发错误的二进制循环码。这里的纠单个突发错误并不是指 $b=1$，而是指单个长度为 b 的突发错误。法尔码具有实用性，可以根据不同要求设计码字，译码也很简单。法尔码是一类实用的也是最基本的纠单个突发错误的循环码。

1. 法尔码的构造

设 $\rho(x)$ 是 GF(2)上的 m 次既约多项式，令 e 是使 $\rho(x)$ 整除 x^e+1 的最小整数，称 e 为 $\rho(x)$ 的周期。令 b 是使 $b\leqslant m$ 且 $(2b-1)$ 为不能被 e 整除的正整数。则以 $g(x)=(x^{2b-1}+1)\rho(x)$ 为生成多项式而生成的 $(n,\ n-2b-m+1)$ 循环码称为法尔码。其码长 $n=\mathrm{LCM}(2b-1,e)$。法尔码能纠正长度不大于 b 的单个突发错误。

可以证明，对于由以上生成多项式所生成的法尔码，任何长度不大于 b 的突发错误，都位于码的不同陪集中，也就是具有不同的伴随式，因此它们是可纠正的错误模式。由于码是循环的，所以它也能纠正长度不大于 b 的首尾相接的突发错误。

例 5.23　考虑既约多项式 $p(x)=1+x^2+x^5$，已知它是本原多项式，阶数 $m=\deg[p(x)]=5$，周期 $e=2^5-1=31$。令 $b=5$，可算出 $2b-1=9$，不能被 $e=31$ 整除，故可以构造法尔码，其生成多项式为：

$$
\begin{aligned}
g(x) &= (x^9+1)(1+x^2+x^5)\\
&= 1+x^2+x^5+x^9+x^{11}+x^{14}
\end{aligned}
$$

其码长为：

$$n=\mathrm{LCM}(9,31)=279$$

其信息字的长度为：

$$k=n-2b-m+1=279-14=265$$

所以，该法尔码是 (279，265) 循环码，能纠正长度不大于 5 的单个突发错误。

下面的例题讨论了一个纠错码纠正随机错误和突发错误能力的差别。

例 5.24　有既约多项式 $p(x)=1+x+x^4$，阶数 $m=\deg[p(x)]=4$。由 $b\leqslant m$，取 $b=3$，则 $2b-1=5$。取模运算 $(x^5-1)/p(x)=x^2+x+1$，不能除尽，故可以构造法尔码，其生成多项式为：

$$
\begin{aligned}
g(x) &= (x^5+1)(1+x+x^4)\\
&= 1+x+x^4+x^5+x^6+x^9
\end{aligned}
$$

由 $(x^n-1)/g(x)=0$,可以得到这个码的码长：

$$n=15$$

其信息字的长度为：

$$k=n-2b-m+1=15-9=6$$

所以得到了一个(15,6)法尔码,也是循环码。其突发长度 $b=3$,能纠所有长度不大于3的单个突发错误。实际上,它的纠突发错误能力可以达到4。然而计算这个码的最小距离,得到 $d_{\min}=6$,那么根据 $d\geqslant 2t+1$,这个码只能纠正2个随机错误。

这样我们可以看到一个纠错码纠突发错误和纠随机错误能力的区别。思考一下,对这个码来说,哪些3错误的错误模式是不可纠正的?

习题 5

5.1 求出所有码长为5的二元循环码,并求出每一种码的最小距离。

5.2 GF(2)上一个码长为15的循环码的生成多项式为：

$$g(x)=x^{10}+x^8+x^5+x^4+x^2+x+1$$

(1)求生成矩阵 $\boldsymbol{G}$ 和校验矩阵 $\boldsymbol{H}$；

(2)求此码的检错能力和纠错能力；

(3)写出其系统型的生成矩阵。

5.3 给定多项式 $g(x)=x^6+3x^5+x^4+x^3+2x^2+2x+1$。

(1)它是不是GF(4)上一个码长为15的循环码的生成多项式?

(2)求其校验矩阵 $\boldsymbol{H}$；

(3)求此码的最小距离；

(4)求此码的码率；

(5)若接收码多项式为 $v(x)=x^8+x^5+3x^4+x^3+3x+1$,它是一个合法码字(许用码字)吗?

5.4　已知(7,3)循环码 $g(x)=x^4+x^3+x^2+1$，若接收到的码组为 $R(x)=x^6+x^3+x+1$，问是否有错？

5.5　已知二元(7,4)码的生成多项式为 $g(x)=x^3+x+1$。求：

(1)已知消息字为(1001)和(0110)，写出系统码字(从左到右为高位到低位)；

(2)若接收码字为(1000001)，试译码；

(3)写出系统码形式的生成矩阵及对应的监督矩阵；

(4)设计这个码的系统码编码电路。

5.6　多项式 x^4+x^3+x+1 是不是GF(2)上一个码长 $n\leqslant 7$ 的循环码的生成多项式？

5.7　验证生成多项式 $g(x)=x^3+x^2+x+1$ 能生成一个(8,5)二元线性循环码，并求消息矢量 $\boldsymbol{m}=(10101)$ 所对应的系统型码多项式。

5.8　二元线性循环码的码长 $n=14$，生成多项式 $g(x)=x^5+x^4+x^3+1$。

(1)求全“1”消息字对应的码矢量；

(2)若在最后一个消息位上出错，即 $e(x)=x^{13}$，求对应的伴随式，此码能纠正这个错误吗？

(3)循环码可以是非线性的吗？

第6章　BCH码

前面我们讨论的信道编码(线性分组码及其子类循环码)都是先构造编码,然后才能分析码的纠错能力。那么有没有可能根据我们的实际信道的纠错能力要求,直接设计符合要求的信道编码呢?BCH码就是这样一类纠错码。

霍昆格姆(Hocquenghem)于1959年、博斯(Bose)和查德胡里(Chaudhari)于1960年分别提出了BCH码。这是一种可纠正多个随机错误的码,是迄今为止所发现的最好的线性分组码之一。BCH码是循环码的一个子类,所以它也是线性分组码的一个子类。既然它是循环码,那么当然可以沿用循环码的数学表达方法,也就是说可以用多项式的表达方式来表示BCH码。BCH码是一类可以根据我们需要的纠错能力来构造码字集合的纠错码,它在数学上有严格的定义和详细的分析。在本章中,我们将不加证明地给出一些关于BCH码构造的数学定理。

6.1　BCH码的概念

对于给定的任意整数 $m \geqslant 3$,以及纠错能力 $t < 2^{m-1}$,从数学上证明了,一定存在这样一种二元 (n,k) BCH码,具有,

(1)码长:

$$n = 2^m - 1 \tag{6-1}$$

(2)奇偶校验位个数:

$$r = n - k \leqslant mt \tag{6-2}$$

(3)最小距离:

$$d_{\min} \geqslant 2t + 1 \tag{6-3}$$

所以这个码的一个码矢量可以纠正 t 个错误。也就是说,如果给定在每个码矢量中需要纠错的个数 t,就可以根据上面的性质构造出来一个满足条件的BCH码。

6.1.1　扩域

从数学上来说,要能够找出码字中的 t 个错误,这 t 个错误可以被定义为有限域 GF (p) 或者是它的扩域 GF (p^m) 中的根,其中 p 是一个素数。我们可以通过求解这些根来找出这 t 个错误。同样地,在扩域中的每个元素都是多项式的根,而多项式的系数是有限域 GF (p) 上

的元素。这里先介绍扩域的概念。

1. 本原元

如果在 q 元域 GF (q) 上的一个元素 a 满足下面的条件：除了 0 以外的其他所有元素都能表示成 a 的幂次，那么 a 就是这个 q 元域 GF (q) 的一个本原元。

例 6.1　考虑 5 元域 GF (5) 的情况，其元素集合为 $\{0,\ 1,\ 2,\ 3,\ 4\}$。因为 $q=5$ 是一个素数，可以用取模运算。

(1)首先考虑元素 2。

$$1=1(\text{mod}5)=2^0$$

$$2=2(\text{mod}5)=2^1$$

$$4=4(\text{mod}5)=2^2$$

$$3=8(\text{mod}5)=2^3$$

由上可见，GF(5)的所有非 0 元素都可以表示为 2 的幂次。因此，2 是 GF(5)的一个本原元。

(2)下面考虑元素 3。

$$1=1(\text{mod}5)=3^0$$

$$3=3(\text{mod}5)=3^1$$

$$4=9(\text{mod}5)=3^2$$

$$2=27(\text{mod}5)=3^3$$

由上可见，GF(5)的所有非 0 元素都可以表示为 3 的幂次。因此，3 也是 GF(5)的一个本原元。

继续验证，我们会发现其他非 0 元素 $\{1,\ 4\}$ 都不是 GF(5)的本原元。

2. 本原多项式

由于域中除了 0 以外的其他所有元素都能表示成本原元的幂次，所以一旦有了本原元，就可以用它的幂次来构造这个域中的所有元素。

域是由一系列元素构成的一个集合，其中的元素进行加、减、乘、除运算的结果仍然是域中的元素。如果对于 p 元(p 为素数)有限域 GF (p) 进行 m 次扩展，就可以得到它的 m 次有限扩域 GF (p^m)，其中 m 为正整数，这里 GF (p) 和扩域 GF (p^m) 都是伽罗华域。为了不失一般性，这里讨论的都是二元域的扩域 GF (2^m)。所有的有限域都至少存在 1 个本原元。

定义 6.1　因式

如果 $f(a)=0$，那么域元素 a 是多项式 $f(x)$ 的一个根(或者说，一个零点)，$(x-a)$ 就是 $f(x)$ 的一个因式。

例如，$a=1$ 是多项式 $f(x)=1+x^2+x^3+x^4$ 的一个根，因为在 GF(2)上有 $f(1)=1+1+1+1=4\ (\text{mod}2)=0$，所以 $(x-1)$ 是这个多项式 $f(x)$ 的一个因式。而且在 GF(2)上，由于 $-1=1$，所以 $(x+1)$ 也是这个多项式 $f(x)$ 的一个因式。

定义 6.2　不可约多项式

在 GF(2)上的多项式 $p(x)$ 的阶数为 m ，如果 $p(x)$ 没有阶数大于 0 且小于 m 的因式，那么称 $p(x)$ 是不可约的。

例如，多项式 $p(x)=1+x+x^2$ 是不可约的，因为阶数为 1 的多项式 x 和 $x+1$ 都不是它的因式。在 GF(2)上，阶数为 1 的多项式只有两个，就是 x 和 $x+1$ 。

值得注意的是，在二元域 GF(2)上，阶数为 m 的不可约多项式一定是多项式 $x^{2^m-1}+1$ 的因式。

例如，多项式 $(1+x+x^3)$ 是 $x^{2^3-1}+1=x^7+1$ 的一个因式。

定义 6.3　本原多项式

一个阶数为 m 的不可约多项式 $p(x)$ 是 (x^n+1) 的因式。如果 m 和 n 之间满足以下关系：使 $p(x)$ 是 (x^n+1) 的因式的最小整数 n ，满足条件 $n=2^m-1$ ，那么 $p(x)$ 是一个本原多项式。本原元就是本原多项式的一个零点。

例 6.2　下面哪个多项式是本原多项式？

$$p_1(x)=1+x+x^4$$
$$p_2(x)=1+x+x^2+x^3+x^4$$

解：(1) $m=\deg(p_1(x))=4$ ，用长除法可以得到，$p_1(x)$ 可以被 $x^n+1=x^{2^m-1}+1=x^{15}+1$ 除尽，而对于所有的 $1\leqslant k<15$ ，$p_1(x)$ 都不能被 (x^k+1) 除尽。所以多项式 $p_1(x)=1+x+x^4$ 是一个本原多项式。

(2) $m=\deg(p_2(x))=4$ ，所以也有 $x^n+1=x^{2^m-1}+1=x^{15}+1$ 。然而可以发现，$p_2(x)$ 可以被 x^5+1 除尽。所以多项式 $p_2(x)=1+x+x^2+x^3+x^4$ 不是本原多项式。

本原多项式可以通过计算机搜索的方式得到。表 6-1 是不同阶数的本原多项式的列表。

表 6-1　不同阶数的本原多项式列表

阶数 m	本原多项式	阶数 m	本原多项式
3	$1+x+x^3$	11	$1+x^2+x^{11}$
4	$1+x+x^4$	12	$1+x+x^4+x^6+x^{12}$
5	$1+x^2+x^5$	13	$1+x+x^3+x^4+x^{13}$
6	$1+x+x^6$	14	$1+x+x^6+x^{10}+x^{14}$
7	$1+x^3+x^7$	15	$1+x+x^{15}$
8	$1+x^2+x^3+x^4+x^8$	16	$1+x+x^3+x^{12}+x^{16}$
9	$1+x^4+x^9$	17	$1+x^3+x^{17}$
10	$1+x^3+x^{10}$	18	$1+x^7+x^{18}$

3. 构造扩域的方法

为了不失一般性，这里我们讨论如何构造二元域的扩域 GF (2^m)。一个扩展的伽罗华域不仅包含元素 0 和 1，而且包含本原元 a 和它的幂次。因为 $1 = a^0$，所以也可以说，扩展的伽罗华域包含元素 0 及本原元的所有幂次。

$$F = \{0, 1, a, a^2, \cdots, a^k, \cdots\}$$

因为 $a^{2^m-1} = 1 = a^0$，所以这个扩域 GF (2^m) 中共有 2^m 个元素，即：

$$F = \{0, a^0, a^1, a^2, \cdots, a^{2^m-2}\}$$

注意，一个多项式定义在 GF(2)上，是指它的系数为 GF(2)域中的元素。

例 6.3　给定 $m = 3$，$p(x) = 1 + x + x^3$ 是 GF(2)上的本原多项式。试构造扩域 GF(2^3)。

解：多项式 $p(x) = 1 + x + x^3$ 的阶数 $m = 3$，它对应的扩域 GF(2^3)有 8 个域元素。扩域元素包含本原元 a 和它的幂次。设本原元是 a，本原元是本原多项式的零点。那么：

$$1 + a + a^3 = 0，即 a^3 = 1 + a$$

类似得到，

$$a^4 = a \times a^3 = a \times (1 + a) = a + a^2$$

$$a^5 = a \times a^4 = a \times (a + a^2) = a^2 + a^3 = 1 + a + a^2$$

$$a^6 = a \times a^5 = a \times (1 + a + a^2) = a + a^2 + a^3 = 1 + a^2$$

$$a^7 = a \times a^6 = a \times (1 + a^2) = a + a^3 = 1 = a^0$$

这样，扩域 GF(2^3)的 8 个域元素集合为：$\{0, a^0, a^1, a^2, a^3, a^4, a^5, a^6\}$。

根据这个本原多项式，可以写出这个八元扩域 GF(8)的加法运算表(表 6-2)和乘法运算表(表 6-3)。

表 6-2　GF(8)的加法运算表

+	a^0	a^1	a^2	a^3	a^4	a^5	a^6
a^0	0	a^3	a^6	a^1	a^5	a^4	a^2
a^1	a^3	0	a^4	a^0	a^2	a^6	a^5
a^2	a^6	a^4	0	a^5	a^1	a^3	a^0
a^3	a^1	a^0	a^5	0	a^6	a^2	a^4
a^4	a^5	a^2	a^1	a^6	0	a^0	a^3
a^5	a^4	a^6	a^3	a^2	a^0	0	a^1
a^6	a^2	a^5	a^0	a^4	a^3	a^1	0

表 6-3　GF(8)的乘法运算表

×	a^0	a^1	a^2	a^3	a^4	a^5	a^6
a^0	a^0	a^1	a^2	a^3	a^4	a^5	a^6
a^1	a^1	a^2	a^3	a^4	a^5	a^6	a^0
a^2	a^2	a^3	a^4	a^5	a^6	a^0	a^1
a^3	a^3	a^4	a^5	a^6	a^0	a^1	a^2
a^4	a^4	a^5	a^6	a^0	a^1	a^2	a^3
a^5	a^5	a^6	a^0	a^1	a^2	a^3	a^4
a^6	a^6	a^0	a^1	a^2	a^3	a^4	a^5

例 6.4　试求本原多项式 $p(x) = 1 + x + x^3$ 的零点。

解:由上面例题可知,多项式 $p(x) = 1 + x + x^3$ 所对应的扩域 GF(2^3)有 8 个域元素,域元素集合为 $\{0, a^0, a^1, a^2, a^3, a^4, a^5, a^6\}$ 。

多项式的零点,也就是多项式的根,就是使得 $p(x) = 0$ 的域元素 x 。由于阶数为 3,所以这个多项式有 3 个零点。

我们可以应用枚举法从这 8 个域元素中找出 3 个零点。

将非零域元素分别代入多项式,得到:

$$p(a^0) = 1 \neq 0$$

$$p(a^1) = 1 + a + a^3 = 0$$

$$p(a^2) = 1 + a^2 + a^6 = 1 + a^2 + 1 + a^2 = 0$$

$$p(a^3) = 1 + a^3 + a^9 = 1 + a^3 + a^2 = 1 + 1 + a + a^2 = a^4 \neq 0$$

$$p(a^4) = 1 + a^4 + a^{12} = 1 + a + a^2 + a^5 = 0$$

$$p(a^5) = 1 + a^5 + a^{15} = 1 + a^5 + a = 1 + 1 + a + a^2 + a = a^2 \neq 0$$

$$p(a^6) = 1 + a^6 + a^{18} = 1 + a^6 + a^4 = 1 + 1 + a^2 + a + a^2 = a \neq 0$$

可见,多项式 $p(x) = 1 + x + x^3$ 的 3 个零点分别是 a、a^2、a^4 。

例 6.5　确定由本原多项式 $p(x) = 1 + x + x^4$ 构造的伽罗华域 GF(2^4)的元素集合。

解:设本原元为 a ,由本原多项式可得:

$$p(a) = 1 + a + a^4 = 0 \text{ ,即 } a^4 = 1 + a$$

继续求 a 的各个幂次,可以得到 GF(2^4)的所有元素,如表 6-4 所示。

表 6-4　$p(x)=1+x+x^4$ 在 GF(2^4)的所有元素

指数形式	多项式形式	矢量形式
0	0	0000

续表 6-4

指数形式	多项式形式	矢量形式
a^0	1	1000
a^1	a	0100
a^2	a^2	0010
a^3	a^3	0001
a^4	$1 + a$	1100
a^5	$a + a^2$	0110
a^6	$a^2 + a^3$	0011
a^7	$1 + a + a^3$	1101
a^8	$1 + a^2$	1010
a^9	$a + a^3$	0101
a^{10}	$1 + a + a^2$	1110
a^{11}	$a + a^2 + a^3$	0111
a^{12}	$1 \quad a + a^2 + a^3$	1111
a^{13}	$1 + a^2 + a^3$	1011
a^{14}	$1 + a^3$	1001

6.1.2 扩域元素与多项式的根

定义在 GF(2)上的多项式，其根（也就是零点）在扩域 GF (2^m) 上。

例如，多项式 $p(x) = 1 + x^3 + x^4$ 是 GF(2)上的不可约多项式，也就是说，它在 GF(2)上没有根。它的 4 个根都在扩域 GF(2^4)上。例 6.5 已经求出了 GF(2^4)的所有元素，我们可以验证，其中的 a^7、a^{11}、a^{13}、a^{14} 是多项式 $p(x) = 1 + x^3 + x^4$ 的根。

$$\begin{aligned} p(x) &= (x + a^7)(x + a^{11})(x + a^{13})(x + a^{14}) \\ &= [x^2 + (a^7 + a^{11})x + a^{18}][x^2 + (a^{13} + a^{14})x + a^{27}] \\ &= [x^2 + (a^8)x + a^3][x^2 + (a^2)x + a^{12}] \\ &= x^4 + (a^8 + a^2)x^3 + (a^{12} + a^{10} + a^3)x^2 + (a^{20} + a^5)x + a^{15} \\ &= x^4 + x^3 + 1 \end{aligned} \tag{6-4}$$

定理 6.1

设 $f(x)$ 是定义在 GF(2)上的多项式。如果扩域 GF (2^m) 上的元素 β 是多项式 $f(x)$ 的根，那么对于任意正整数 $l \geqslant 0$，β^{2^l} 也是多项式 $f(x)$ 的根。即在 GF(2)上的多项式 $f(x)$ 满足：

$$[f(\beta)]^{2^l} = f(\beta^{2^l}) = 0 \tag{6-5}$$

式中，元素 β^{2^l} 称为元素 β 的共轭。

例如，从前面讨论知道，定义在 GF(2)上的多项式 $p(x) = 1 + x^3 + x^4$ 的其中一个根是 a^7 。应用以上定理，当 $l = 1$ ，有：

$$(a^7)^2 = a^{14}$$

当 $l = 2$ ，有：

$$(a^7)^4 = a^{28} = a^{13}$$

当 $l = 3$ ，有：

$$(a^7)^8 = a^{56} = a^{11}$$

都是多项式 $p(x)$ 的根。

下一个根应该是当 $l = 4$ 时，有：

$$(a^7)^{16} = a^{112} = a^7$$

它重复了第一个根元素。可见，$\{a^7,\ a^{14},\ a^{13},\ a^{11}\}$ 就是多项式 $p(x)$ 所有根的集合。与前面的讨论式(6-4)的结果一致，我们看到这个集合中的所有元素确实就是多项式 $p(x) = 1 + x^3 + x^4$ 的所有根。

例 6.6 汉明循环码 $C_{\text{cyc}}(7,4)$ 的生成多项式可以为 $g_1(x) = x^3 + x + 1$ 或者是 $g_2(x) = x^3 + x^2 + 1$ 。它们都是 GF(2)上的不可约多项式，它们的根都在扩域 GF(2^3)上。前面例题已经求出了扩域 GF(2^3)中的所有元素。可以验证，多项式 $g_1(x)$ 和 $g_2(x)$ 的根是扩域 GF(2^3)中的元素。

$$\begin{aligned} g_1(x) &= (x + a)(x + a^2)(x + a^4) \\ &= x^3 + (a + a^2 + a^4)x^2 + (a^3 + a^5 + a^6)x + 1 \\ &= x^3 + x + 1 \\ g_2(x) &= (x + a^3)(x + a^5)(x + a^6) \\ &= x^3 + (a^3 + a^5 + a^6)x^2 + (a + a^2 + a^4)x + 1 \\ &= x^3 + x^2 + 1 \end{aligned}$$

实际上，$g_1(x)$ 和 $g_2(x)$ 都是 $x^7 + 1$ 的因式。如果对 $(x^7 + 1)$ 进行因式分解，我们可以得到：

$$\begin{aligned} x^7 + 1 &= (x^3 + x + 1)(x^3 + x^2 + 1)(x + 1) \\ &= g_1(x)g_2(x)g_3(x) \end{aligned}$$

而 $g_3(x)$ 的根是1，也就是 a^0 。这样，我们看到 $x^7 + 1$ 的所有的根，也就是 $g_1(x)$ 、$g_2(x)$ 和 $g_3(x)$ 的所有的根，就是扩域 GF(2^3)的所有非 0 元素。

定理 6.2 用 β_1，β_2，… β_{q-1} 表示有限域 GF (q) 上的所有非零域元素。则有：

$$x^{q-1} - 1 = (x - \beta_1)(x - \beta_2)\cdots(x - \beta_{q-1}) \tag{6-6}$$

这个定理告诉我们，在有限域 GF (q) 中对 $(x^{q-1} - 1)$ 进行因式分解，得到的结果是所有以非零域元素为零点的线性因式的乘积。

例 6.7　在有限域 GF(5)上对 (x^4-1) 进行因式分解。

解:GF(5)的非零域元素集合为{1，2，3，4}。由定理 6.2 可知：

$$x^4-1=(x-1)(x-2)(x-3)(x-4)$$

事实上，在五元域 GF(5)上，有：

$$\begin{aligned}(x-1)(x-2)(x-3)(x-4) &= (x^2-3x+2)(x^2-7x+12)\\ &= (x^2-3x+2)(x^2-2x+2)\\ &= x^4-5x^3+10x^2-10x+4\\ &= x^4-1\end{aligned}$$

6.1.3　最小多项式

1. 最小多项式的概念

从上面定理知道，有限域 GF (q) 的所有非零域元素都是 $(x^{q-1}-1)$ 的零点。同样，对于扩域 GF (q^m)，它的非零域元素都是 $(x^{q^m-1}-1)$ 的零点。所以，我们可以在扩域 GF (q^m) 上对 $(x^{q^m-1}-1)$ 进行因式分解：

$$x^{q^m-1}-1=\prod_j(x-\beta_j) \tag{6-7}$$

式中，β_j 取 GF(q^m)所有的非零域元素。

从上一章我们了解到，(n,k) 循环码的生成多项式 $g(x)$ 是(x^n-1)的一个因式，所以我们可以通过对(x^n-1)进行因式分解的方法找到循环码的生成多项式，而上面求出的扩域上的非零域元素就是生成多项式的根。从例 6.6 可以看出，扩域 GF (q^m) 中几个域元素对应的线性因式的乘积可以得到一个 GF (q) 上的不可约多项式。那么根据我们想要的零点个数，就可以构造具有给定个数的根的生成多项式 $g(x)$，它们可以是扩域 GF (q^m) 上各个不可约多项式的乘积。由于它们具有确定的根，所以生成的循环码的纠错能力是确定的。这样生成的循环码就是 BCH 码。

定义 6.4　码长 $n=q^m-1$ 称为 GF (q) 域上的本原分组长度。GF (q) 上码长为本原分组长度的循环码称为本原循环码。

定义 6.5　β 是扩域 GF (q^m) 的一个非零域元素。所有系数在 GF (q) 域上，有零点 β 在扩域 GF (q^m) 上的多项式中，阶数最小的多项式称为 β 的最小多项式。也就是说，如果 $\varphi(x)$ 是 β 的最小多项式，那么 $\varphi(\beta)=0$ 。

2. 最小多项式的构造

下面我们不加证明地给出一些关于构造最小多项式的定理。

定理 6.3　GF (2^m) 上非零域元素 β 的最小多项式是不可约多项式。

定理 6.4　给定一个定义在 GF(2)上的多项式 $f(x)$，已知 $\varphi(x)$ 是 β 的最小多项式。如果 β 是 $f(x)$ 的一个根，那么 $\varphi(x)$ 是 $f(x)$ 的一个因式。

定理 6.5　GF (2^m) 上域元素 β 的最小多项式 $\varphi(x)$ 是 $x^{2^m}+x$ 的因式。

定理 6.6 设 $f(x)$ 是定义在 GF(2)上的不可约多项式，设 $\varphi(x)$ 是 GF (2^m) 上域元素 β_j 的最小多项式。如果 $f(\beta)=0$，那么 $f(x)=\varphi(x)$。

定理 6.7 设 $\varphi(x)$ 是 GF (2^m) 上域元素 β 的最小多项式，而且 e 是满足 $\beta^{2^e}=\beta$ 的最小整数。那么 β 的最小多项式为：

$$\varphi(x)=\prod_{i=0}^{e-1}(x+\beta^{2^i}) \tag{6-8}$$

例 6.8 确定 $GF(2^4)$上域元素 $\beta=a^7$ 的最小多项式 $\varphi(x)$。

解：由前面结论，如果 $\varphi(x)$ 是 β 的最小多项式，则 β 是 $\varphi(x)$ 的一个根，那么 β 的共轭：

$$\beta^2=(a^7)2=a^{14}$$

$$\beta^{2^2}=(a^7)4=a^{28}=a^{13}$$

$$\beta^{2^3}=(a^7)8=a^{56}=a^{11}$$

也都是 $\varphi(x)$ 的根。

由于 $\beta^{2^e}=\beta^{16}=(a^7)^{16}=a^{112}=a^7=\beta$，所以有 $e=4$。则根据上面定理，β 的最小多项式 $\varphi(x)$ 为：

$$\begin{aligned}\varphi(x)&=(x+a^7)(x+a^{11})(x+a^{13})(x+a^{14})\\&=[x^2+(a^7+a^{11})x+a^{18}][x^2+(a^{13}+a^{14})x+a^{27}]\\&=[x^2+(a^8)x+a^3][x^2+(a^2)x+a^{12}]\\&=x^4+(a^8+a^2)x^3+(a^{12}+a^{10}+a^3)x^2+(a^{20}+a^5)x+a^{15}\\&=x^4+x^3+1\end{aligned}$$

所有域元素的最小多项式如表 6-5 所示。

表 6-5 由 $p(x)=1+x+x^4$ 生成的 $GF(2^4)$上所有域元素的最小多项式

域元素(共轭根)	最小多项式
0	x
1	$1+x$
$a,\ a^2,\ a^4,\ a^8$	$1+x+x^4$
$a^3,\ a^6,\ a^9,\ a^{12}$	$1+x+x^2+x^3+x^4$
$a^5,\ a^{10}$	$1+x+x^2$
$a^7,\ a^{11},\ a^{13},\ a^{14}$	$1+x^3+x^4$

由此可见，所有的共轭域元素具有相同的最小多项式。

例如，$p(x)=x^2+x+1$ 是定义在 GF(2)上的本原多项式，其阶数为 2，可以用 $p(x)$ 构造扩域 $GF(2^2)$，也就是 GF(4)。设本原元为 a，则其域元素集合如表 6-6 所示。

表 6-6　$p(x)=x^2+x+1$ 在 GF(4)中的域元素集合

本原元幂次	域元素
0	0
1	1
a	a
a^2	$a+1$

由此可见，GF(4)中域元素集合为 $\{0, 1, a, a+1\}$，这些元素可以看作 GF(2)上的二维扩张，可以写成坐标形式(0,0)、(0,1)、(1,0)、(1,1)。如果把这些元素的两个坐标看成二进制的两位，那么 GF(4)的域元素集合就可以写成 $\{0, 1, 2, 3\}$。

对于 GF(4)中域元素集合 $\{0, 1, a, a+1\}$，我们可以写出它的加法运算表和乘法运算表如表 6-7、表 6-8 所示。

表 6-7　GF(4)加法运算表

+	0	1	a	$a+1$
0	0	1	a	$a+1$
1	1	0	$a+1$	a
a	a	$a+1$	0	1
$a+1$	$a+1$	a	1	0

表 6-8　GF(4)乘法运算表

—	0	1	a	$a+1$
0	0	0	0	0
1	0	1	a	$a+1$
a	0	a	$a+1$	1
$a+1$	0	$a+1$	1	a

乘法运算表的运算是根据扩域的原理进行的，也就是根据本原多项式有 $a^2=a+1$。

如果我们把上面的加法和乘法运算表中的域元素换成 $\{0, 1, 2, 3\}$，那么就变成了四元域 GF(4)的加法运算表和乘法运算表，如表 6-9、表 6-10 所示。

表 6-9　加法运算表

+	0	1	2	3
0	0	1	2	3
1	1	0	3	2
2	2	3	0	1
3	3	2	1	0

表 6-10　乘法运算表

—	0	1	2	3
0	0	0	0	0
1	0	1	2	3
2	0	2	3	1
3	0	3	1	2

由此可见，这个 GF(4)上的乘法运算表并不是模 4 运算的结果。

一般来说，对于 GF (q) 域：

(1) 如果 q 为质数，我们可以很容易得出它的加法表和乘法表，即普通乘除法加上对 q 取模运算；

(2) 如果 q 为质数的幂，则利用扩域的原理进行相关计算得出它的加法运算表和乘法运算表。

如果对上面得到的 GF(4)再进行扩域，那么扩域过程中涉及的加法运算和乘法运算要遵循其加法运算表和乘法运算表。下面的例题就是这个 GF(4)上的扩域运算。

例 6.9　$p(x)=x^2+x+2$ 是定义在 GF(4)上的本原多项式，也就是说，$p(x)$ 的系数来自集合 $\{0,1,2,3\}$。由 $p(x)$ 生成扩域 GF(4^2)，也就是 GF(16)扩域。确定扩域元素及其最小多项式。

解：采用上面同样的方法，利用上面得到的 GF(4)域上的加法运算表和乘法运算表，可以得到这个扩域及其最小多项式如表 6-11 所示。

表 6-11　$p(x)=x^2+x+2$ 在 GF(4)上的扩域及其最小多项式

本原元幂次	域元素	最小多项式
0	0	x
1	1	$x+1$
a	a	x^2+x+2
a^2	$a+2$	x^2+x+3

续表 6-11

本原元幂次	域元素	最小多项式
a^3	$3a+2$	x^2+3x+1
a^4	$a+1$	x^2+x+2
a^5	2	$x+2$
a^6	$2a$	x^2+2x+1
a^7	$2a+3$	x^2+2x+2
a^8	$a+3$	x^2+x+3
a^9	$2a+2$	x^2+2x+1
a^{10}	3	$x+3$
a^{11}	$3a$	x^2+3x+3
a^{12}	$3a+1$	x^2+3x+1
a^{13}	$2a+1$	x^2+2x+2
a^{14}	$3a+3$	x^2+3x+3

6.2　BCH 码的编码

对于给定的任意整数 $m \geqslant 3$，以及纠错能力 $t < 2^{m-1}$，一定存在这样一种二元 (n,k) BCH 码，具有：

(1)码长：

$$n = 2^m - 1$$

(2)奇偶校验位个数：

$$r = n - k \leqslant mt$$

(3)最小距离：

$$d_{\min} \geqslant 2t + 1$$

这个码的一个码矢量可以纠正 t 个错误。

定理 6.8　如果 a 是伽罗华域 GF (2^m) 的本原元，BCH 码可以纠正 t 个错误而且码长为 $n = 2^m - 1$，那么 BCH 码的生成多项式为以 a，a^2，…，a^{2t} 为根且定义在 GF(2)上阶数最小的多项式 $g(x)$。即有：

$$g(a^i) = 0, \quad \text{其中 } i = 1, 2, \cdots, 2t \tag{6-9}$$

另外，如果 $\varphi_i(x)$ 是 β_i 的最小多项式，其中：

$$\beta_i = a^i \tag{6-10}$$

那么对于这个能纠正 t 个错误码长为 $n = 2^m - 1$ 的 BCH 码，其生成多项式 $g(x)$ 是这些共轭元素最小多项式的最小公倍数。即：

$$g(x) = LCM\{\varphi_1(x), \varphi_2(x), \cdots, \varphi_{2t}(x)\} \tag{6-11}$$

然而由于共轭根的重复性，所以可以只用奇数序号的最小多项式的最小公倍数来构造生成多项式 $g(x)$ 。即：

$$g(x) = LCM\{\varphi_1(x),\ \varphi_3(x),\ \cdots,\ \varphi_{2t-1}(x)\} \tag{6-12}$$

由于最小多项式的阶数小于或等于 m ，所以 $g(x)$ 的阶数最高为 mt 。因为 BCH 码是循环码，其生成多项式的阶数为 r ，也就得到上面提到的结论：

BCH 码的奇偶校验位个数 $r = n - k \leqslant mt$

考虑伽罗华域 GF(2)的三次扩域 GF(8)，也就是 $q = 2$、 $m = 3$ 。在例 6.3 中已经求出了 GF(8)的所有域元素如表 6-12 所示。

表 6-12　$m=3, p(x)=1+x+x^3$ 在 GF(8)的所有域元素

本原元的指数形式	域元素的多项式形式
0	0
a^0	1
a^1	a
a^2	a^2
a^3	$1+a$
a^4	$a+a^2$
a^5	$1+a+a^2$
a^6	$1+a^2$

对($x^{q^m-1} - 1$)进行因式分解得到：

$$\begin{aligned} x^{q^m-1} - 1 &= x^7 - 1 \\ &= (x-1)(x^3+x+1)(x^3+x^2+1) \end{aligned}$$

可以验证前面讨论过的，所有非零域元素就是 $x^7 - 1$ 的所有根，即：

$$(x^3+x+1) = (x-a)(x-a^2)(x-a^2-a)$$

$$(x^3+x^2+1) = (x-a-1)(x-a^2-1)(x-a^2-a-1)$$

也就是

$$\begin{aligned} x^7 - 1 = &(x-1)(x-a)(x-a^2)(x-a^2-a) \\ &(x-a-1)(x-a^2-1)(x-a^2-a-1) \end{aligned}$$

由定理 6.3 和定理 6.6 可知，从 $x^7 - 1$ 分解得到的 3 个不可约多项式 $(x-1)$、(x^3+x+1) 和 (x^3+x^2+1) 就分别是 GF(8)上各个域元素的最小多项式，如表 6-13 所示。

表 6-13　$m=3, p(x)=1+x+x^3$ 在 GF(8)上各个域元素的最小多项式

域元素(共轭根)	对应的最小多项式
0	x
a^0	$x-1$
$a,\ a^2,\ a^4$	$1+x+x^3$
$a^3,\ a^6,\ a^5$	$1+x^2+x^3$

我们再一次看到，所有的共轭域元素具有相同的最小多项式。

构造 BCH 码生成多项式的步骤

要构造一个可以纠正 t 个错误，本原码长为 $n = q^m - 1$ 的 BCH 码，可以按照以下步骤确定其生成多项式：

(1)选择一个阶数为 m 的素多项式，构造扩展伽罗华域 GF (q^m)；

(2)对扩域中任意元素 a^i，求出其最小多项式 $\varphi_i(x)$，其中 $i = 1, 2, \cdots, q^m - 2$。

(3)纠错能力为 t 的 BCH 码的生成多项式为：

$$g(x) = LCM\{\varphi_1(x), \varphi_3(x), \cdots, \varphi_{2t-1}(x)\} \tag{6-13}$$

这样构造的 BCH 码可以保证纠正至少 t 个错误。在不少情况下，这个码可以纠正多于 t 个错误。因此，$d = 2t + 1$ 被称为这个码的设计距离，这个码的实际最小距离 $d_{\min} \geqslant 2t + 1$。生成多项式的阶数 $r = n - k$。从直观上说，纠错能力越强，t 越大的码，r 就越大，相应的 k 就越小，也就是这个码字中的冗余越高，码率越低。

例 6.10　在由 $p(x) = 1 + x + x^4$ 生成的伽罗华域 GF(2^4)上，求纠错能力为 t(可以纠正小于或等于 t 个错误)，码长为 $n = 2^4 - 1 = 15$ 的 BCH 码的生成多项式。

解：GF(2^4)上所有域元素的最小多项式见表 6-5。

(1)如果要构造一个 $t = 1$，也就是纠正单个错误的 BCH 码，那么生成多项式为：

$$\begin{aligned} g(x) &= LCM\{\varphi_1(x), \varphi_3(x), \cdots, \varphi_{2t-1}(x)\} \\ &= LCM\{\varphi_1(x)\} \\ &= \varphi_1(x) \\ &= 1 + x + x^4 \end{aligned}$$

这里 $r = \deg(g(x)) = 4$，那么 $k = n - r = 11$。我们得到的是一个可以纠正单个错误的(15,11)BCH 码。这个码的设计距离 $d = 2t + 1 = 3$，可以求出这个码的实际最小距离也是 3。在这里，设计距离等于最小距离。

(2)如果要构造一个 $t = 2$，也就是可以纠正 2 个错误的 BCH 码，其生成多项式为：

$$\begin{aligned} g(x) &= LCM\{\varphi_1(x), \varphi_3(x)\} \\ &= \varphi_1(x)\varphi_3(x) \\ &= (1 + x + x^4)(1 + x + x^2 + x^3 + x^4) \\ &= 1 + x^4 + x^6 + x^7 + x^8 \end{aligned}$$

可见，$r = 8$，所以 $k = n - r = 7$。这是一个 (15,7) BCH 码，这个码的设计距离 $d = 2t + 1 = 5$，可以求出这个码的实际最小距离也是 5。

(3)继续，对于可以纠正 3 个错误 $(t = 3)$ 的 BCH 码，有：

$$\begin{aligned} g(x) &= LCM\{\varphi_1(x), \varphi_3(x), \varphi_5(x)\} \\ &= \varphi_1(x)\varphi_3(x)\varphi_5(x) \\ &= (1 + x + x^4)(1 + x + x^2 + x^3 + x^4)(1 + x + x^2) \\ &= 1 + x + x^2 + x^4 + x^5 + x^8 + x^{10} \end{aligned}$$

可见，$r=10$，所以 $k=n-r=5$。这是一个 (15，5) BCH 码，这个码的设计距离 $d=2t+1=7$，可以求出这个码的实际最小距离也是 7。

(4)当 $t=4$ 时，有：

$$\begin{aligned} g(x) &= LCM\{\varphi_1(x),\ \varphi_3(x),\ \varphi_5(x),\ \varphi_7(x)\} \\ &= \varphi_1(x)\varphi_3(x)\varphi_5(x)\varphi_7(x) \\ &= (1+x+x^4)(1+x+x^2+x^3+x^4)(1+x+x^2)(1+x^3+x^4) \\ &= 1+x+x^2+x^3+x^4+x^5+x^6+x^7+x^8+x^9 \\ &\quad +x^{10}+x^{11}+x^{12}+x^{13}+x^{14} \end{aligned}$$

可见，$r=14$，所以 $k=n-r=1$。这是一个 (15，1) BCH 码，显然是一个简单重复码，这个码只有两个码字，全 0 码字和全 1 码字，所以它的最小距离 $d^*=15$，然而这个码的设计距离 $d=2t+1=9$。此时，实际最小距离大于设计距离。这个码可以纠正 $(d^*-1)/2=7$ 个随机错误。

(5)如果继续用上面的方法构造 $t=5$、6、7 的 BCH 码，我们会发现得到的都是和上面同样的生成多项式：

$$\begin{aligned} g(x) = 1+x+x^2+x^3+x^4+x^5+x^6+x^7+ \\ x^8+x^9+x^{10}+x^{11}+x^{12}+x^{13}+x^{14} \end{aligned}$$

因为这个多项式生成的码可以纠正 7 个随机错误。

(6)如果要构造 $t=8$ 的 BCH 码，就需要域元素 a^{15} 的最小多项式 $\varphi_{15}(x)$，这已经超出了扩域 $GF(2^4)$的范畴，需要更大的扩域才能做到。可见纠错能力更强的 BCH 码需要用域元素更多的扩域来构造。

6.3 BCH 码的译码

BCH 码是循环码的一个子类，所以循环码的通用译码方法都可以适用于 BCH 码。

BCH 码的译码方法常用的有查表法和迭代法。

6.3.1 查表法

查表法是线性分组码的基本译码方法。对于接收端可能收到的所有可能的码字，按照最大似然译码规则，找到每一个码字所对应的消息字作为译码结果。这样，在接收端事先把所有可能的码字和对应的消息字用表格存储起来，译码时直接查表，根据接收到的码字找到对应的消息字，就是译码结果。

查表法的优点是译码速度快，而且硬件实现比较容易。而它的缺点就是，当错误位数比较多时，存储表格将会消耗大量的硬件资源。例如，(67,53)BCH 码可纠正小于或等于 2bit 的错误，它的错误图样的个数为 $C_{67}^1+C_{67}^2=2211$ 个，每个错误图样的码长为 67bit，这样，就至少需要 67bit×2211≈148kbit 的 ROM。

6.3.2　迭代法

针对查表法需要的存储空间随错误位数的增加而急剧增加的问题，在 BCH 码的译码中使用比较多的是迭代算法。

迭代算法的优点在于它使用的硬件资源相对较少，而且它对错误位数不敏感，当错误位数较多时，迭代译码算法所使用的硬件资源与位数少的情况相差无几。而另一方面，迭代译码算法的运算速度与纠错位数呈线性关系，当错误位数较多时，迭代次数也会相应增多。

在 BCH 码的迭代译码算法中，比较经典的是 Gorenstein-Zierler 迭代算法，它是一种专为 BCH 码设计的扩展 Peterson 算法。这里我们介绍这种迭代译码算法。

Gorenstein-Zierler 迭代算法

对于线性分组码的纠错来说，我们需要两个信息就可以确定码中存在的错误：

(1)错误发生的位置；

(2)错误的大小。

Gorenstein-Zierler 迭代算法的译码过程，就是利用 BCH 码的生成多项式的特点确定这两个信息的过程。

对于一个码长为 n 的 BCH 码，其纠错能力为 t，考虑其错误多项式：

$$e(x) = e_{n-1}x^{n-1} + e_{n-2}x^{n-2} + \cdots + e_1 x + e_0 \tag{6-14}$$

它的系数中最多有 t 个非零系数。

假设实际发生了 v 个错误，有 $0 \leqslant v \leqslant t$。设这些错误发生在位置 $i_1, i_2, \cdots, i_v$，则可以把错误多项式改写为：

$$e(x) = e_{i_1}x^{i_1} + e_{i_2}x^{i_2} + \cdots + e_{i_v}x^{i_v} \tag{6-15}$$

式中，e_{i_k} 表示第 k 个错误的大小。

我们首先把伴随式定义为接收的码多项式在各个域元素处的值，如在域元素 a 处，伴随式为：

$$\begin{aligned} S_1 &= v(a) = c(a) + e(a) = e(a) \\ &= e_{i_1}a^{i_1} + e_{i_2}a^{i_2} + \cdots + e_{i_v}a^{i_v} \end{aligned} \tag{6-16}$$

定义其中的

(1)错误大小：

$$Y_k = e_{i_k}, \qquad k = 1, 2, \cdots, v \tag{6-17}$$

(2)错误位置：

$$X_k = a^{i_k}, \qquad k = 1, 2, \cdots, v \tag{6-18}$$

式中，i_k 是第 k 个错误的位置；X_k 是这个位置对应的域元素。

这样，式(6-16)可以写成：

$$S_1 = Y_1 X_1 + Y_2 X_2 + \cdots + Y_v X_v \tag{6-19}$$

同样，在域元素 a^j，$j = 1, 2, \cdots, 2t$ 处，都可以计算伴随式的值：

$$S_j = v(a^j) = c(a^j) + e(a^j) = e(a^j) \tag{6-20}$$

得到：

$$\begin{cases} S_1 = Y_1X_1 + Y_2X_2 + \cdots + Y_vX_v \\ S_2 = Y_1X_1^2 + Y_2X_2^2 + \cdots + Y_vX_v^2 \\ \vdots \\ S_{2t} = Y_1X_1^{2t} + Y_2X_2^{2t} + \cdots + Y_vX_v^{2t} \end{cases} \tag{6-21}$$

这个方程组有 $2v$ 个未知数，以及错误大小 $Y_1, Y_2, \cdots, Y_v$，错误位置 $X_1, X_2, \cdots, X_v$。定义错误位置多项式为：

$$\begin{aligned} \Lambda(x) &= (1 - xX_1)(1 - xX_2)\cdots(1 - xX_v) \\ &= \Lambda_v x^v + \Lambda_{v-1}x^{v-1} + \cdots + \Lambda_1 x + 1 \end{aligned} \tag{6-22}$$

也就是说，错误位置的倒数 X_k^{-1} 是这个多项式的零点值。

应用错误位置多项式，可以把上面的方程组改写成下面的形式：

$$\begin{bmatrix} S_1 & S_2 & \cdots & S_{v-1} & S_v \\ S_2 & S_3 & \cdots & S_v & S_{v+1} \\ \vdots & \vdots & \vdots & \vdots & \vdots \\ S_v & S_{v+1} & \cdots & S_{2v-2} & S_{2v-1} \end{bmatrix} \begin{bmatrix} \Lambda_v \\ \Lambda_{v-1} \\ \\ \Lambda_1 \end{bmatrix} = \begin{bmatrix} -S_{v+1} \\ -S_{v+2} \\ \\ -S_{2v} \end{bmatrix} \tag{6-23}$$

通过解这个方程组，就可以求出错误位置多项式的所有系数 Λ_i 的值。解方程需要求伴随式矩阵的逆，所以要求伴随式矩阵是非奇异矩阵。可以证明，当存在 v 个错误时，伴随式矩阵是非奇异的。由此我们可以从伴随式矩阵的奇异性确定发生错误的个数 v。下面总结 BCH 码译码的过程。

BCH 码迭代法译码步骤

(1)先尝试设 $v = t$，计算伴随式矩阵的行列式 $\det(\boldsymbol{M})$。其中，

$$\boldsymbol{M} = \begin{bmatrix} S_1 & S_2 & \cdots & S_{v-1} & S_v \\ S_2 & S_3 & \cdots & S_v & S_{v+1} \\ \vdots & \vdots & \vdots & \vdots & \vdots \\ S_v & S_{v+1} & \cdots & S_{2v-2} & S_{2v-1} \end{bmatrix} \tag{6-24}$$

如果 $\det(\boldsymbol{M}) = 0$，说明伴随式矩阵是奇异的，接收码字中没有发生 t 个错误。

(2)再设 $v = t-1$，重新计算 $\det(\boldsymbol{M})$。重复这个过程直到 $\det(\boldsymbol{M}) \neq 0$，这时的 v 值就是发生错误的个数。

(3)根据找到的 v 值，解方程组：

$$\begin{bmatrix} S_1 & S_2 & \cdots & S_{v-1} & S_v \\ S_2 & S_3 & \cdots & S_v & S_{v+1} \\ \vdots & \vdots & \vdots & \vdots & \vdots \\ S_v & S_{v+1} & \cdots & S_{2v-2} & S_{2v-1} \end{bmatrix} \begin{bmatrix} \Lambda_v \\ \Lambda_{v-1} \\ \vdots \\ \Lambda_1 \end{bmatrix} = \begin{bmatrix} -S_{v+1} \\ -S_{v+2} \\ \vdots \\ -S_{2v} \end{bmatrix} \tag{6-25}$$

得到错误位置多项式的所有系数 Λ_i 的值。

(4)解方程 $\Lambda(x)=0$，得到它的所有零点，其倒数也就是：

$$\Lambda(x)=(1-xX_1)(1-xX_2)\cdots(1-xX_v)$$

式中，X_1，X_2，…，X_v 就是错误位置。

要找到方程 $\Lambda(x)=0$ 的所有零点，最简单的方法就是把所有域元素逐一代入进行检测看方程是否成立。

这种穷举法搜索就是钱搜索(Chien search)算法。

对于二进制码来说，由于错误值只能是 1，所以译码过程到这里就结束了。

(5)对于非二进制码，要求错误值 Y_1，Y_2，…，Y_v，我们回到方程组：

$$\begin{cases} S_1=Y_1X_1+Y_2X_2+\cdots+Y_vX_v \\ S_2=Y_1X_1^2+Y_2X_2^2+\cdots+Y_vX_v^2 \\ \vdots \\ S_{2t}=Y_1X_1^{2t}+Y_2X_2^{2t}+\cdots+Y_vX_v^{2t} \end{cases} \tag{6-26}$$

现在其中的错误位置 X_1，X_2，…，X_v 是已知的，解这个线性方程组，就可以得到错误值 Y_1，Y_2，…，Y_v。

例 6.11　考虑(15,5)BCH 码，它可以纠正 3 个错误，其生成多项式为：

$$g(x)=x^{10}+x^8+x^5+x^4+x^2+x+1$$

设接收码字的多项式为 $v(x)=x^5+x^3$。试用 Gorenstein-Zierler 译码算法译码，求出错误多项式。

解：由 $n=15=2^4-1$ 可知，这个码所在的扩域是 GF(16)。根据扩域的原理可以计算伴随式：

$$S_1=a^5+a^3=a^{11}$$

$$S_2=a^{10}+a^6=a^7$$

$$S_3=a^{15}+a^9=a^7$$

$$S_4=a^{20}+a^{12}=a^{14}$$

$$S_5=a^{25}+a^{15}=a^5$$

$$S_6=a^{30}+a^{18}=a^{14}$$

由于这个码可以纠正 3 个错误，首先设 $v=t=3$，得到：

$$\boldsymbol{M}=\begin{bmatrix} S_1 & S_2 & S_3 \\ S_2 & S_3 & S_4 \\ S_3 & S_4 & S_5 \end{bmatrix}=\begin{bmatrix} a^{11} & a^7 & a^7 \\ a^7 & a^7 & a^{14} \\ a^7 & a^{14} & a^5 \end{bmatrix}$$

计算其行列式得到 $\det(\boldsymbol{M})=0$，说明发生的错误个数小于3。再设 $v=t-1=2$，得到：

$$\boldsymbol{M}=\begin{bmatrix} S_1 & S_2 \\ S_2 & S_3 \end{bmatrix}=\begin{bmatrix} a^{11} & a^7 \\ a^7 & a^7 \end{bmatrix}$$

计算其行列式得到 $\det(\boldsymbol{M})\neq 0$，说明确实发生了 2 个错误，$v=2$。

根据式(6-25)，得到：

$$\begin{bmatrix} \Lambda_2 \\ \Lambda_1 \end{bmatrix}=\begin{bmatrix} a^7 & a^7 \\ a^7 & a^{11} \end{bmatrix}\begin{bmatrix} a^7 \\ a^{14} \end{bmatrix}=\begin{bmatrix} a^8 \\ a^{11} \end{bmatrix}$$

也就是 $\Lambda_2 = a^8$ ，$\Lambda_1 = a^{11}$ 。这样：

$$\Lambda(x) = a^8 x^2 + a^{11} x + 1 = (a^5 x + 1)(a^3 x + 1)$$

式中，a^5 和 a^3 就是错误位置 X_1 和 X_2 。

由于这是一个二进制码，错误值为 1。这样，我们得到：

$$e(x) = x^5 + x^3$$

译码结果：

$$c(x) = v(x) - e(x) = (x^5 + x^3) - (x^5 + x^3) = 0$$

可见传输的是一个全零码字。

6.4 Reed-Solomon 码(RS 码)

RS 码是非二进制 BCH 码。对于任选正整数 S 可构造一个相应的码长为 $n = q^S - 1$ 的 q 进制 BCH 码，其中 q 是某个素数的幂。当 $S = 1$，$q > 2$ 时，所构造的码长 $n = q - 1$ 的 q 进制 BCH 码被称为 RS 码。当 $q = 2^m (m > 1)$ 时，其码元符号取自于 GF (2^m) 的二进制 RS 码可用来纠正突发差错，它是最常用的 RS 码。

与前面讨论的 BCH 码不同，RS 码不是基于单个的 0 和 1，而是基于比特组(如字节)的编码。RS 码的性质如下：

(1)码长：

$$n = 2^m - 1 \tag{6-27}$$

(2)若信息长度为 k ，则奇偶校验长度为：

$$r = n - k = 2t \tag{6-28}$$

(3)最小距离：

$$d_{\min} = 2t + 1 \tag{6-29}$$

(4)RS 码生成多项式的形式如下：

$$g(x) = (x - a^i)(x - a^{i+1})\cdots(x - a^{2t+i-1})(x - a^{2t+i}) \tag{6-30}$$

例 6.12 试构造一个能纠 3 个错误字节，码长 $n = 15$，$m = 4$ 的 RS 码。

解：已知 $t = 3$，$n = 15$，$m = 4$ ，所以有

(1)最小距离：

$$d_{\min} = 2t + 1 = 7 \text{ 个字节[即 } 7 \times 4 = 28 \text{ (bit)]}$$

(2)奇偶校验长度：

$$r = 2t = 6 \text{ 个字节 (24bit)}$$

(3)信息长度：

$$k = n - r = 15 - 6 = 9 \text{ 个字节 (36bit)}$$

(4)码长：

$$n = 15 \text{ 个字节 (60bit)}$$

因此这个码是(15,9)RS 码，同时也是(60,36)二进制 BCH 码。

其生成多项式为：

$$g(x) = (x + a)(x + a^2)\cdots(x + a^6)$$
$$= x^6 + a^{10}x^5 + a^{14}x^4 + a^4x^3 + a^6x^2 + a^9x + a^6$$

习题 6

6.1　验证在 GF(2)上的多项式 $p(x) = x^5 + x^2 + 1$ 是不可约多项式。

6.2　利用本原多项式 $p(x) = x^5 + x^2 + 1$ 构造扩域 GF(2^5)，写出域元素列表。

6.3　求出上题中构造的扩域 GF(2^5)域元素 a^3 的最小多项式。

6.4　构造一个码长为 31、能纠正 3 个错误的 BCH 码，写出其生成多项式。

6.5　在扩域 GF(2^4)上构造的二元(15,5)BCH 码能纠正 3 个错误，其扩域元素和最小多项式见下面 2 个表。接收码多项式为 $p(x) = x^7 + x^2$，试译码。

指数形式	多项式形式	矢量形式	指数形式	多项式形式	矢量形式
0	0	0000	a^7	$1 + a + a^3$	1101
a^0	1	1000	a^8	$1 + a^2$	1010
a^1	a	0100	a^9	$a + a^3$	0101
a^2	a^2	0010	a^{10}	$1 + a + a^2$	1110
a^3	a^3	0001	a^{11}	$a + a^2 + a^3$	0111
a^4	$1 + a$	1100	a^{12}	$1\ a + a^2 + a^3$	1111
a^5	$a + a^2$	0110	a^{13}	$1 + a^2 + a^3$	1011
a^6	$a^2 + a^3$	0011	a^{14}	$1 + a^3$	1001

域元素(共轭根)	最小多项式
0	x
1	$1+x$
a，a^2，a^4，a^8	$1+x+x^4$
a^3，a^6，a^9，a^{12}	$1+x+x^2+x^3+x^4$
a^5，a^{10}	$1+x+x^2$
a^7，a^{11}，a^{13}，a^{14}	$1+x^3+x^4$

第 7 章　卷积码

7.1　卷积码的概念

7.1.1　引言

前几章学习的线性分组码，如汉明码、循环码、BCH 码等，它们的输出编码码元只与当前输入的信息码元有关，与以往输入的信息码元并无关联，属于无记忆编码。这种编码方式分组明确、简单易行，但割裂了前后码元之间的相关性。然而，实际上很多待发送信息，比如一段语音或文字，其前后信息码元之间存在较强的相关性。

如果能够构造一种信道编码使当前时刻待传输的编码码元不仅与当前时刻要发送的信息码元有关，还能够与之前时刻传输的信息码元有关，将能够充分利用前后时刻信息码元之间的相关性，从而提高系统的抗干扰能力。

联系码元之间的约束关系，我们常称为记忆。编码器的记忆可以是有限的，也可以是无限的。对于有限记忆的编码器而言，输入输出符号要用同一域中的元素。这样输入符号如果是 p 元域 GF (p) 上的元素，输出符号也对应 p 元域 GF (p) 上元素。一个简单的有限记忆编码器如图 7-1 所示。

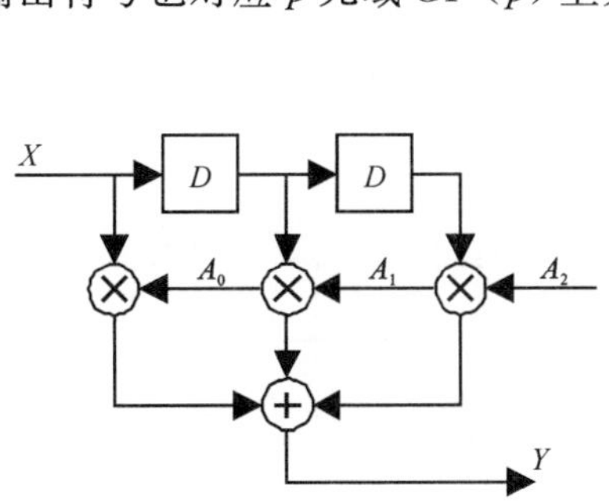

图 7-1　有记忆编码结构图

D 代表移位寄存器；A_0、A_1、A_2 代表连接线抽头系数；⊗ 代表乘法运算；⊕ 代表加法运算；X 代表输入信号；Y 代表输出信号

根据我们以往的知识，可以很容易地知道任意时刻输出编码 Y 总可表示为 $Y(k)=A_0X(k)+A_1X(k-1)+A_2X(k-2)$，这种有限记忆的编码生成方法与离散线性信号系统中的信号通过一个滤波器所经历的卷积运算过程极其类似，因而这种码被称为卷积码。

卷积码也称为连环码，最早由美国麻省理工学院的 P. Elias 于 1955 年提出，是一种性能优越的信道编码，非常适用于纠正随机错误。

后来 Wozencraft 于 1957 年提出了一种有效的译码方法即序列译码。1963 年，Massey 提出了一种性能稍差但是比较实用的门限译码方法，使得卷积码开始走向实用化。1967 年，Viterbi 提出了最大似然译码算法，被称作 Viterbi 译码算法，对卷积码广泛地应用于现代通信中起到了巨大的推动作用。

7.1.2 卷积码的基本概念

卷积码与一般的线性分组码最大的不同就是卷积码是有记忆的。我们通常以(n,k,m)来描述卷积码。

(1)k 代表每次输入到卷积编码器的待发送信息码元数，即信息位长度。

(2)n 代表每 k 个信息码元经卷积码编码器输出的编码码元数，即子码长度。每一个(n,k)码段称为一个子码。

(3)m 代表编码存储度，或认为是卷积码的记忆长度。

任意时刻输出的 n 位子码，不但与当前输入的 k 个位信息元有关，还与之前 m 个时刻输入的 $m \times k$ 个信息元有关。

我们把 $N = m + 1$ 称为卷积码的约束度，表示编码过程中相互约束的子码数。把 $N_a = n * (m + 1)$ 称为卷积码的编码约束长度，表示编码过程中相互约束的码元数。

如果卷积码的各个子码是系统码，则称该卷积码为系统卷积码，否则为非系统卷积码。由于卷积码充分利用了各组之间的相关性，n 和 k 可以用比较小的数，在同样的编码效率 R 和设备复杂性时，卷积码的性能一般比分组码好。

接下来，我们通过一个简单的卷积码编码例子来说明这些概念。

例 7.1 卷积码编码器结构如图 7-2 所示。D 为寄存器。假设寄存器初始状态为 000，输入的信息元序列为 m=101110…，输出为 Y_0、Y_1、Y_2 的组合。

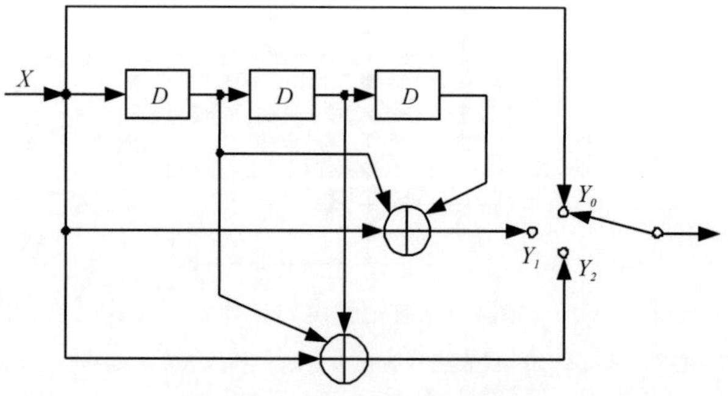

图 7-2 卷积编码器架构图

解：初始状态为 000

设输入 $m = 101110\cdots$

则输出(Y_0, Y_1, Y_2)与输入的关系如表 7-1 所示。

表 7-1　卷积码编码器的输入、状态和输出

输入	1	0	1	1	1	0	0	0	0	…
状态	000	100	010	101	110	111	011	001	000	…
输出	111	011	110	110	101	000	011	010	000	…

当输入第一位信息元 1 时，寄存器的状态为 000，输出子码为 111；

当输入第二位信息元 0 时，寄存器的状态为 100，输出子码为 011；

当输入第三位信息元 1 时，寄存器的状态为 010，输出子码为 110；

当输入第四位信息元 1 时，寄存器的状态为 101，输出子码为 110；

当输入第五位信息元 1 时，寄存器的状态为 110，输出子码为 101；

当输入第六位信息元 0 时，寄存器的状态为 111，输出子码为 000。

之后，如果没有新的输入，编码器将在时钟控制下，默认输入为 0，寄存器状态依次右移，直到重新回到 000 状态。

最终输出的全部码字称为码序列，每 3 位码分组称为一个子码，信息分组为每次用于编码的输入信息元个数为 1，编码存储深度是指寄存器延时时间单元数，此处为 3；所以这个卷积码就是(3，1，3)卷积码。卷积码的约束度为 $m+1=4$，编码约束长度为 $n\times(m+1)=12$。

总结卷积码与分组码的不同之处如下：

(1)卷积码是有记忆的，而线性分组码是无记忆的。线性分组码每一分组的输出只和当前时刻的输入有关。而卷积码在约束长度内，前后各组都是密切相关的，一个子码的监督元不仅取决于本组的信息元，还取决于前 m 组的信息元；

(2)卷积码与分组码表示方法不同，线性分组码用 (n,k) 表示，而卷积码常用 (n,k,m) 表示（n 代表子码长度，k 代表信息位长度，m 代表编码存储深度）；

(3)分组码的每个 (n,k) 码段称为一个分组，n 个码元仅与该码段内的信息位有关；卷积码的每个 (n, k) 码段称为子码。子码通常较短，子码内的 n 个码元不仅与该码段内的信息位有关，而且与前面 m 段内的信息位有关；

(4)卷积码 k 和 n 通常很小，编码延时小，特别适合以串行形式进行传输。卷积码的纠错性能随 m 的增加而增大，换言之就是信息码元之间的相关性越强编码纠错能力越强。而线性分组码是通过增加码长，即增加冗余位获得好的纠错效果，码长的增加将带来编码延时增大，复杂度增加的问题。

由于卷积码能够有效提高通信系统信息传输的可靠性，这种信道编码方式在现代通信系统中得到广泛应用。如 GSM、GPRS、IS-95、TD-SCDMA、WCDMA、IEEE 802.11 及全球导航卫星系统等无线通信信道中均使用了卷积码。

7.2　卷积码的编码方法

卷积码编码器采用寄存器作为存储单元来实现“记忆功能”。一般来说，一个 (n,k,m) 卷积码编码器由输入单元、编码单元和输出单元组成(图 7-3)。

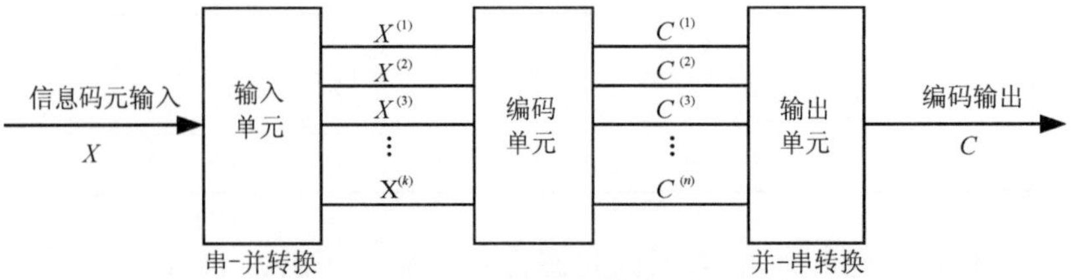

图 7-3 (n,k,m)卷积码编码器结构示意图

(n,k,m)卷积码编码器为了完成 k 个信息码元的分组，输入单元将串行输入的信元转换成 k 路并行输出，并作为编码单元的 k 路信元输入；输出单元则是把编码单元产生的 n 路并行输出转换为 1 路串行输出，并作为卷积码的码字。编码单元是最核心的部分，它的功能是把 k 路并行输入的信息码元按照一定的监督规则产生 n 路并行输出的编码码元。编码单元是一个线性时序电路，因此它是一个线性时不变系统，系统特性完全由其冲激响应确定。

为了准确地描述卷积码的产生过程，将各种输入输出符号表示如下。

串行输入的信息码可表示为：

$$X = (x_0^{(1)}, x_0^{(2)}, x_0^{(3)}, \cdots, x_0^{(k)}, x_1^{(1)}, x_1^{(2)}, x_1^{(3)}, \cdots, x_1^{(k)}, \cdots, x_l^{(1)}, x_l^{(2)}, x_l^{(3)}, \cdots, x_l^{(k)}, \cdots) \tag{7-1}$$

式中，$x_s^{(t)}$ 代表第 s 个分组中的第 t($t \in [1,k], s \in [0, +\infty)$)时刻输入的信息码元。

串行输入信息码元在输入单元完成串并转换后，并行输出的 k 路序列表示为：

$$\left\{\begin{aligned} X^{(1)} &= (x_0^{(1)}, x_1^{(1)}, \cdots, x_l^{(1)}, \cdots) \\ X^{(2)} &= (x_0^{(2)}, x_1^{(2)}, \cdots, x_l^{(2)}, \cdots) \\ X^{(3)} &= (x_0^{(3)}, x_1^{(3)}, \cdots, x_l^{(3)}, \cdots) \\ &\vdots \\ X^{(k)} &= (x_0^{(k)}, x_1^{(k)}, \cdots, x_l^{(k)}, \cdots) \end{aligned}\right\} \tag{7-2}$$

之后，并行 k 路序列进入一个 k 路输入 n 路输出的编码单元，码率为 $R=k/n$，这个单元也可视为一个线性时不变系统，这个系统的特性完全由其连接矢量确定。当前 n 位输出是当前 k 位和前 $k \times m$ 位输入的线性组合，这里的 m 就是卷积码的记忆长度。第 i 路输入激励下产生的第 j 路输出的冲激响应记为：

$$g_i^{(j)} = (g_{i,0}^{(j)},\ g_{i,1}^{(j)},\ g_{i,2}^{(j)}, \cdots,\ g_{i,m}^{(j)}) \tag{7-3}$$

式中，$i \in [1,k], j \in [1,n]$

$g_{i,l}^{(j)}$ 表示在第 i 路输入激励下用于产生第 j 路输出的第 $l+1$ 个冲激响应系数，比如 $g_{1,1}^{(2)}$ 表示第 1 路输入下，为了产生第 2 路输出的第 2 个响应系数，这个系数更通俗一点的说法是编码器抽头连接线系数。

第 t 个时刻的第 i 路输入 $x^{(i)}$ 产生的第 j 路编码输出可表示为：

$$C_j^{(t)} = \sum_{l=0}^{m} x^{(i)}(t-l) \cdot g_{i,l}^{(i)}$$

下面用卷积编码的实例来说明卷积码的结构和编码方法。

例 7.2　一个(3,1,3)卷积码的编码器，编码器三路输出 Y_0、Y_1、Y_2 对应的冲激响应分别为 $g_1^{(1)}=(1,0,0,0)$、$g_1^{(2)}=(1,1,0,1)$、$g_1^{(3)}=(1,1,1,0)$，输入输出符号均取自 GF(2)中的元素。

(1)请画出此编码器结构；

(2)求编码器从左到右依次输入(1,0,0,0,0)时的编码输出；

(3)给出卷积码的生成矩阵；

(4)利用生成矩阵计算输入为(1,0,1,1,1,0)对应的编码输出。

解：(1)(3,1,3)卷积码中 $k=1$ 代表编码每时刻输入 1bit 信息码元，即每时刻编码器的输入端是 1 位，而输出端是 3 位，编码码率 $R=1/3$。因为只有 1 位输入，所以不需要进行串-并转换。这种 1 位输入的卷积码理解起来最简单，而在实践中也是最有用的。

$m=3$ 代表卷积码的记忆长度为 3，即从左到右每右移一位依次对应一个单位时间延时，共需要 3 个延时时间单元，编码器需要 $m=3$ 个寄存器来存储信息码元。而编码约束度为 4，即每 4 个子码相互关联。

分析冲激响应序列 $g_1^{(1)}=(1,0,0,0)$ 代表在输入输出均为 2 元域的情况下，第 1 位信息位产生第 1 路输出 Y_0 的响应系数依次为 1,0,0,0。这里 1 代表有连接，0 代表无连接，我们就获得了编码器 Y_0 输出端冲激响应对应的抽头连接情况。同样地，$g_1^{(2)}=(1, 1, 0, 1)$ 代表第 2 路输出 Y_1 的响应 1,1,0,1。$g_1^{(3)}=(1, 1, 1, 0)$ 代表抽头连接情况为 1,1,1,0。这样得到的卷积码编码器结构如图 7-4 所示。

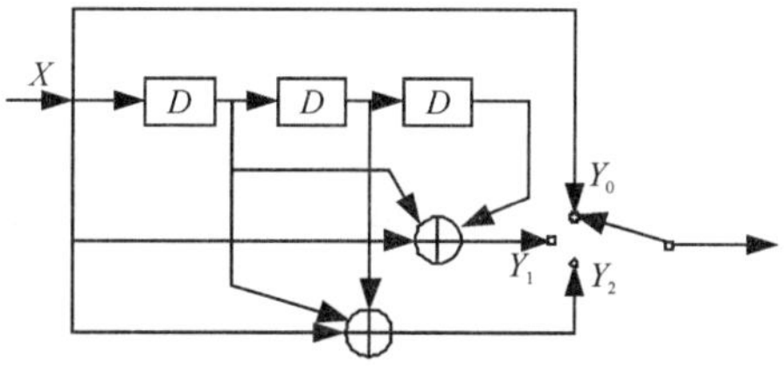

图 7-4　(3,1,3)卷积码编码器的结构图

(2)这个编码器的编码过程如下。

假设初始状态下，寄存器状态均为 0。当输入信息码元从左到右依次输入(1,0,0,0,0)后，根据 3 路编码的冲激响应：$g_1^{(1)}=(1,0,0,0)$，$g_1^{(2)}=(1,1,0,1)$，$g_1^{(3)}=(1,1,1,0)$，计算编码器状态及输出子码情况。

首先，我们可以根据时序，获得移位寄存器随时间变化的情况。可得到编码输出状态转换表如表 7-2 所示。

表 7-2　编码输出状态转换表

时序	$x(k)$	$x(k-1)$	$x(k-2)$	$x(k-3)$	Y_0	Y_1	Y_2
初始状态	0	0	0	0	0	0	0
1	1	0	0	0	1	1	1
2	0	1	0	0	0	1	1

续表 7-2

时序	$x(k)$	$x(k-1)$	$x(k-2)$	$x(k-3)$	Y_0	Y_1	Y_2
3	0	0	1	0	0	0	1
4	0	0	0	1	0	1	0
5	0	0	0	0	0	0	0

编码输出子码的计算过程如下。

第 k 个时刻的输出可表示为：

$$Y_{j-1}{}^{(k)} = \sum_{t_0=0}^{m} x_i(k-t_0) \cdot g_{i,t_0}^{(i)}$$

式中，x_i 表示第 i 路输入，t_0 表示寄存器延时节拍。

把冲激响应序列 $g_1^{(1)} = (1,0,0,0)$ 代入表达式中，就可得到第 1 路输出 Y_0 的表达式。

$$Y_0(k) = x(k) \cdot g_{1,0}^{(1)} + x(k-1) \cdot g_{1,1}^{(1)} + x(k-2) \cdot g_{1,2}^{(1)} + x(k-3) \cdot g_{1,3}^{(1)} = x(k)$$

把 $g_1^{(2)} = (1,\ 1,\ 0,\ 1)$ 代入表达式中就可获得第 2 路输出 Y_1 的表达式。

$$\begin{aligned} Y_1(k) &= x(k) \cdot g_{1,0}^{(2)} + x(k-1) \cdot g_{1,1}^{(2)} + x(k-2) \cdot g_{1,2}^{(2)} + x(k-3) \cdot g_{1,3}^{(2)} \\ &= x(k) + x(k-1) + x(k-3) \end{aligned}$$

把冲激响应 $g_1^{(3)} = (1,\ 1,\ 1,\ 0)$ 代入表达式中就可获得第 3 路输出 Y_2的表达式。

$$\begin{aligned} Y_2(k) &= x(k) \cdot g_{1,0}^{(3)} + x(k-1) \cdot g_{1,1}^{(3)} + x(k-2) \cdot g_{1,2}^{(3)} + x(k-3) \cdot g_{1,3}^{(3)} \\ &= x(k) + x(k-1) + x(k-2) \end{aligned}$$

按照最终的输出表达式，依次根据每时刻的寄存器状态得到相应时刻的子码输出。比如，第一个时序：

$$Y_0 = X(K) = 1$$

$$Y_1 = X(K) + X(K-1) + X(K-3) = 1$$

$$Y_2 = X(K) + X(K-1) + X(K-2) = 1$$

这里再次明确一下，$g_{i,l}^{(j)}$ 表示在第 i 路输入激励下用于产生第 j 路输出的第 $l+1$ 个冲激响应系数，在实际系统中即编码器抽头的状态。如 $g_{1,0}^{(1)}$ 代表第 1 路输入下，产生第 1 路输出时第 1 个抽头连接线对应值，即 1。

求卷积码编码输出的运算过程正是输入信号与冲激响应的卷积结果。对应于输入(1,0,0,0,0)，输出的码序列为(111,011,001,010,000)，4 个移位脉冲过后，寄存器恢复全零状态，说明连续 4 个子码相关，即编码约束度为 4。

(3)当输入(1,0,0,0,0)，输出的码序列为(111,011,001,010,000)；若输入序列为 $X=(0,1,0,0,0)$，则输出的码序列相应为 $Y=(000,111,011,001,010)$，依次类推，我们不难发现对于任意输入序列，比如 $X=(1,0,1,1,1,0,\cdots)$总可以分解为：

$$\begin{aligned} X &= (1,0,1,1,1,0,\cdots) \\ &= (1,0,0,0,0,0) + (0,0,1,0,0,0) + (0,0,0,1,0,0) + \\ &\quad (0,0,0,0,1,0) + \cdots \end{aligned}$$

相应地，输出编码序列可表示为：

$$
\begin{aligned}
Y=&(111,011,001,010,000,\cdots)+\\
&(000,000,111,011,001,010,000,\cdots)+\\
&(000,000,000,111,011,001,010,000,\cdots)+\\
&(000,000,000,000,111,011,001,010,000,\cdots)+\cdots
\end{aligned}
$$

由此，我们可以看出，若定义：

$$
\begin{cases}
\boldsymbol{G}_0=(g_{1,0}^{(1)},g_{1,0}^{(2)},g_{1,0}^{(3)})=(111)\\
\boldsymbol{G}_1=(g_{1,1}^{(1)},g_{1,1}^{(2)},g_{1,1}^{(3)})=(011)\\
\boldsymbol{G}_2=(g_{1,2}^{(1)},g_{1,2}^{(2)},g_{1,2}^{(3)})=(001)\\
\boldsymbol{G}_3=(g_{1,3}^{(1)},g_{1,3}^{(2)},g_{1,3}^{(3)})=(010)
\end{cases}
\tag{7-4}
$$

则 $\boldsymbol{G}_0$、$\boldsymbol{G}_1$、$\boldsymbol{G}_2$、$\boldsymbol{G}_3$ 称为子生成矩阵，表示不同延时情况下的抽头连接情况，因输入信息码元和输出编码码元均为半无限的，所以生成矩阵 $\boldsymbol{G}_\infty$ 是一个半无限阵：

$$
\boldsymbol{G}_\infty=\begin{bmatrix}
\boldsymbol{G}_0 & \boldsymbol{G}_1 & \boldsymbol{G}_2 & \boldsymbol{G}_3 & 0 & 0 & \cdots\\
0 & \boldsymbol{G}_0 & \boldsymbol{G}_1 & \boldsymbol{G}_2 & \boldsymbol{G}_3 & 0 & \cdots\\
0 & 0 & \boldsymbol{G}_0 & \boldsymbol{G}_1 & \boldsymbol{G}_2 & \boldsymbol{G}_3 & \cdots\\
0 & 0 & 0 & \boldsymbol{G}_0 & \boldsymbol{G}_1 & \boldsymbol{G}_2 & \cdots\\
0 & 0 & 0 & 0 & \ddots & \ddots & \ddots
\end{bmatrix}
\tag{7-5}
$$

利用生成矩阵 $\boldsymbol{G}_\infty$，我们可以用矩阵相乘来表示信息序列的编码，比如对于 $X=(1,0,1,1,1,0,\cdots)$，有：

$$
\begin{aligned}
Y=XG_\infty=(1,0,1,1,1,0,\cdots)&\begin{bmatrix}
\boldsymbol{G}_0 & \boldsymbol{G}_1 & \boldsymbol{G}_2 & \boldsymbol{G}_3 & 0 & 0 & \cdots\\
0 & \boldsymbol{G}_0 & \boldsymbol{G}_1 & \boldsymbol{G}_2 & \boldsymbol{G}_3 & 0 & \cdots\\
0 & 0 & \boldsymbol{G}_0 & \boldsymbol{G}_1 & \boldsymbol{G}_2 & \boldsymbol{G}_3 & \cdots\\
0 & 0 & 0 & \boldsymbol{G}_0 & \boldsymbol{G}_1 & \boldsymbol{G}_2 & \cdots\\
0 & 0 & 0 & 0 & \ddots & \ddots & \ddots
\end{bmatrix}\\
=&(111,011,001,010,000,\cdots)+(000,000,111,011,001,010,000,\cdots)\\
&+(000,000,000,111,011,001,010,000,\cdots)+\\
&(000,000,000,000,111,011,001,010,000,\cdots)+\cdots\\
=&(111,011,110,110,101,000,011,010,\cdots)
\end{aligned}
\tag{7-6}
$$

例 7.3　一个(3,2,1)卷积码的编码器，各路的冲激响应分别为 $g_1^{(1)}=(1,1)$，$g_1^{(2)}=(0,1)$，$g_1^{(3)}=(1,1)$，$g_2^{(1)}=(0,1)$，$g_2^{(2)}=(1,0)$，$g_2^{(3)}=(1,0)$。假设输入 $X=(1\ 1\ 0\ 1\ 1\ 0)$，求编码器编码输出，并给出卷积码的生成矩阵。

解：(3,2,1)卷积码表示输入信息位为 2，输出编码位为 3，对于串行输入的信息序列，首先需要进行串并转换，可采用移位寄存器或分路开关实现，串-并转换电路如图 7-5 所示。

$m=1$ 即记忆长度为 1，需要寄存器个数为 $m\times k=2$ 个。采用图 7-5(*a*)所示的串-并转换电路并根据题目中给出的冲激响应确定抽头连接状态，可知编码器电路如图 7-6 所示。

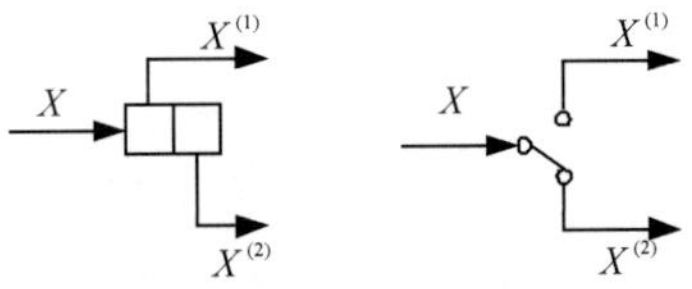

(a)串并转换　　(b)分路开关

图 7-5　串-并转换电路

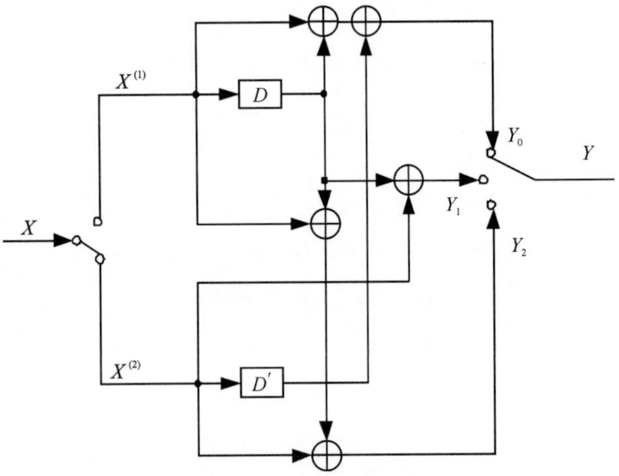

图 7-6　(3,2,1)卷积码的编码器电路

此编码电路的输出与输入间关系如下：

$$
\begin{aligned}
Y_0(k) &= x^{(1)}(k) \cdot g_{1,0}^{(1)} + x^{(1)}(k-1) \cdot g_{1,1}^{(1)} + x^{(2)}(k) \cdot g_{2,0}^{(1)} + \\
&\quad x^{(2)}(k-1) \cdot g_{2,1}^{(1)} \\
&= x^{(1)}(k) + x^{(1)}(k-1) + x^{(2)}(k-1) \\
Y_1(k) &= x^{(1)}(k) \cdot g_{1,0}^{(2)} + x^{(1)}(k-1) \cdot g_{1,1}^{(2)} + x^{(2)}(k) \cdot g_{2,0}^{(2)} + \\
&\quad x^{(2)}(k-1) \cdot g_{2,1}^{(2)} \\
&= x^{(1)}(k-1) + x^{(2)}(k) \\
Y_2(k) &= x^{(1)}(k) \cdot g_{1,0}^{(3)} + x^{(1)}(k-1) \cdot g_{1,1}^{(3)} + x^{(2)}(k) \cdot g_{2,0}^{(3)} + \\
&\quad x^{(2)}(k-1) \cdot g_{2,1}^{(3)} \\
&= x^{(1)}(k) + x^{(1)}(k-1) + x^{(2)}(k)
\end{aligned}
$$

根据表达式绘制编码输出状态转换表如表 7-3 所示。

表 7-3　(3,2,1)卷积码编码输出状态转换表

时序	$x^{(1)}$	$x^{(2)}$	$Dx^{(1)}$	$Dx^{(2)}$	Y_0	Y_1	Y_2
0	0	0	0	0	0	0	0
1	1	1	0	0	1	1	0
2	0	1	1	1	0	0	0
3	1	0	0	1	0	0	1
4	0	0	1	0	1	1	1
5	0	0	0	0	0	0	0

表 7-3 中，$Dx^{(1)}$ 表示 $x^{(1)}$ 延时 1 位的状态。最终的输出还需要在输出端进行并-串转换，故由表 7-3 可知，输出编码序列为(110,000,001,111,000,…)

这里，$X=(x_0^{(1)},x_0^{(2)},x_1^{(1)},x_1^{(2)},\cdots,x_l^{(1)},x_l^{(2)},\cdots)$ 是信息码，生成矩阵的子矩阵为：

$$\begin{cases} \boldsymbol{G}_0=\begin{bmatrix} g_{1,0}^{(1)},g_{1,0}^{(2)},g_{1,0}^{(3)} \\ g_{2,0}^{(1)},g_{2,0}^{(2)},g_{2,0}^{(3)} \end{bmatrix}=\begin{bmatrix} 1 & 0 & 1 \\ 0 & 1 & 1 \end{bmatrix} \\ \boldsymbol{G}_1=\begin{bmatrix} g_{1,1}^{(1)},g_{1,1}^{(2)},g_{1,1}^{(3)} \\ g_{2,1}^{(1)},g_{2,1}^{(2)},g_{2,1}^{(3)} \end{bmatrix}=\begin{bmatrix} 1 & 1 & 1 \\ 1 & 0 & 0 \end{bmatrix} \end{cases}$$

生成矩阵可表示为：

$$\boldsymbol{G}_\infty=\begin{bmatrix} \boldsymbol{G}_0 & \boldsymbol{G}_1 & 0 & 0 & 0 & 0 & \cdots \\ 0 & \boldsymbol{G}_0 & \boldsymbol{G}_1 & 0 & 0 & 0 & \cdots \\ 0 & 0 & \boldsymbol{G}_0 & \boldsymbol{G}_1 & 0 & 0 & \cdots \\ 0 & 0 & 0 & \boldsymbol{G}_0 & \boldsymbol{G}_1 & 0 & \cdots \\ 0 & 0 & 0 & 0 & \ddots & \ddots & \ddots \end{bmatrix}$$

7.3　卷积码常见的表示方法

7.3.1　生成多项式

当把编码器看作一个线性时序系统时，我们可以用多项式来描述输入序列和冲激响应，每一路输出的冲激响应对应该路的子码生成多项式，子码长度 n 决定了子多项式的数目。根据码生成多项式也可以方便地获得卷积码的编码输出序列。

下面通过一个实际的例子来介绍有关概念。

例 7.4　一个(3,1,3)卷积码的编码器，编码器 3 路输出 Y_0、Y_1、Y_2对应的冲激响应分别为 $g_1^{(1)}=(1,0,0,0)$、$g_1^{(2)}=(1,1,0,1)$、$g_1^{(3)}=(1,1,1,0)$。

(1)写出对应的子多项式；

(2)如果输入信息流是 101110，求输出码字序列。

解：(1)首先我们来计算各路输出对应的子生成多项式。因为冲激响应 $g_1^{(1)}=(1,0,0,0)$、$g_1^{(2)}=(1,1,0,1)$、$g_1^{(3)}=(1,1,1,0)$ 表示了卷积码编码器抽头连接线的结构，因此，也称为连接矢量。通过引入移位算子 x，将连接矢量表示的冲激响应转换为多项式，就是所求的子多项式。子多项式的数目由子码长度 n 决定，本例中子多项式数目为 3，分别为：

$$g_1^{(1)}(x)=1$$

$$g_1^{(2)}(x)=1+x+x^3$$

$$g_1^{(3)}(x)=1+x+x^2$$

连接矢量除了可以表示成子多项式的形式，也会用 8 进制数的形式来表达。如本例中可表示为 $g_1^{(1)}=(10)_8$，$g_1^{(2)}=(15)_8$，$g_1^{(3)}=(16)_8$。

(2) 当输入信息流是 $\boldsymbol{X}=(1,0,1,1,1,0,\cdots)$，时，输入信息序列：

$$v(x)=1+x^2+x^3+x^4$$

最终的输出序列可表示为：

$$y(x)=[y_0(x)\quad y_1(x)\quad y_2(x)]=v(x)[g_1^{(1)}(x)\quad g_1^{(2)}(x)\quad g_1^{(3)}(x)]=v(x)G(x)$$

而：

$$y_0(x)=v(x)g_1^{(1)}(x)=1+x^2+x^3+x^4$$

$$y_1(x)=v(x)g_1^{(2)}(x)=1+x+x^2+x^3+x^6+x^7$$

$$y_2(x)=v(x)g_1^{(3)}(x)=1+x+x^4+x^6$$

所以，最终输出的编码序列为(111,011,110,110,101,000,011,010)。

7.3.2 状态转换图和树状图

通过前面的分析，对数字电路比较熟悉的读者应该已经意识到卷积码编码器实质上是一个有限状态机。因此，用状态转换图和网格图将能够很好地描述卷积码的内在特性。

状态图主要用来反映卷积码编码器的可能状态，以及由一个状态可能向哪些状态转移。编码器中寄存器的内容看成是编码器状态，编码器状态的集合称为编码器的状态空间。以前面讲过的(3,1,3)卷积码来说明状态图的构造。

例 7.5 一个(3,1,3)卷积码的编码器，编码器 3 路输出 Y_0、Y_1、Y_2对应的冲激响应分别为 $g_1^{(1)}=(1,0,0,0)$、$g_1^{(2)}=(1,1,0,1)$、$g_1^{(3)}=(1,1,1,0)$。编码器结构图如图 7-7 所示。

(1)试分别用状态图和网格图来描述该码；

(2)如果输入信息流是 101110，利用网格图描述编码输出序列。

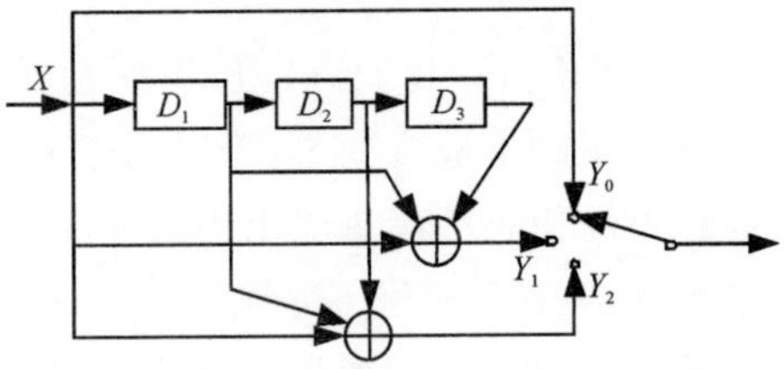

图 7-7 (3,1,3)卷积码编码器的结构图

解：(1)状态图描述的实际是编码器中寄存器状态直接的转换。图 7-7 中编码器共有 3 个移位寄存器，从左到右依次标记为 D_1、D_2、D_3，共有 $2^3=8$ 个不同的状态：000(S_0)，001 (S_1)，010(S_2)，011 (S_3)，100 (S_4)，101(S_5)，110 (S_6)，111(S_7)。当 $D_1D_2D_3=(000)$时，输入信息码元 0，产生编码输出 $Y_0Y_1Y_2=(000)$，移位寄存器新状态转换为(000)，即 $S_0\to S_0$；如果输入的信息码元 1，产生编码输出 $Y_0Y_1Y_2=(111)$，移位寄存器 D_1 新状态转换为 1，D_2、D_3 仍为 0，移位寄存器新状态转换为(100)，即 $S_0\to S_4$。依次类推，我们可以得到(3,1,3)卷积码的状态变化表(表 7-4)。

表 7-4 (3,1,3)卷积码的寄存器状态变化表

原状态 $D_1D_2D_3$	输入	编码输出	新状态 $D_1D_2D_3$
000	0	000	000
	1	111	100

续表 7-4

原状态 $D_1D_2D_3$	输入	编码输出	新状态 $D_1D_2D_3$
001	0	010	000
	1	101	100
010	0	001	001
	1	110	101
011	0	011	001
	1	100	101
100	0	011	010
	1	100	110
101	0	010	010
	1	110	110
110	0	010	011
	1	101	111
111	0	000	011
	1	111	111

按照这个表，可以画出状态转换图如图 7-8 所示。

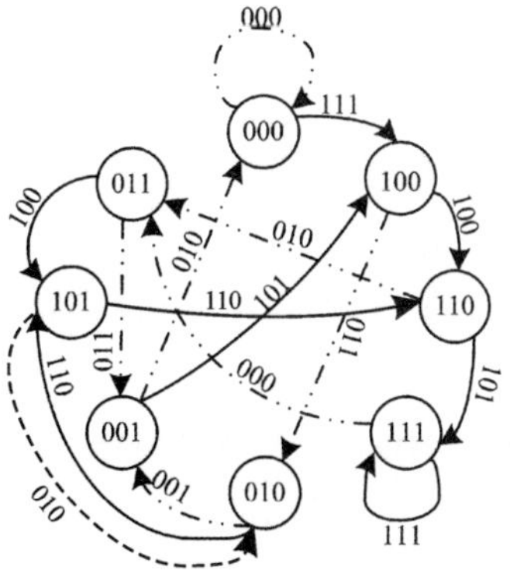

图 7-8　表 7-4 对应的状态图

○代表寄存器状态；虚线代表输入为 0 时的状态转换；实线代表输入为 1 时的状态转换；
线上的数字代表编码输出

状态图对于判断卷积码是否是恶性码非常关键。如果状态图中存在一个状态转换过程，能够在非 0 输入条件下产生全 0 的输出，那就是恶性码的典型特征，这意味着少量的输出差错可能会导致待传输信息序列中的大量差错。值得注意的是，恶性不是由输入引起的，而是构造过程中出现的，这种恶性映射的构造是卷积码编码器应该避免的。

树状图也是卷积码常用的表示方法，以父子层次结构来表示状态之间的转化关系。还以例 7.5 的(3,1,3)卷积码来说明树状图的构造，如图 7-9 所示。

第一步　假设寄存器中初始状态为全 0，给出树的根节点。

第二步　根据输入的各种变化，画出树的第一层。向上的分支表示输入为 0，向下的分支表示输入为 1。树枝上的数字代表编码输出。树枝的结点表示下一个转移到寄存器状态。

第三步　重复第二步，画出第三层，依次类推，直到节点出现所有可能的状态。

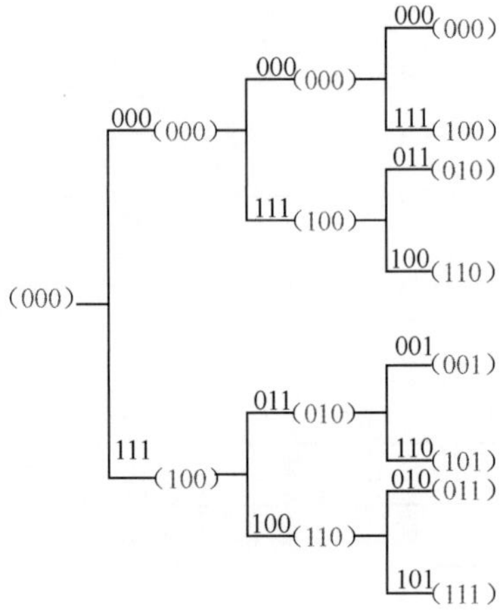

图 7-9　树状图构造

当输入是某一确定度输入序列，需要用树状图表示时，可以在当节点出现所有可能的状态后，继续根据输入状态画出一直到所有的输入信息结束，最后回到寄存器全零状态。按照对应的输入序列，标出相应的树枝，由树枝上的数字即可得到最终的输出码序列。

7.3.3　卷积码的网格图

网格图最早是由 Forney 提出来的。网格图是一个有向图，图中的节点表示编码器的状态。网格图与状态图的不同在于网格图是有时间轴的，即网格图的第 i 步对应了 i 时刻编码器所有可能的状态。网格图与树状图的不同在于，树状图中的状态用分行的点表示，每一层树状图中相同状态的节点合并到网格图中的每列相同的点，树状图的每一层对应网格图中的每一级，树状图中的分支对应网格图中的连线，从而将树状图的父子关系转化为网格图的时间递进关系。网格图在卷积码的维特比译码中具有非常重要的作用。

仍以前面讲过的(3,1,3)卷积码来说明网格图的构造。同样的编码结构和输入序列，当采用网格图表示时，其结构如图 7-10 所示。图中列出了从 0 状态出发，每一时刻所有可能的状态。

图 7-10 中，编码器状态从全 0 状态开始，虚线表示输入为 0 条件下的状态转移，实线表示输入为 1 条件下的状态转移，图中最后外加 3 个 0bit 使所有状态回到全 0 状态，线上的数字表示输出的编码序列。每一条从 0 状态出发，又回到 0 状态的路径都对应了一个码字序列。

如果输入信息流为 101110，利用网格图(图 7-11)描述编码输出序列。

图 7-11 中横线上的数字 1/111 表示输入为 1 时产生的输出编码序列为 111。由该图可知，当输入信息流是 101110 时，输出码序列为 111 011 110 110 101 000 011 010 。

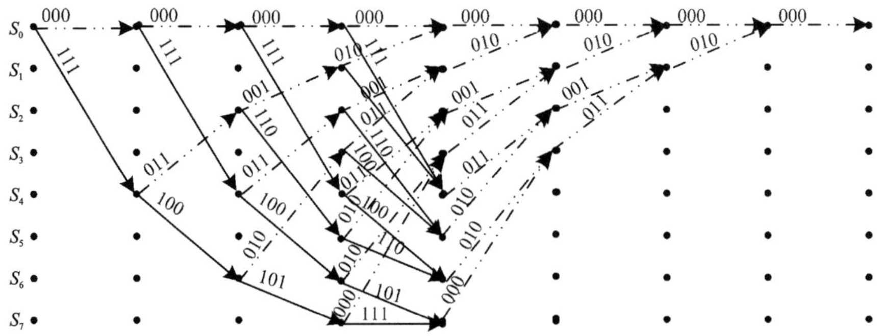

图 7-10　(3,1,3)编码器的网格图

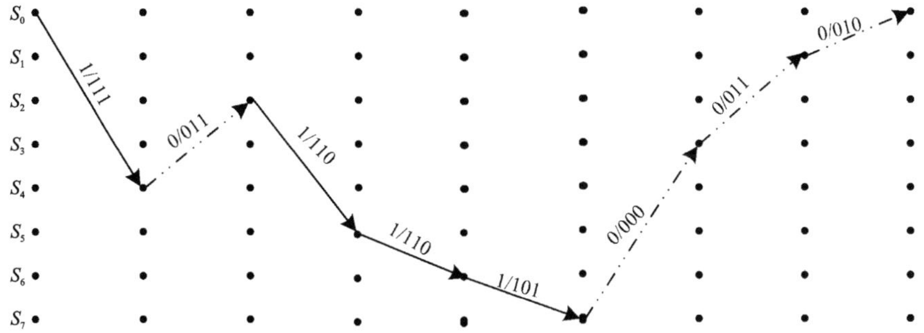

图 7-11　输入信息流为 101110 时的网格图

7.4　卷积码的译码

卷积码有 4 种不同的译码策略，包括①最大后验概率(MAP)序列估值；②最大似然(ML)序列估值；③逐符号 MAP 译码；④逐符号 ML 译码。在编码理论中，MAP 通常被认为是前向纠错方式的最佳译码，这种译码方法是建立在已知接收序列和信息比特先验分布概率的基础上的，既可以用来对整个码序列进行后验估值，也可以对信息比特进行逐比特判决。ML 与 MAP 紧密相关，两者的区别在于 MAP 译码需要知道信息比特的先验概率分布，而 ML 则直接假设所有信息码元均服从等概分布。

目前最实用的卷积码译码算法是 1967 年由美国学者维特比(A. J. Viterbi)引入的最小汉明距离译码方法，称为维特比译码。后来，在 1969 年，Ommura 证明了维特比算法等价于最大后验概率译码；1973 年，G. D. Forny 又证明了维特比算法就是卷积码的最大似然译码算法。至此，维特比算法被公认为卷积码的最佳译码算法，从而广泛流行开来。

维特比算法是一个动态编程的算法，依赖于卷积码的网格图，在网格中找到从起始节点到每个节点的最可能路径，从左到右沿着网格图一步步计算，当到达终止节点时就可以找到整体解，即最大似然估值。维特比算法的实施步骤如下：

(1)在第 $j(j=n)$ 个时刻以前，译码器计算所有的长为 n 的分支部分路径值，对进入 2^{kn}

个状态的每一条部分路径都保留。

(2)从第 n 个时刻开始，对进入每一个状态的部分路径进行计算，这样的路径有 2^k 条，译码器将接收码组与进入每个状态的两个分支进行比较和判决，选择一个累加距离(部分路径值)最小的路径作为进入该状态的幸存路径，删去进入该状态的其他路径。

(3)重复第二步的计算、比较和判决过程。若输入接收序列长为 $(L+m)k$，其中，后 m 段是人为加入的全 0 段，则译码一直进行到 $(L+m)$ 个时刻为止。若进入某个状态的部分路径中，有两条的部分路径值相等，则可任选其一作为幸存路径。

下面以例 7.5 的(3,1,3)卷积码为例，来说明维特比译码的具体过程。

例 7.6 假设一个二元对称信道(即 BSC 信道)，采用了具有图 7-12 所示网格图的卷积码进行信道编码，接收到的一段终结卷积码序列 $r=$(110 011 110 110 111 000 011 010)，试用维特比算法确定发送的信息序列。

解：该卷积码为(3,1,3)卷积码，当接收序列为 $r=$(110 011 110 110 111 000 011 010)时，最前面的 $n=3$ 步转移网格图如图 7-12 所示。

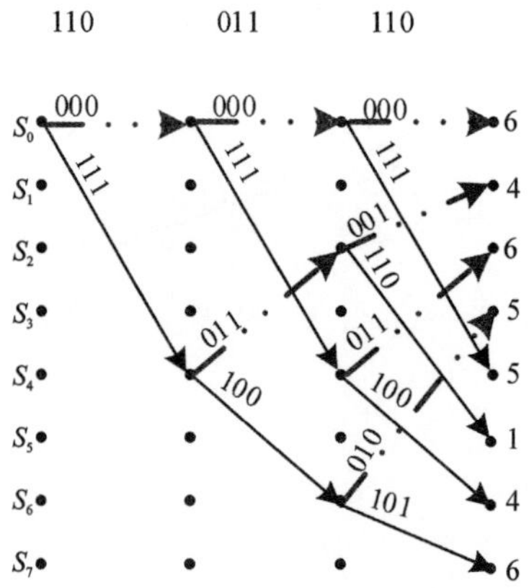

图 7-12　前 3 步状态转移网格图

在前 3 步转移中，共有 8 种可能的路径，这 8 条路径对应的码序列分别为(000 000 000)、(111 011 001)、(000 111 011)、(111 100 010)、(000 000 111)、(111 011 110)、(000 111 100)、(111 100 101)。这 8 条路径与接收序列的汉明距离分别为 6、4、6、5、5、1、4、6 。这时，到达每个状态的路径都只有 1 条，我们保留距离所有的路径，并继续下一步的状态转移。从第 4 个时刻开始，进入每一个状态的部分路径都有 2 条，译码器将接收码组与进入每个状态的 2 个分支进行比较和判决，选择一个累加距离最小的路径作为进入该状态的幸存路径，删除另一条路径。图 7-13 显示 S_0 (000)状态的幸存路径选择过程。

由图 7-13 可见，到达 S_0 状态有 2 条路径，一条路径的最小距离为 8，另一条的为 5，保留最小距离为 5 的路径作为幸存路径。

继续逐步完成所有的状态的幸存路径选择，见图 7-13(图中短划线路径是删除路径，点线路径是幸存路径)。若进入某个状态的部分路径中，有两条的部分路径值相等，则可任选其一作为幸存路径。

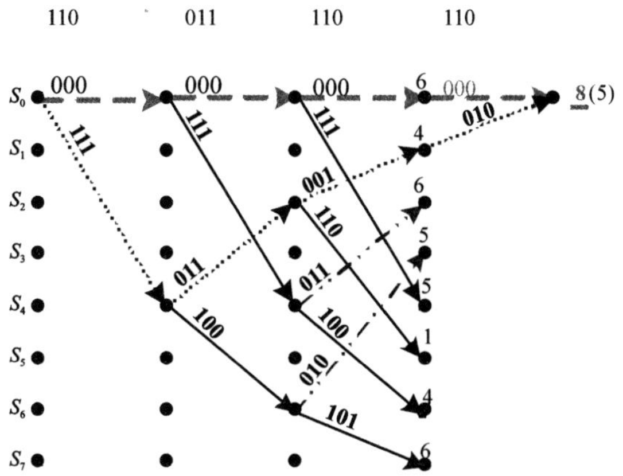

图 7-13　第四步状态转移网格图及 S_0 状态幸存路径选择

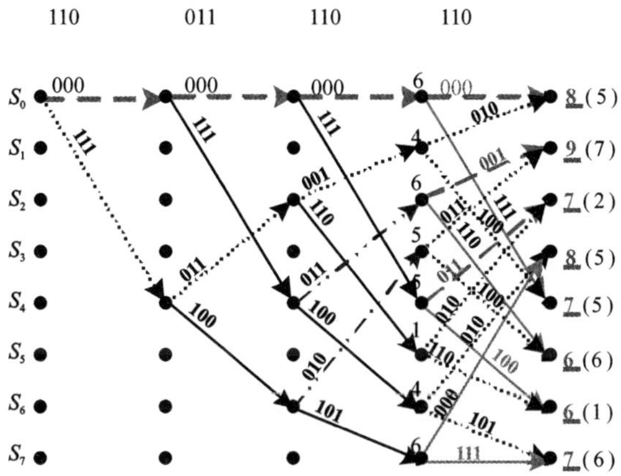

7-14　第四步状态转移网格图及幸存路径选择

若输入接收序列长为 $(L+m)k$，其中，后 m 段是人为加入的全 0 段，则译码一直进行到 $(L+m)$ 个时刻为止。当 $r=(110\ 011\ 110\ 110\ 111\ 000\ 011\ 010)$ 最终的路径选择如图 7-15 所示。

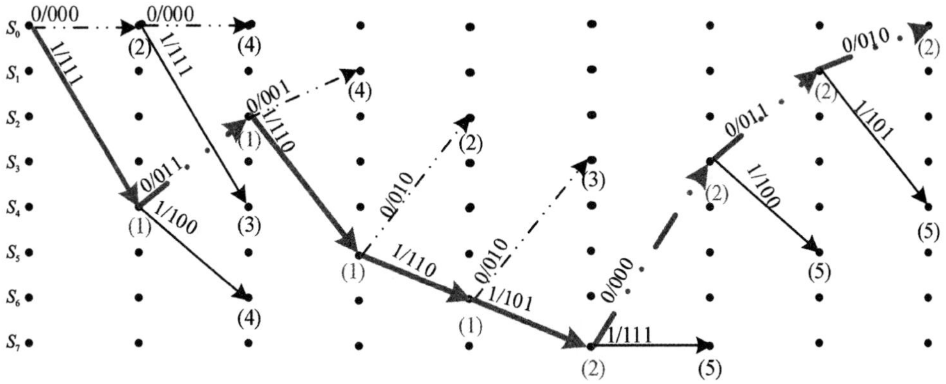

图 7-15　接收序列的最小距离路径

最后，从保留的最小距离路径终止节点出发退回到起始节点，利用标出的留存路径就可以获得码字估值序列 $\hat{Y}$，完成译码。

$$\hat{Y} = (111 \quad 011 \quad 110 \quad 110 \quad 101 \quad 000 \quad 011 \quad 010)$$

卷积码作为一种优良的信道编码在现代无线通信系统中得到广泛的应用。如全球导航卫星系统，包括美国的 GPS 和中国的北斗(COMPASS)导航系统均采用了卷积码作为信道编码。如 GPS BLOCK IIR－M 和 IIF 卫星所广播的 L2C 信号数据卷积码编码器结构如图 7-16 所示。

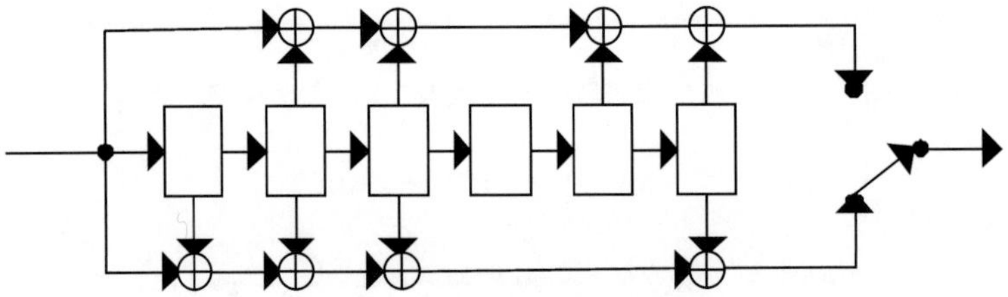

图 7-16　L2C 数据卷积编码器

这种卷积码属于(2,1,6)卷积码，$g_1^{(1)} = (133)_8$，$g_1^{(2)} = (171)_8$。此外，卷积码在移动通信也得到广泛应用。如在 GSM 系统中，全速率业务信道和控制信道就采用了(2,1,4)卷积编码，连接矢量为 $g_1^{(1)} = (10011) \rightarrow (23)$，$g_1^{(2)} = (11011) \rightarrow (33)$。编码器结构如图 7-17 所示。

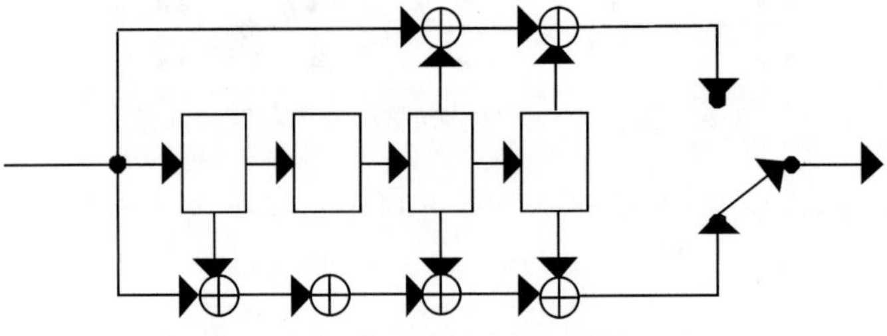

图 7-17　GSM 系统话音卷积编码器

在 GSM 系统中，为了保证语音信号的准确传输，信道编码首先对它进行 CRC 编码，并与其他校验信息一起形成卷积码编码器的输入序列，卷积编码是按帧进行的，并在尾比特的作用下使编码器回到零状态，准备下一帧的编码。半速率数据信道则采用了 $r=1/3$，$m=5$ 的(3,1,4)卷积编码，其连接矢量为 $g_1 = (11011) \rightarrow (33)$；$g_2 = (10101) \rightarrow (25)$；$g_3 = (11111) \rightarrow (37)$。

卷积码在 CDMA/IS－95 系统中也得到了广泛应用。在前向和方向信道，系统都使用了约束长度 M＝9 的编码器。其中前向信道编码率 $r=1/2$，连接矢量为：$g_1 = (111101011) \rightarrow (753)$；$g_2 = (101110001) \rightarrow (561)$。反向信道编码率为 $r=1/3$，编码器的连接矢量为 $g_1 = (101101111) \rightarrow (557)$，$g_2 = (110110011) \rightarrow (663)$，$g_3 = (111001001) \rightarrow (711)$。对反向全速率业务信道，系统首先对数据帧(172bit/20ms)进行 CRC 编码，得到 184bit/20ms 编码块，接着

在其后加上 M－1＝8 位尾比特，再进行卷积编码。信道编码的结果输出速率为 3×(184＋8)/20＝28.8(kbit/s)的编码符号。这样做的目的正是要提高系统的抗干扰能力。

习题 7

7.1　下图为编码效率为 1/2、约束度为 4 的卷积码编码器。若输入信息序列为 10111(左边第一位最先输入)，求编码器的输出(以 c_1c_2 的形式)。

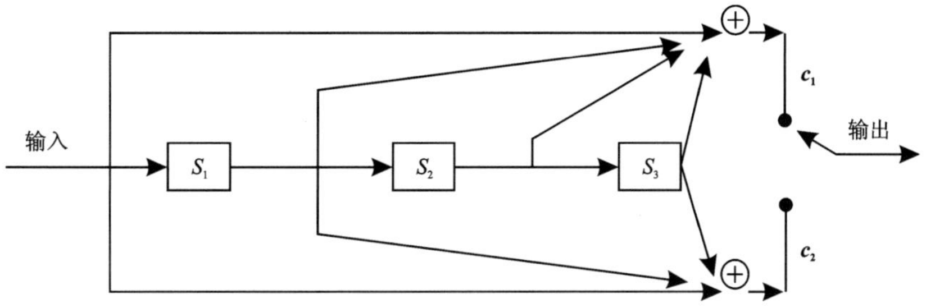

7.2　下图为(3,1,2)卷积码编码器。

(1)画出其状态转移图；

(2)通过 BSC 信道传输后，接收序列为(101 010 110 101 111 011 001)，为($c_1c_2c_3$)形式。试用维特比译码算法进行译码。

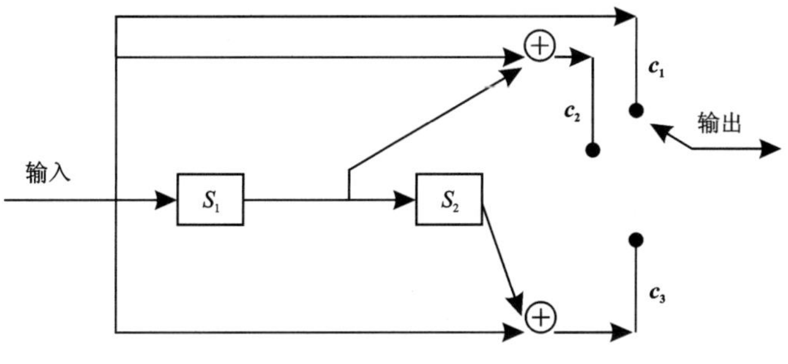

7.3　若消息为 $m(x)=x^7+x^6+x^4+x+1$，输入到如下图所示的卷积码编码器。试用码字与多项式表示编码输出。

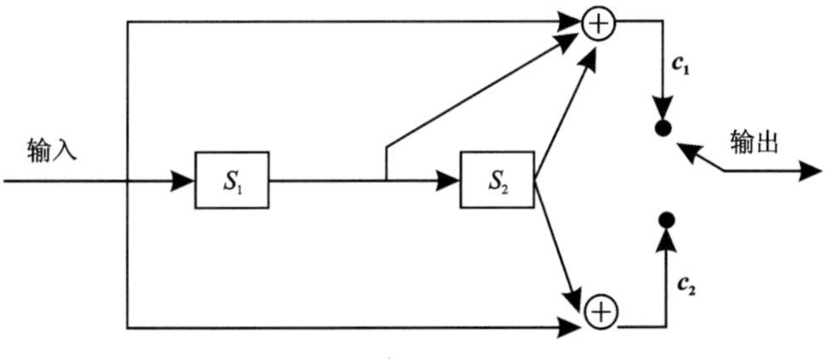

7.4　卷积码编码器的子码生成多项式为：

$$G^1 = (1011) = 1 + x^2 + x^3$$
$$G^2 = (1101) = 1 + x + x^3$$
$$G^3 = (1111) = 1 + x + x^2 + x^3$$

试画出：

(1)编码器框图；

(2)状态图和格图。

7.5　卷积码编码器的子码生成多项式为：

$$G^1 = (11111) = 1 + x + x^2 + x^3 + x^4$$
$$G^2 = (11011) = 1 + x + x^3 + x^4$$
$$G^3 = (10101) = 1 + x^2 + x^4$$

试求：

(1)码的约束长度；

(2)码率；

(3)格图有多少状态？并画出格图。

7.6　已知(3,1,2)卷积码的生成多项式为：

$$G = (1 + x^2,\quad 1 + x,\quad 1 + x + x^2)$$

试求：

(1)对长为 4bit 的消息序列，画出格图；

(2)写出输入序列(101100)的输出码字；

(3)用维特比译码方法，译出接收序列(111,111,000,100,000,111)的消息序列。

7.7　码率为 1/2,约束长度为 3 的卷积码的格图如下图所示,如果传送的是全“0”序列,接收序列为 1000100000…,利用维特比译码算法,计算译码序列。

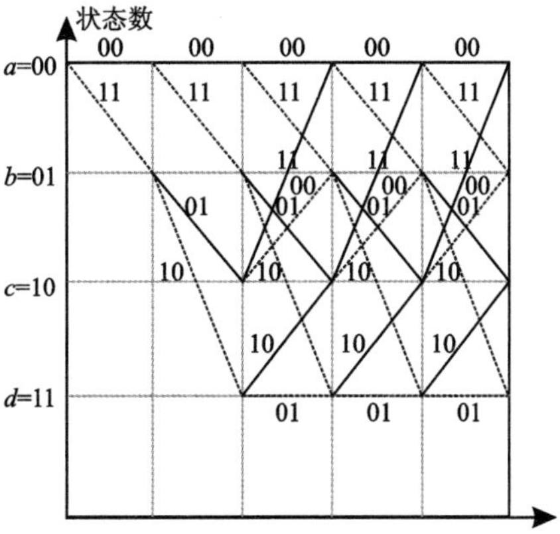

7.8　二元(3,1,2)卷积码生成多项式为:

$$G=(1+x^2,\quad x,\quad x+x^2)$$

试求:

(1)画出编码器电路和格图,并计算此码的自由距离;

(2)这个码是系统型码吗?

7.9　右图为二元卷积码编码器,码率为 1/3。

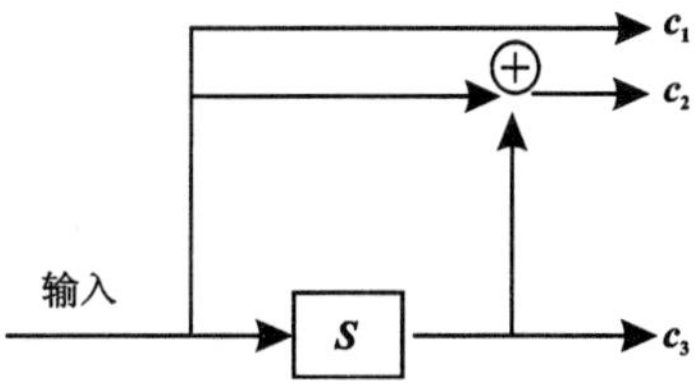

(1)画出格图;

(2)求这个码的约束长度和最小自由距离;

(3)对输入序列 $m=(1110100)$,从全 0 状态开始画出对应的扩展格图,并求输出序列。

参考文献

博斯,2010.信息论、编码与密码学[M].武传坤,李徽,译.北京:机械工业出版社.

曹雪虹,张宗橙,2016.信息论与编码[M].3版.北京:清华大学出版社.

冯桂,周林,2016.信息论与编码[M].北京:清华大学出版社.

傅祖芸,2016.信息论:基础理论与应用[M].4版.北京:电子工业出版社.

姜丹,2001.信息论与编码[M].合肥:中国科技大学出版社.

凯尔伯特,苏霍夫,2017.信息论与编码理论:剑桥大学真题精解[M].高晖,吕铁军,译.北京:机械工业出版社.

王育民,李晖,梁传甲,2005.信息论与编码理论[M].北京:高等教育出版社.

吴伟陵,1999.信息处理与编码[M].北京:人民邮电出版社.

周炯槃,1983.信息理论基础[M].北京:人民邮电出版社.

朱雪龙,2001.应用信息论基础[M].北京:清华大学出版社.

COVER T M, THOMAS J A, 2006. Elements of information theory[M]. 2nd ed. Hoboken: Wiley.

MCELIECE R J,2003.信息论与编码理论[M].李斗,殷悦,罗燕,等译.2版.北京:电子工业出版社.

MOREIRA J C, FARRELL P G, 2006. Essentials of error-control coding[M]. Chichester: Wiley.

SHANNON C E, 1948. A mathematical theory of communication[J]. The Bell System Technical Journal, 27: 379-423.

WELLS R B, 1998. Applied coding and information theory for engineers[M]. Saddle River: Prentice Hall, Inc.

图书在版编目(CIP)数据

信息论与编码简明教程/严军,张祥莉,黄田野主编.—武汉:中国地质大学出版社,2020.9(2022.1 重印)

ISBN 978-7-5625-4870-6

Ⅰ.①信…

Ⅱ.①严… ②张… ③黄…

Ⅲ.信息论-教材 ②信源编码-教材

Ⅳ.TN911.2

中国版本图书馆 CIP 数据核字(2020)第 182656 号

信息论与编码简明教程

严　军　张祥莉　黄田野　**主　编**

王　勇　郭红想　殷蔚明　**副主编**

责任编辑:龙昭月　　选题策划:阎　娟　　责任校对:周　旭

出版发行:中国地质大学出版社(武汉市洪山区鲁磨路 388 号)　　邮编:430074

电　话:(027)67883511　　传　真:(027)67883580　　E-mail:cbb@cug.edu.cn

经　销:全国新华书店　　http://cugp.cug.edu.cn

开本:787 毫米×1092 毫米　1/16　　字数:312 千字　　印张:12.5

版次:2020 年 9 月第 1 版　　印次:2022 年 1 月第 2 次印刷

印刷:湖北睿智印务有限公司

ISBN 978-7-5625-4870-6　　定价:42.00 元